吉林省普通本科高校省级重点教材

智能仪器设计与应用

庞春颖 宫 平 孟祥凯 嵇晓强 张晓枫 ◎ 编著

DESIGN AND APPLICATION OF INTELLIGENT INSTRUMENT

北京理工大学出版社
BEIJING INSTITUTE OF TECHNOLOGY PRESS

内 容 简 介

本书系统地阐述了基于单片机的智能仪器的组成、硬件/软件设计和实现方法。

全书共分为7章：第1章阐述智能仪器的典型结构、特点，设计原则和发展趋势；第2章阐述智能仪器数据采集系统的组成与设计方法；第3章阐述智能仪器人机接口设计，主要讲述键盘、LED、LCD、打印机与CPU的接口设计；第4章阐述智能仪器通信接口设计，考虑到家庭化、网络化医疗的发展趋势，该章讲述了串行通信、USB通信和蓝牙通信接口设计理论；第5章讲述了智能仪器的典型数据处理功能；第6章以智能医学仪器设计为例，详细阐述了中医脉象仪、动态血压仪和孕激素检测仪系统设计和实现；第7章围绕该课程内容给出了7个实验，包括心电信号、血压信号、脉搏信号等生理信号的检测和处理实验；最后在附录简介了基于单片机的C语言程序编写与调试过程，以及电路原理图绘制方法，可作为学生学习时的参考内容。

本书可作为高等院校电子信息类专业、生物医学工程类专业本科的专业课教材，也可供从事智能电子仪器、智能医学仪器设计与开发的工程技术人员参考。

图书在版编目（CIP）数据

智能仪器设计与应用 / 庞春颖等编著. -- 北京：
北京理工大学出版社，2022.5
　ISBN 978 - 7 - 5763 - 1310 - 9

Ⅰ.①智… Ⅱ.①庞… Ⅲ.①智能仪器－教材 Ⅳ.
①TP216

中国版本图书馆 CIP 数据核字（2022）第 072718 号

出版发行 / 北京理工大学出版社有限责任公司
社　　址 / 北京市海淀区中关村南大街 5 号
邮　　编 / 100081
电　　话 / （010）68914775（总编室）
　　　　　（010）82562903（教材售后服务热线）
　　　　　（010）68944723（其他图书服务热线）
网　　址 / http：//www.bitpress.com.cn
经　　销 / 全国各地新华书店
印　　刷 / 三河市华骏印务包装有限公司
开　　本 / 787 毫米 × 1092 毫米　1/16
印　　张 / 20.75　　　　　　　　　　　　　　　　责任编辑 / 多海鹏
字　　数 / 487 千字　　　　　　　　　　　　　　　文案编辑 / 辛丽莉
版　　次 / 2022 年 5 月第 1 版　2022 年 5 月第 1 次印刷　　责任校对 / 周瑞红
定　　价 / 68.00 元　　　　　　　　　　　　　　　责任印制 / 李志强

前言

随着电子技术、计算机技术的进步和发展，特别是单片微型计算机技术的快速发展，赋予了传统测量仪器以崭新的生命。先进的现代化智能仪器门类繁多，功能齐全，新型的智能仪器也在不断问世。目前智能仪器已开始从较为成熟的数据处理向知识处理发展，其功能越来越强大。

本教材按照智能仪器系统的典型组成，详细阐述了智能仪器的采集系统设计、人机接口设计、通信接口设计，典型信号的处理方法，智能医学仪器的设计实例。在内容上以 MCS-51 单片机控制为主，结合生理类测试仪器，利用 C51 编程，力求让读者掌握典型智能仪器的设计方法和具体设计过程。所选择的设计案例既有传统的仪器，也有新型的仪器，保证了内容的基础性和先进性。

本教材具体分为 7 章：第 1 章从智能仪器的典型结构、特点入手，讲述智能仪器的设计原则，使读者建立智能仪器设计的基本思想；第 2 章具体阐述智能仪器数据采集系统的组成、设计方法和实现过程；第 3 章阐述智能仪器人机接口设计，主要讲述键盘、LED、LCD、打印机与 CPU 的接口设计；第 4 章阐述智能仪器通信接口设计，考虑到家庭化、网络化医疗的发展趋势，重点讲述了串行通信、USB 通信和蓝牙通信接口设计理论。通过第 2~4 章的学习，读者能够掌握智能仪器基本硬件结构的设计方法。第 5 章讲述了智能仪器的典型数据处理功能，包括自检、误差处理、标度变换、信号处理，通过本章的学习读者能够掌握智能仪器基本的软件设计方法。第 6 章以智能医学仪器设计为例，详细阐述了中医脉象仪、动态血压仪及孕激素检测仪系统设计和实现。第 7 章围绕该课程内容给出了 7 个实验，包括心电信号、血压信号、脉搏信号等生理信号的检测和分析处理实验。第 6 章和第 7 章是对前 5 章内容的一个具体运用，通过具体设计实例，可以使读者进一步理解智能仪器的设计过程。

本书在编写的过程中，参考了国内外的文献资料，吸收了近几年智能仪器开发设计的优秀成果和成功经验，并结合编者的教学、科研工作实践编写完成。本书可作为高等院校智能仪器仪表、生物医学工程专业本科生的教学、课程设计、实验教材或参考书，也可供从事智能仪器使用、维修和设计的工程技术人员阅读。

本书在编写过程中得到了长春理工大学教务处和生命科学技术学院领

导的大力支持。生物医学工程系的部分教师给予了无私的帮助和支持。研究生张长亮、赵毅飞、王涛、朱宵彤、刘佳美、杨丽、吴学斌、王海强等在实验仿真、插图绘制、表格制作等方面做了大量工作，在此一并表示感谢。此外，特别感谢书后所列参考文献的作者。

由于编者水平有限，书中错误和不足之处在所难免，敬请读者批评指正。

编　者
于长春

目 录
CONTENTS

第1章

绪　论

随着电子学和计算机领域的新技术、新器件、新方法的不断出现和应用，仪器仪表也得到迅速发展，而智能仪器仪表已经成为现代仪器发展的主流。本章主要简述智能仪器的概念及特点，智能仪器的通用结构和设计原则，以及智能仪器的发展过程和发展趋势。

1.1　智能仪器的概念及特点

1.1.1　智能仪器的概念

一般认为，含有微处理器（或者微型计算机）的测量仪器仪表具有对数据存储、运算、逻辑判断、自动化操作及与外界通信的功能，有着智能的作用，我们称这种仪器为智能仪器仪表。

1.1.2　智能仪器的特点

与计算机技术的结合，使得智能仪器相对于传统仪器具有以下特点：

（1）操作自动化。仪器的整个测量过程，如键盘扫描、量程选择、开关启动闭合、数据采集、传输与处理，以及显示打印等都用单片机或微控制器来控制操作，实现测量过程的全部自动化。

（2）自测功能。该功能包括自动调零、自动故障与状态检验、自动校准、自诊断及量程自动转换等。智能仪表能自动检测出故障的部位甚至故障的原因。这种自测可以在仪器启动时运行，也可以在仪器工作中运行，极大地方便了仪器的维护。

（3）数据处理功能。智能仪器由于采用了单片机或微控制器，使得许多原来用硬件逻辑难以解决或根本无法解决的问题，现在可以用软件非常灵活地加以解决。例如，传统的数字万用表只能测量电阻，交直流电压、电流等，而智能型的数字万用表不仅能进行上述测量，还具有对测量结果进行诸如零点平移、取平均值、求极值、统计分析等复杂的数据处理功能，不仅把用户从繁重的数据处理中解放出来，还有效地提高了仪器的测量精度。

（4）友好的人机交互功能。智能仪器使用键盘代替传统仪器中的切换开关，操作人员只需通过键盘输入命令就能实现某种测量功能。与此同时，智能仪器还通过显示屏将仪器的运行情况、工作状态以及对测量数据的处理结果及时告诉操作人员，使仪器的操作更加方便直观。

（5）通信功能。一般智能仪器都配有 GPIB、RS-232C、USB 或蓝牙等标准通信接口，可以很方便地与 PC 以及其他智能仪器一起组成用户所需要的多种功能的自动测量系统，来完成更复杂的测试任务。

1.2　智能仪器的通用结构与设计原则

智能仪器是以微型计算机为控制核心的电子仪器，它不仅要求设计者熟悉测量对象的特点、通用电子仪器的设计方法，而且要掌握微型计算机硬件和软件原理。

1.2.1　智能仪器的通用结构

智能仪器是一个专用的微机应用系统，它由硬件和软件两大部分组成。硬件部分包括主机电路、模拟量输入/输出（I/O）通道、人机接口电路及通信接口等，其通用结构框图如图 1.1 所示。其中的主机电路用来存储程序、数据并进行一系列的运算和处理，它通常由单片机（或微处理器）、程序存储器、数据存储器、I/O 接口电路等组成。模拟量 I/O 通道主要由 A/D 转换器、D/A 转换器和有关模拟信号处理电路组成。人机接口电路的作用是沟通操作者和仪器之间的联系，它主要由仪器面板中的键盘和显示器等组成。标准通信接口电路用于实现仪器与微机的联系，以便使仪器可以接受微机的程控命令，目前生产的智能仪器一般配有 USB 或 RS-232C 等标准通信接口。

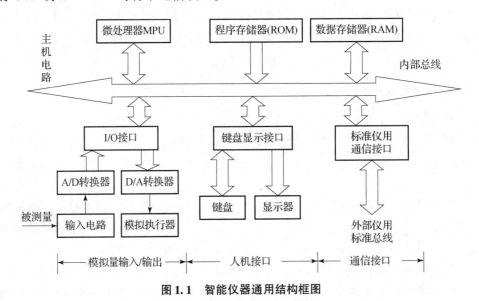

图 1.1　智能仪器通用结构框图

智能仪器软件部分主要包括监控程序和接口管理程序两部分。监控程序的功能是通过键盘操作，输入及存储所设置的功能、操作方式与工作参数；通过控制 I/O 接口电路进行数据采集，对仪器进行预定的设置；对数据存储器所记录的参数和状态进行各种处理；以数字、字符、图形等形式显示各种状态信息以及测量数据的处理结果。接口管理程序的功能是，接受并分析来自通信接口总线的各种有关信息、程控操作码，并输出仪器的现行工作状态及测量数据，以响应微机的远控命令。

1.2.2 智能仪器的设计原则与步骤

智能仪器是以单片机（或微处理器）为核心的电子仪器（本书以智能医学电子仪器设计为范例）。设计智能医学电子仪器时，不仅要求设计者熟悉电子仪器的工作原理，掌握微机硬件和软件的结构与原理，还要特别考虑到医学仪器对人体的绝对安全，包括电气安全，与人体接触部位的消毒及其有效性。安全与有效是任何医疗仪器所必须遵循的原则，而且安全性往往被列在首位，这是医学电子仪器有别于其他电子仪器的重要特点。

1. 设计原则

1）明确功能与技术指标

仪器的功能与技术指标是仪器总体设计的依据。功能通常是定性的，技术指标是定量的，可以度量的。它们均需保证仪器在规定的工作环境里能正常工作。

2）重视可靠性与安全性要求

可靠性指仪器在规定的条件下和规定的时间里，完成规定功能的能力，一般用年均无故障时间、故障率、失效率或平均寿命等指标来表示。设计时应考虑系统各环节，保障系统能长期可靠地工作。

安全性既包括电气安全性（不引起电击），又包括卫生安全性（不引起感染与中毒等事故）。在医疗仪器中，无论是监护仪还是诊断仪，通常均要与被试者的身体直接接触。因此，安全性就显得特别重要。设计者在设计医学仪器时，必须给予高度重视。例如，采取多种隔离措施以保证电气安全；与人体接触的部分要采用一次性的器具以保证卫生安全；多次使用部件要采取严格且有效的消毒措施，严防交叉感染或传染。

3）方便操作与维修

设计时，要特别考虑用户操作的方便，尽量减少按键和开关的次数，提供良好的人机界面。仪器结构应规范化、模块化，能够通过故障诊断程序对现场故障进行定位，保障仪器维修的便利性。

4）降低成本

在保证医学仪器性能的前提下尽可能降低成本。

2. 设计步骤

智能医学仪器设计大致可分为以下 7 个步骤：确定设计总任务；拟制总体设计方案；确定仪器工作总框图；硬件电路与软件的设计与调试；整机联调；动物实验和临床试验；仪器的认证和注册。其一般过程如图 1.2 所示。

1）确定设计总任务

首先根据仪器最终要实现的设计目标，编写设计任务说明书，明确医学仪器应具备的功能与应达到的技术指标。设计任务说明书是设计者进行设计的依据或基础，应力求准确简洁。

2）拟制总体设计方案

首先设计者应依据要求和一些约束条件，提出几种可能的方案。每种方案应包括仪器的工作原理、采用的技术及关键元器件的性能等。接着要对各方案进行可行性论证，包括对某些重要理论的分析与计算及一些必要的模拟实验，以验证方案是否能达到预期设计要求。最后兼顾各方面因素选择其中之一作为仪器的设计方案，在确定仪器总体设计方案时，单片机

（或微处理器）的选择非常关键。单片机（或微处理器）是整个仪器的核心部件，应从功能和性价比等多方面进行认真考虑。

3）确定仪器工作总框图

当仪器总体方案和选用的微处理器种类确定后，应该采用自上而下的方法，把仪器划分成若干个便于实现的功能模块，并分别绘制出相应的硬件和软件工作框图。需要指出的是，仪器中有些功能模块既可以用硬件来实现，也可以用软件来实现。此时设计者应根据仪器性价比、研制周期等因素对硬件、软件的选择做出合理安排。一般来说，多用硬件可以简化软件设计工作，有利于增强仪器的实时性，但是成本会相应提高；若用软件代替一部分硬件功能，则可减少元器件数量，但相应地增加了编程的复杂性，并使速度降低。因而，设计者在设计过程中应进行认真权衡，软件和硬件的划分往往需要经过多次折中才能取得满意的结果。

4）硬件电路与软件的设计与调试

一旦仪器工作总框图确定，硬件电路和软件的设计工作就可以齐头并进。

硬件电路设计的一般过程是：先根据仪器硬件框图按模块分别对各单元电路进行电路设计；然后进行硬件合成，即按硬件框图将各部分电路组合在一起，构成一个完整的整机硬件电路图。在完成电路设计后，即可绘制印刷电路板，然后进行装配与调试。

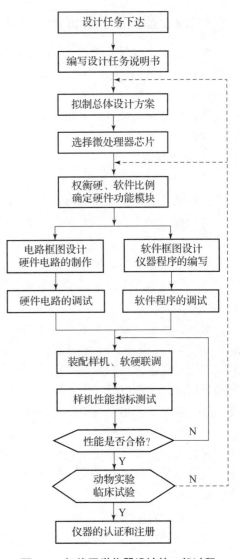

图 1.2　智能医学仪器设计的一般过程

智能仪器硬件电路的调试可以先采用某种信号作为激励，然后通过检查电路能否得到预期的响应来验证电路是否正常。但如果没有单片机（或微处理器）的参与，智能仪器大部分硬件电路功能的调试是很难实现的。通常采用的方法是，编制一些模块调试程序分别对相应各硬件单元电路的功能进行检查，而整机硬件功能调试则必须在硬件和软件都完成设计之后才能进行。为了加快调试过程，可以利用开发系统来进行调试。

设计软件一般按下列步骤进行：首先分析智能仪器系统对软件的要求，然后在此基础上进行软件总体设计，包括程序总体结构设计和模块化设计，模块化设计是将程序划分为若干个相对独立的模块，画出每一个专用程序模块的详细流程图，并选择合适的编程语言编写程序；最后按照软件总体设计时给出的结构框图，将各模块连接成一个完整的程序。在主程序的设计中要合理地调用各模块程序，特别要注意各程序模块的入口及对硬件资源的占用情况。

软件调试先按模块分别进行，然后再连接起来进行总调。这里的软件不同于一般的计算和管理软件，智能仪器的软件与硬件是一个密切相关的整体。因此，只有在相应的硬件系统中调试才能最后证明其正确性。

5）整机联调

当硬件、软件分别装配调试合格后，就要对硬件、软件进行联合调试。调试中可能会遇到各种问题，若属于硬件故障，则应修改硬件电路的设计；若属于软件问题，则应修改相应的程序；若属于系统问题，则应对软件、硬件同时进行修改。如此往复，直至满足设计要求为止。

智能仪器的一个突出特点是，硬件、软件联系紧密，整体化很强，因此，联调一般要采用微机开发装置。在联调中还必须对设计所要求的全部功能进行测试和评价，以确定仪器是否符合预定的性能指标，若发现某一功能或指标达不到要求，则应变动硬件或修改软件，重新调试直到满意为止。

6）动物实验和临床试验

应把所设计的符合功能要求和满足技术指标的医学仪器送往医院进行临床试验，以检验其安全性和有效性。

对于某些医学仪器（如生化分析仪、监护仪等），在临床试验前应先进行动物实验。首先选择好适当的动物，接着对试验样机性能进行较全面的考察验证，包括生理生化指标的检测、疗效观察，仪器的电气和生物安全性、可靠性评价等。在向有关医政管理部门提出临床试验申请前，应首先拟定产品标准，经主管部门审定、备案；其次产品经医政管理部门指定的第三方检测中心，按产品标准对样机进行测试，达到标准后方可进入临床试验。

7）仪器的认证和注册

向医政管理部门提交仪器认证与注册的有关申请，获准后，按照生产规模要求，即可进行仪器的外观设计、工装设计、模具设计和工艺设计等。

3. 微机选择

微机（单片机或 PC）是整个智能医学仪器的核心，它直接影响整机的硬件和软件设计，并对智能仪器的功能、性价比以及研制周期起着决定性的作用。因此，在设计任务确定后，首先应对微机进行选择，这里的微机是指单片机或 PC。

1）单片机的选择

单片机以其高集成度、高可靠性、易扩展、较强的数据计算能力、体积小、低功耗等特点而在智能仪器设计中备受青睐。单片机的性能极高，为了提高速度和运行效率，单片机已开始使用 RISC 流水线和 DSP 等技术。单片机的寻址能力也已突破 64 KB 的限制，有的已达到 4 GB，工作频率高达 168 MHz，内部集成 DSP 和 FPU 指令。因而，自 20 世纪 80 年代以来开发的智能仪器几乎都有一片或多片单片机，本书的设计以 MCS – 51 单片机为主。

2）PC 的选择

以通用的 PC 为硬件平台，辅以 2 ~ 3 块生物医学信号放大模块、数据采集板以及数字信号处理模块，就能构成某种高性能的医学仪器。其特点是硬件结构大为简化，软件功能大为加强，一般在 Windows 操作系统下用高级语言（如 C ++）编程，具有良好的人机界面，强大的信号处理及屏幕显示能力，所以常将主机、键盘、显示器、打印机等设备组装在一台仪器上。

选择 PC 时，应根据医学仪器的功能和性能指标，从价格、I/O 的执行速度、编程的灵活性、寻址能力、中断功能、直接存储器访问（DMA）能力及配套的外围电路芯片等诸方面考虑并选择配置。

1.3 智能仪器的发展历程和发展趋势

在计算机技术和微电子技术迅速发展的推动下，测量技术与仪器仪表技术不断变化，相继出现了 PC 仪器、VXI 仪器和虚拟仪器等微机化仪器和自动测试系统。同时由于仪器仪表对计算机技术的依赖，出现了"计算机就是仪器"和"软件就是仪器"的说法。下面简单介绍智能仪器的发展历程和发展趋势。

1.3.1 智能仪器的发展历程

20 世纪 50 年代以前的仪器仪表为第一代仪器仪表，都是模拟式的、符合某一性能要求的单个仪表，如模拟的万用表、电压表、电流表、功率表等。

20 世纪 60 年代，随着自动测试系统（ATS）的研制，第二代仪器仪表即数字式仪表应运而生，如数字电压表、数字功率计、数字频率计等仪表，适用于快速响应和高精度的要求，能以数字显示或打印最终结果，还可以将数据通过接口输入计算机处理，但仪表本身不含微处理器。

20 世纪 70 年代，微电子学和计算机技术的研究与应用得到迅速发展，于是仪表与计算机融为一体的第三代仪器仪表即智能仪器仪表诞生了。智能仪器仪表的优越性是以往的仪器仪表所无法比拟的。由于可以用软件代替传统仪器仪表中许多硬件的功能，智能仪器仪表的电路得到较大程度的简化，体积及成本都有所降低，而功能却增加很多，测量范围扩展、精确度提高，还具有数据加工及处理能力。

20 世纪 80 年代，微处理器被用到仪器中，仪器前面板开始朝键盘化方向发展，测量系统常通过通信总线连接。不同于传统独立仪器模式的个人仪器得到发展。

20 世纪 90 年代，仪器仪表的智能化突出表现在以下几个方面：微电子技术的进步更深刻地影响仪器仪表的设计；DSP 芯片的问世，使仪器仪表的数字信号处理功能大大加强；微型机的发展，使仪器仪表具有更强的数据处理能力；图像处理功能的增加十分普遍；VXI 总线得到广泛的应用。

近年来，智能仪器仪表的发展尤为迅速。在嵌入式控制器、大数据、互联网、传感技术、机器学习、人工智能等新技术、新理论的推动下，国内市场上已经出现多种多样智能化仪器仪表。例如，能够进行食品安全检测的 POCT 类仪器，体积小、检测速度快；借助手机 CPU 数据分析处理、成像、显示功能的心电信号检测仪、皮肤成像仪；各种光波、电子、超声等理疗仪；能够对各种谱图进行分析和数据处理的智能色谱仪等。

1.3.2 智能仪器的发展趋势

1）小型化

随着电子技术、传感器技术、计算机技术的发展，芯片的集成度越来越高，智能仪器也朝着小体积、便携式的方向发展。例如，便携式监护仪、血糖仪等仪器在原有功能的基础上，体积越来越小。

2）多功能化

随着计算机技术的发展，强大的 CPU 功能使智能仪器的功能越来越强，如强大的数据和图像处理功能、通信功能等。

3）人工智能化

随着机器学习的普及，利用计算机模拟人的智能，用于机器人、医疗诊断、专家诊断系统等各方面，从而在视觉图形及色彩辨读、听觉语音识别、思维推理、判断、学习与联想、分类与识别等方面具有一定的能力。

4）网络化

伴随着网络技术的飞速发展，互联网（Internet）技术已经渗透到智能仪器仪表系统设计领域，实现了智能仪器仪表系统的远程通信、远程诊断、远程升级、功能重置和系统维护等功能。

5）虚拟仪器化

测量仪器的主要功能都是由数据采集、数据分析和数据显示三大部分组成的。在虚拟现实系统中，数据分析和显示完全用 PC 的软件来完成。因此，只要额外提供一定的数据采集硬件，就可以与 PC 组成测量仪器。这种基于 PC 的测量仪器称为虚拟仪器。在虚拟仪器中，使用同一个硬件系统，只要应用不同的软件编程，就可得到功能完全不同的测量仪器。可见，软件系统是虚拟仪器的核心，"软件就是仪器"。

智能仪器是计算机科学、电子学、数字信号处理、人工智能等新兴技术与传统仪器仪表技术的结合。随着集成电路、传感技术、网络技术的发展，各种新型的智能仪器正在以不可估量的速度涌现，并广泛应用于社会的各个领域。

习 题 1

1. 什么是智能仪器？智能仪器的主要特点是什么？
2. 画出智能仪器的通用结构图，简述每一部分的作用。
3. 研制智能仪器大致要经过哪些阶段？试对各阶段的工作内容做一简要的叙述。
4. 智能仪器设计中最为关键的环节是什么？如何进行创新设计？
5. 智能仪器主机电路多采用哪些 CPU？选择 CPU 时应主要考虑哪些因素？
6. 最新的智能医学仪器有哪些？使用了哪些新技术？
7. 影响和制约现代智能医学仪器发展的因素有哪些？

第2章
智能仪器数据采集系统设计

数据采集系统是信息科学的重要分支,是传感器、信号获取、存储与处理等信息技术的结合。数据采集系统把从传感器或生物电极得到的模拟信号,经过必要的处理后转换成数字信号,再传送给计算机供存储、处理、显示、传输之用,如图2.1所示。

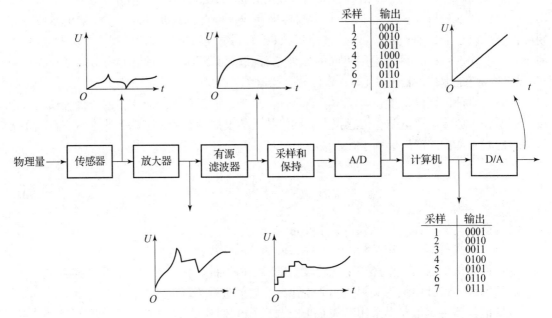

图2.1 信号转换系统

传感器将非电量转换为电量。若电信号太小,则用放大器进行放大。滤波器将信号中不需要的频率分量滤除。采样电路在指定时刻对输入信号进行采样,并由保持电路将采样电平保持下来成为时间离散信号。A/D转换器对离散信号的幅度进行量化,输出幅度和时间均离散的数字信号,存储于计算机的存储器中。至此,系统已完成从传感器获得模拟量、对其进行预处理、转换成数字量并存于存储器等一系列操作。这一全过程称为数据采集或数据获取(Data Acquisition)。计算机将获取的数据进行各种处理后,由D/A转换器将数字信号转换成模拟信号,并输出到外部设备进行各种控制,或者将数字信号进行显示、记录,等等。

2.1　模拟量输出通道及其设计

模拟量输出通道的作用是将智能仪器处理后的数据转换成模拟量输出，它是许多智能设备的重要组成部分（如心电图的打印）。模拟量输出通道一般由 D/A 转换器、多路模拟开关、采样/保持器（S/H）等组成。

2.1.1　D/A 转换器概述

1. D/A 转换器基本原理

D/A 转换器由电阻网络、开关及基准电源等部分组成，目前基本都已集成于一块芯片上。为了便于接口，有些 D/A 芯片内还含有锁存器。D/A 转换器的组成原理有多种，采用最多的是 $R-2R$ 梯形网络 D/A 转换器。图 2.2 显示了一个 4 位 D/A 转换器的原理结构。

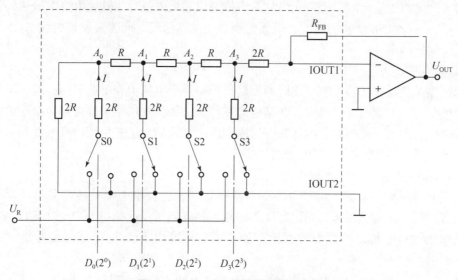

图 2.2　4 位 D/A 转换器的原理结构

D/A 转换器电阻网络中电阻的规格仅为 R 和 $2R$ 两种。U_R 为基准电压，它可由内部电子开关 S3、S2、S1、S0 在二进制码 $D_3D_2D_1D_0$ 的控制下分别控制 4 个支路，并使电流各自进入 A_3、A_2、A_1、A_0 4 个节点。这种网络的特点是：任何一个节点的三个分支的等效电阻都是 $2R$，因此由任一个分支流进节点的电流都为 $I=\dfrac{U_R}{3R}$，并且 I 在节点处被平分为相等的两个部分，经另外两个分支流出。由开关 S0 流入支路所产生的电流为 $I=\dfrac{U_R}{3R}$，该电流流过 A_0、A_1、A_2、A_3 4 个节点，经 4 次平分而得 $\dfrac{I}{16}$ 注入运算电路，以便将电流信号转换为电压信号。设反馈电阻 R_{FB} 为 $3R$，则运算放大器输出端产生的电压为

$$U_{OUT}=-\frac{I}{16}\times 3R=-\frac{1}{16}\times\frac{U_R}{3R}\times 3R=-\frac{1}{2^4}U_R$$

根据叠加原理，可以得出 D 为任意数时四位 D/A 转换器的总输出电压：

$$U_{\text{OUT}} = -\frac{U_R}{2^4}(2^3 \times D_3 + 2^2 \times D_2 + 2^1 \times D_1 + 2^0 \times D_0) = -\frac{U_R}{2^4} \times D$$

U_R 为正时，D/A 转换器输出 U_{OUT} 为负，反之为正。

2. D/A 转换器的主要技术指标

1）分辨率

D/A 转换器的分辨率定义为当输入数字发生单位数码变化时所对应模拟量输出的变化量。对于 n 位 D/A 转换器，分辨率可表示为分辨率 $= \dfrac{1}{2^n - 1}$，也可用位数 n 来表示分辨率。

2）转换精度

转换精度是指在整个工作区间内实际的输出电压与理想输出电压之间的偏差，可用绝对值或相对值来表示。转换精度包含了造成 D/A 转换器误差的所有因素。

3）转换时间

转换时间是指当输入的二进制代码从最小值突跳到最大值时，其模拟量电压达到与其稳定值之差小于 ±1/2LSB 所需的时间，因而转换时间又称稳定时间，其值通常比 A/D 转换器的转换时间要短得多。

4）尖峰误差

尖峰误差是指输入代码发生变化时而使输出模拟量产生的尖峰所造成的误差。虽然尖峰持续的时间很短，但幅值可能很大，在某些应用场合必须施加措施予以避免。由于尖峰的出现是非周期的，因此不能用简单的滤波方法来消除，常用的方法是采用单稳电路和采样保持电路（S/H），利用单稳的延迟时间来躲过尖峰。

3. D/A 转换器输入与输出形式

D/A 转换器的数字量输入端可分为不含数据锁存器、含单个数据锁存器以及含双个数据锁存器等。第一种与微机接口时一定要外加数据锁存器，以便维持 D/A 转换输出的稳定。后两种与微机接口时可以不外加数据锁存器。第三种可用于多个 D/A 转换器同时转换的场合。

D/A 转换器的输出电路有单极性和双极性之分，如图 2.3 和图 2.4 所示。图 2.3 所示的电路是将一个 8 位 D/A 转换器连接成单极性输出方式的电路，其输出关系式为 $U_{\text{OUT}} = -\dfrac{V_{\text{REF}}}{2^8} \times D$，即输出为全正或全负。如果需要改变输出电压的极性，则改变参考电压的极性即可，因为改变参考电压的极性就可以改变输出电流的极性。图 2.4 所示为 D/A 转换器连接成双极性输出电路，其输出电压为 $U_{\text{OUT}} = -(2U_1 + V_{\text{REF}})$，式中 U_1 为放大器 A 的输出。

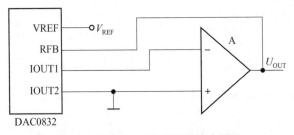

图 2.3 单极性 D/A 转换器输出原理

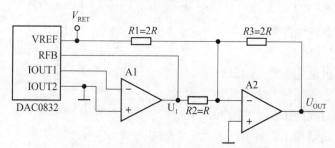

图 2.4　双极性 D/A 转换器输出原理

2.1.2　典型 8 位并行 D/A 转换器

1. DAC0832 简介

DAC0832 是美国国家半导体公司推出的一种 8 位 D/A 转换器，是 DAC0830 系列产品中的一种，该系列产品还有 DAC0830、DAC0831 等，它们之间可以相互替代。DAC0832 具有两个输入数据寄存器，不需要附加其他 I/O 接口芯片，能直接与单片机的 I/O 口连接。

DAC0832 采用了 CMOS 工艺，其内部结构如图 2.5 所示。

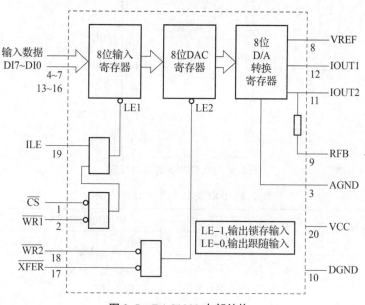

图 2.5　DAC0832 内部结构

DAC0832 由三大部分组成：8 位输入寄存器、8 位 DAC 寄存器、8 位 D/A 转换寄存器。由于 DAC0832 具有两个分别控制的数据寄存器，可以构成双缓冲、单缓冲、直通数据输入 3 种工作方式。双缓冲方式主要应用于多个 DAC0832 同步输出的场合，首先让所有的 DAC0832 芯片的 ILE、$\overline{\text{CS}}$、$\overline{\text{WR1}}$同时有效，将各输出数据逐个写入各自的输入数据寄存器中，然后让所有的$\overline{\text{WR2}}$和$\overline{\text{XFER}}$同时为低，则完成了同步模拟量的输出。单缓冲方式主要应用于单一的 DAC0832 输出的场合，通常把$\overline{\text{WR2}}$和$\overline{\text{XFER}}$直接接地，对 DAC0832 进行写操作。直接数据输入方式主要应用于连续数字反馈控制回路，只要把 ILE 接高电平，$\overline{\text{CS}}$、$\overline{\text{WR1}}$、$\overline{\text{WR2}}$和$\overline{\text{XFER}}$接地即可。

2. 基本特性参数

DAC0832 的基本特性参数如下：

（1）8 位分辨率。

（2）单一电源供电：+5 ~ +15 V。

（3）可双缓冲、单缓冲或者直接数字输入。

（4）电源稳定时间为 1 μs。

（5）只需要在满量程下调整其线性度。

（6）低功耗，20 mW。

3. 引脚配置

DAC0832 的引脚配置如图 2.6 所示。DAC0832 的引脚功能说明如表 2.1 所示。

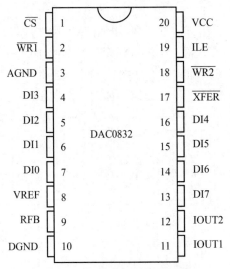

图 2.6　DAC0832 的引脚配置

表 2.1　DAC0832 的引脚功能说明

引脚编号	引脚名称	引脚功能描述
1	$\overline{CS}$	片选信号输入，低电平有效
2	$\overline{WR1}$	第一级写选通信号输入，低电平有效 与$\overline{CS}$和 ILE 构成第一级输入锁存
3	AGND	模拟地
4	DI3	数字量输入
5	DI2	数字量输入
6	DI1	数字量输入
7	DI0	数字量输入
8	VREF	参考电压输入，需外部接一个基准参考源
9	RFB	内部集成反馈电阻，为外部运算放大器提供一个反馈电压
10	DGND	数字地

续表

引脚编号	引脚名称	引脚功能描述
11	IOUT1	DAC 电流输出 1，若 DAC 寄存器为全 1，则 IOUT1 为最大值；若 DAC 寄存器为全 0，则 IOUT1 为最小值
12	IOUT2	DAC 电流输出为 2，IOUT2 = 常数 − IOUT1；若只要求单极性输出，则 IOUT2 一般接地
13	DI7	数字量输入
14	DI6	数字量输入
15	DI5	数字量输入
16	DI4	数字量输入
17	$\overline{XFER}$	传送控制信号输入，低电平有效，与 $\overline{WR2}$ 构成第二级输入锁存
18	$\overline{WR2}$	第二级锁存写选通信号输入，低电平有效
19	ILE	输入锁存允许信号，高电平有效
20	VCC	供电电源，+5 ~ +15 V

4. DAC0832 的工作时序

DAC0832 的工作时序如图 2.7 所示。

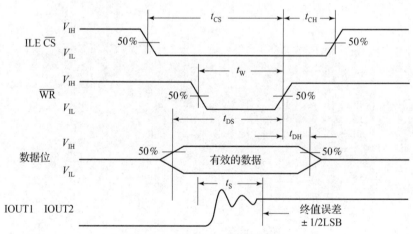

图 2.7　DAC0832 的工作时序

上述工作时序图中的各个延迟时间如表 2.2 所示。

表 2.2　时序图中的各个延迟时间〔VCC = 5(±5%) V 条件下〕

符号	名称	最小值	典型值	最大值	单位
t_{CS}	控制信号建立时间	—	600	—	ns
t_{CH}	控制信号保持时间	—	0	—	ns
t_W	写信号脉冲宽度	—	375	—	ns

续表

符号	名称	最小值	典型值	最大值	单位
t_{DS}	数据建立时间	—	375	—	ns
t_{DH}	数据保持时间	—	—	—	ns
t_S	输出电流建立时间	—	1.0	—	μs

5. DAC0832 应用举例

在与单片机接口时，DAC0832 可以采用双缓冲方式（两级输入锁存）、单缓冲方式（只用一级输入锁存，另一级直通），或者接成直通形式。

1）DAC0832 采用单缓冲方式与单片机接口应用举例

图 2.8 给出了单片机 AT89C51 与 DAC0832 采用单缓冲方式的连接电路。根据图 2.8 编写程序分别产生方波、三角波、锯齿波和正弦波。（注：本书后续电路图的时钟电路与复位电路与此电路相同，将不再给出。）

C51 参考程序如下：

（1）产生方波信号。

```
#include <reg51.h>
#define uchar unsigned char
#define  DAC0832  P1              //数据端口选择了 P1 口
sbit CS = P2^0;                   //单选通方式
sbit WR12 = P2^1;                 //片选和写选通用 P2.0、P2.1 控制
void  delay(uchar i)              //延时程序
{
    uchar t;
    while(i --)
    {for(t = 0;t < 120;t ++);}
}
void main()
{
    CS = 0;
    WR12 = 0;                     //控制信号有效
    while(1)
    {
        DAC0832 = 0xff;           //矩形波的上限电平(根据需要调整)
        delay(1);                 //上限电平的持续时间(根据需要调整)
        DAC0832 = 0x10;           //矩形波的下限电平(根据需要调整)
        delay(1);                 //下限电平的持续时间(根据需要调整)
    }
}
```

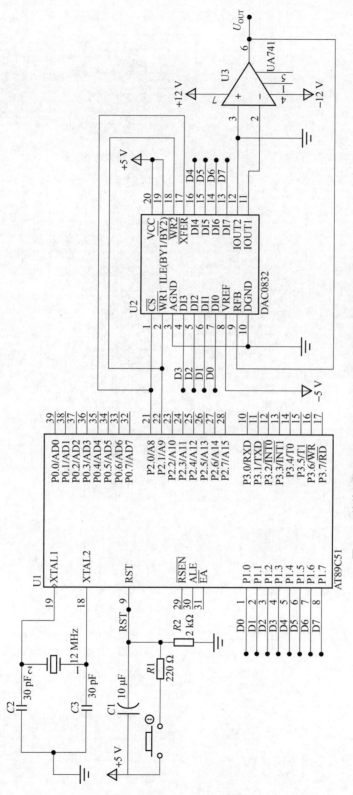

图 2.8　单片机 AT89C51 与 DAC0832 接口电路（单缓冲方式）

（2）生成三角波信号。

```c
#include < reg51.h >
#define uchar unsigned char
#define DAC0832 P1                    //数据端口选择 P1 口
sbit CS = P2^0 ;                      //单选通方式
sbit WR12 = P2^1 ;                    //片选和写选通用 P2.0、P2.1 控制
void main( )
{
    uchar i;
    CS = 0 ;
    WR12 = 0 ;                        //控制信号有效
    while(1)
    {
        for( i = 0 ;i < 0xff;i ++ )
            {
                    DAC0832 = i;
            }                         //三角波的上升边
        for( i = 0xff;i > 0 ;i -- )
            {
                    DAC0832 = i;
            }                         //三角波的下降边
    }
}
```

（3）生成正弦波信号。

```c
#include < reg51.h >
#define DAC0832 P1                    //数据端口选择 P1 口
unsigned char   code   sin_tab[] =    //正弦波输出表
{0x80,0x83,0x86,0x89,0x8D,0x90,0x93,0x96,0x99,0x9C,0x9F,0xA2,0xA5,
0xA8,0xAB,0xAE,0xB1,0xB4,0xB7,0xBA,0xBC,0xBF,0xC2,0xC5,0xC7,0xCA,
0xCC,0xCF,0xD1,0xD4,0xD6,0xD8,0xDA,0xDD,0xDF,0xE1,0xE3,0xE5,0xE7,
0xE9,0xEA,0xEC,0xEE,0xEF,0xF1,0xF2,0xF4,0xF5,0xF6,0xF7,0xF8,0xF9,
0xFA,0xFB,0xFC,0xFD,0xFD,0xFE,0xFF,0xFF,0xFF,0xFF,0xFF,0xFF,0xFF,
0xFF,0xFF,0xFF,0xFF,0xFF,0xFE,0xFD,0xFD,0xFC,0xFB,0xFA,0xF9,0xF8,
0xF7,0xF6,0xF5,0xF4,0xF2,0xF1,0xEF,0xEE,0xEC,0xEA,0xE9,0xE7,0xE5,
0xE3,0xE1,0xDF,0xDD,0xDA,0xD8,0xD6,0xD4,0xD1,0xCF,0xCC,0xCA,0xC7,
```

```
0xC5,0xC2,0xBF,0xBC,0xBA,0xB7,0xB4,0xB1,0xAE,0xAB,0xA8,0xA5,0xA2,
0x9F,0x9C,0x99,0x96,0x93,0x90,0x8D,0x89,0x86,0x83,0x80,0x80,0x7C,
0x79,0x76,0x72,0x6F,0x6C,0x69,0x66,0x63,0x60,0x5D,0x5A,0x57,0x55,
0x51,0x4E,0x4C,0x48,0x45,0x43,0x40,0x3D,0x3A,0x38,0x35,0x33,0x30,
0x2E,0x2B,0x29,0x27,0x25,0x22,0x20,0x1E,0x1C,0x1A,0x18,0x16,0x15,
0x13,0x11,0x10,0x0E,0x0D,0x0B,0x0A,0x09,0x08,0x07,0x06,0x05,0x04,
0x03,0x02,0x02,0x01,0x00,0x00,0x00,0x00,0x00,0x00,0x00,0x00,0x00,
0x00,0x00,0x00,0x01,0x02,0x02,0x03,0x04,0x05,0x06,0x07,0x08,0x09,
0x0A,0x0B,0x0D,0x0E,0x10,0x11,0x13,0x15,0x16,0x18,0x1A,0x1C,0x1E,
0x20,0x22,0x25,0x27,0x29,0x2B,0x2E,0x30,0x33,0x35,0x38,0x3A,0x3D,
0x40,0x43,0x45,0x48,0x4C,0x4E,0x51,0x55,0x57,0x5A,0x5D,0x60,0x63,
0x66,0x69,0x6C,0x6F,0x72,0x76,0x79,0x7C,0x7E};
    unsigned char i;
    sbit CS = P2^0;                              //单选通方式
    sbit WR12 = P2^1;                            //片选和写选通用 P2.0、
P2.1 控制
    void main()
    {
        CS = 0;
        WR12 = 0;                                //控制信号有效
        while(1)
        {
            for(i = 0;i < 256;i ++)
            {
                DAC0832 = sin_tab[i];   //sin_tab[i]为正弦表
            }                           //查表法生成正弦波
        }
    }
```

2）DAC0832 采用双缓冲方式与单片机接口应用举例

当需要两路模拟量同时输出时，可以采用两片 DAC0832 通过双缓冲的控制方式产生。图 2.9、图 2.10 给出了单片机 AT89C51 与 DAC0832 采用双缓冲方式的连接电路与仿真结果。

根据图 2.9、图 2.10，编程实现 U_{out1} 为锯齿波，U_{out2} 为正弦波。AT89C51 部分参考程序如下：

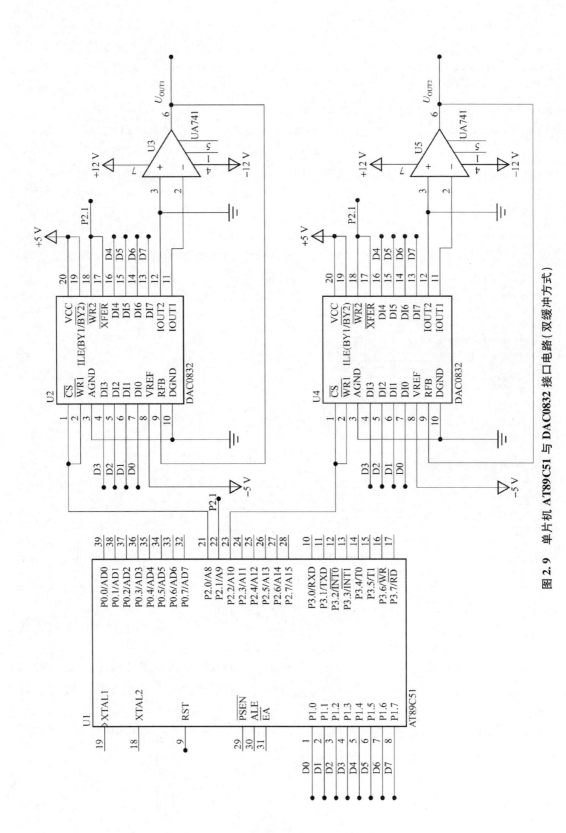

图 2.9　单片机 AT89C51 与 DAC0832 接口电路（双缓冲方式）

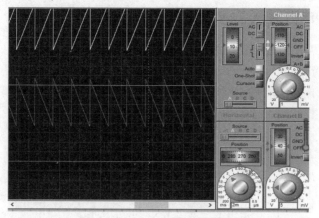

图 2.10　单片机 AT89C51 与 DAC0832 接口电路仿真结果（双缓冲方式）

```c
#include <reg51.h>
#define uchar unsigned char
#define DAC0832 P1                       //数据端口选择 P1 口
sbit CS1 = P2^0;
sbit WR12 = P2^1;
sbit CS2 = P2^2;
void main()
{
    uchar i = 0, j = 0;
    CS1 = 1;
    CS2 = 1;
    WR12 = 1;                            //控制信号无效
    while(1)
    {
        WR12 = 1;                        //关闭写选通
        CS1 = 0;                         //打开片选 1
        DAC0832 = i;
        i ++;                            //锯齿波上升沿
        CS1 = 1;                         //关闭片选 1
        CS2 = 0;                         //打开片选 2
        DAC0832 = sin_tab[j];            //sin_tab[j]为正弦表
        j ++;
        CS2 = 1;
        WR12 = 0;                        //关闭片选和写选通便于下次循环
    }
}
```

2.1.3 典型串行 D/A 转换器

为减少对单片机硬件资源的占用，常常使用串行 D/A 转换器。

1. TLC5615 简介

TLC5615 是美国 TI 公司的 10 位 D/A 转换芯片。TLC5615 是具有串行接口的 D/A 转换器，其输出为电压型，最大输出电压是基准电压值的 2 倍。该芯片带有上电复位功能，即把 DAC 寄存器复位至全零。其内部结构如图 2.11 所示。该芯片的主要组成部分包括 10 位 DAC 电路、16 位移位寄存器、上电复位电路及控制逻辑等。

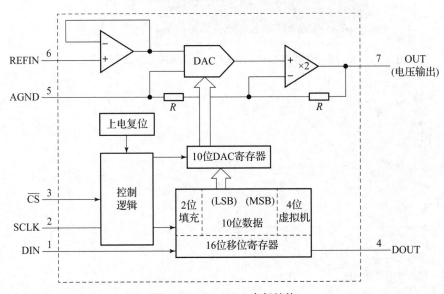

图 2.11 TLC5615 内部结构

2. 基本特性参数

（1）10 位 D/A 转换器，电压输出。

（2）5 V 单电源供电。

（3）与 CPU 三线串行接口。

（4）最大输出电压可达基准电压的 2 倍。

（5）输出电压具有和基准电压相同的极性。

（6）建立时间为 125 μs。

（7）内部上电复位。

（8）低功耗，最大仅 175 mW。

3. 引脚配置

TLC5615 的引脚配置如图 2.12 所示。引脚功能说明如表 2.3 所示。

4. TLC5615 工作时序

TLC5615 工作时序如图 2.13 所示。

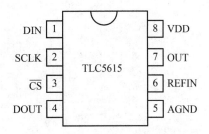

图 2.12 TLC5615 的引脚配置

表 2.3　TLC5615 的引脚功能说明

引脚编号	引脚名称	引脚功能描述
1	DIN	串行数据输入端
2	SCLK	串行时钟输入端
3	$\overline{CS}$	片选端，低电平有效
4	DOUT	用于级联时的串行数据输出端
5	AGND	模拟地
6	REFIN	基准电压输入端，2 V ~ (VDD − 2)
7	OUT	DAC 模拟电压输出端
8	VDD	正电源端，4.5 ~ 5.5 V，通常取 5 V

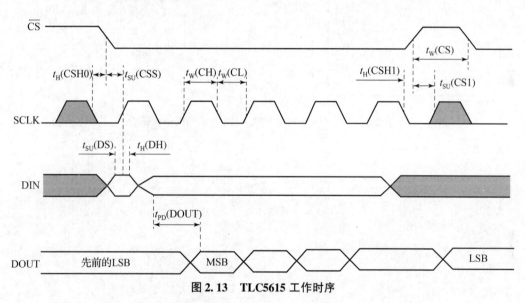

图 2.13　TLC5615 工作时序

由时序图可以看出，当片选 $\overline{CS}$ 为低电平时，输入数据 DIN 由时钟 SCLK 同步输入或输出，而且最高有效位在前，低有效位在后。输入时 SCLK 的上升沿把串行输入数据 DIN 移入内部的 16 位移位寄存器，SCLK 的下降沿输出串行数据 DOUT，片选 $\overline{CS}$ 的上升沿把数据传送至 DAC 寄存器。当片选 $\overline{CS}$ 为高电平时，串行输入数据 DIN 不能由时钟同步送入移位寄存器；输出数据 DOUT 保持最近的数值不变而不进入高阻状态。由此要想串行输入数据和输出数据必须满足两个条件：一是时钟 SCLK 的有效跳变；二是片选 $\overline{CS}$ 为低电平。这里，为了减小时钟的内部馈通，当片选 $\overline{CS}$ 为高电平时，输入时钟 SCLK 应当为低电平。

5. TLC5615 应用举例

通过 TLC5615 编程产生输出电压，电压在 0 ~ 5 V 内调节。TLC5615 与单片机 AT89C51 的接口电路如图 2.14 所示。

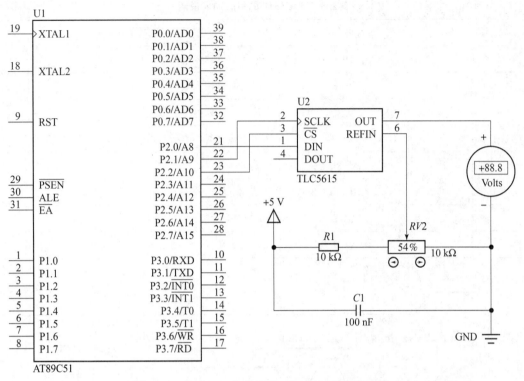

图 2.14　TLC5615 与单片机 AT89C51 的接口电路

C51 部分参考程序如下：

```
#include <reg51.h>
#include <intrins.h>
#define uchar unsigned char
#define uint unsigned int
sbit   SCLK = P2^1;                //时钟输入端用 P2.1 控制
sbit   CS = P2^2;                  //片选端用 P2.2 控制
sbit   DIN = P2^0;                 //串行数据输入端用 P2.0 控制
void delayms(uint j)               //延时程序
{
    uchar i =250;
    for(j =0;j >0;j -- )
    {
        while( -- i);
        i =249;
        while( -- i);
        i =250;
    }
```

```
    }
    void Write_12Bits(dat_in)              //一次向 TLC5615 中写入 12 位数据函数
    {
        uchar i;
        dat_in = dat_in%1024;              //取低十位
        dat_in = dat_in&0x03ff;            //高位清零,低 10 位保持
        dat_in << = 6;                      //把低十位移到最高位开始,从高位开始
发送
        SCLK = 0;
        CS = 0;
        for(i = 0;i <10;i ++ )             //循环 10 次,发送 10 位有效数据位
        {
            if(dat_in&0x8000 ==0)  //高位先发;
            DIN = 0;                        //将数据送出;
            else
            DIN = 1;
            SCLK =1;
            SCLK =0;
            dat_in <<=1;
        }
        for(i = 0;i <2;i ++ )              //循环 2 次,发送 2 个填充位
        {
            DIN = 0;
            SCLK =1;
            SCLK =0;
        }
        CS =1;
        SCLK = 0;
    }
    void main()                            //主函数
    {
        while(1)
        {
            Write_12Bits(0xffff);//输入数据最大量
            delayms(1);
        }
    }
```

2.2 模拟量输入通道及其设计

模拟量输入通道是指 A/D 转换器及其接口电路，被测模拟量通过模拟量输入通道送入微处理器或计算机。

2.2.1 A/D 转换器概述

1. A/D 转换器基本原理

模拟数字转换基本上是一个比例运算。通过把输入模拟信号 V_i 与一个基准信号 V_r 比较，把它转换成一个分数 x，转换器的数字输出用这个分数的编码来表示，如图 2.15 所示。

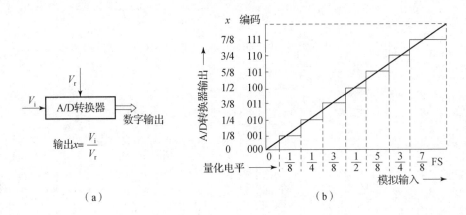

图 2.15 A/D 转换器

(a) 基本关系；(b) 3 位 A/D 转换器的理想特性

若转换器的输出代码由 n 位组成，则分立的输出等级数为 2^n。为了得到其对应关系，输入范围也必须量化成同样数目的等级。每个等级（量化单元）都是两个相邻编码的模拟差值，称为最低有效位（LSB）。于是

$$LSB = \frac{FS}{2^n} \tag{2.1}$$

式中，LSB 为最小模拟量；FS 为全量程模拟输入电平。

图 2.15（b）所示为从一个理想的 3 位 A/D 转换器说明这种转换关系。LSB 值为 FS/8，整个输入量程量化为从 0 到 7FS/8 的 8 个不同的电平等级。而最大输出的二进制数 111 对应的是 7FS/8 而不是满量程。当其中一个编码赋给零电平时，A/D 转换器的最大输出总是对应满量程减 1LSB 的模拟值。

2. A/D 转换器的主要技术指标

衡量 A/D 转换器转换能力的一个重要指标是转换精度，该指标常用分辨率和转换误差来描述。

1）分辨率

A/D 转换器的分辨率是指输出的数字量变化一个最低有效位（LSB）时所对应的模拟

信号的变化量。它是衡量 A/D 转换器分辨模拟量最小变化量的技术指标。A/D 转换器的分辨率取决于 A/D 转换器的位数，所以习惯上以输出二进制数或者 BCD 码数的位数来表示，也可用满量程的百分数表示。例如，某 A/D 转换器的分辨率为 10 位，即表示该转换器可以用 2^{10} 个二进制数对输入模拟量进行量化；若用百分数表示，其分辨率为 $(1/2^{10}) \times 100\% = 0.098\%$。若最大允许输入电压为 10 V，则它能分辨输入模拟电压的最小变化量为 9.8 mV。

2）转换误差

A/D 转换器的转换误差是指 A/D 转换器实际输出的数字量与理论上输出的数字量的差值，一般以最低有效位的倍数给出，有时也用满量程输出的百分数给出。

3）转换时间

从 A/D 转换器接到起始命令，到转换器给出有效的输出数据，这一段时间称为转换时间。转换时间的长短即转换速度的快慢取决于转换电路的类型，不同类型的 A/D 转换器转换速度相差悬殊。一般情况下，并行比较型 A/D 转换器转换速度最快，逐次逼近式转换速度次之，积分式 A/D 转换器转换速度最慢。

4）满量程输入电压范围

满量程输入电压范围是指 A/D 转换器所允许最大的输入电压范围。实际的 A/D 转换器的最大输入电压值总比满刻度小 $1/2^n$（n 为转换器的位数）。

3. A/D 转换器的分类

最常用的 A/D 转换器器件，按照其转换原理，可以分为逐次逼近式 A/D 转换器、双斜积分式 A/D 转换器、并行比较式 A/D 转换器。

1）逐次逼近式 A/D 转换器

图 2.16 所示为逐次逼近式 A/D 转换器的基本框图及一个 3 位 A/D 转换器的工作情况。转换开始时，总是先接通逐次逼近寄存器（SAR）的 MSB。这相当于用满刻度的一半对输入信号做初始估计值。然后，比较器把 D/A 转换器的输出与输入信号进行比较。如果初始估计值超过输入信号，就命令控制器将 MSB 关闭，否则 MSB 保持接通。在紧接着的时钟周期内，控制器接通下一个 MSB。根据输入信号电平，比较器再次决定这位 MSB 是关闭还是保持导通。转换以类似方法进行下去，直到测试完 LSB 为止。这时，SAR 及输出寄存器里存放的就是输入信号的最佳二进制近似值，也就是输出数字。由于逐次逼近法中是按位顺序判定的，所以这类转换器很容易提供串行输出。值得注意的是，讨论的前提是在整个转换过程中输入信号是保持不变的。一般来说，这一点是不能保证的，所以计算时必须考虑。

2）双斜积分式 A/D 转换器

图 2.17 所示为双斜积分式 A/D 转换器的原理。输入电压在一个固定的时间间隔 T_1 内积分，该时间一般对应于内部计数器最大计数时间。这段时间结束后，计数器复位，积分器的输入端被转接到负的基准信号上。然后，积分器的输出开始线性减小，直到减小到零为止。这时，计数停止，积分器还原。

积分电容在第一个间隔中得到的电荷必定等于第二个间隔内失去的电荷，即

$$T_1 V_i = T_2 V_r \tag{2.2}$$

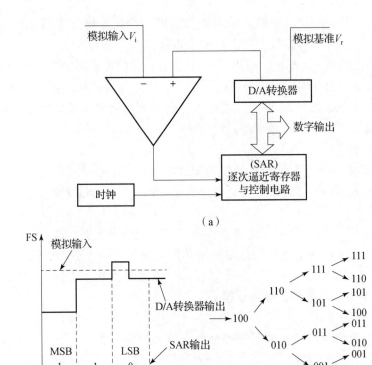

图 2.16　逐次逼近式 A/D 转换器的基本框图及工作情况

（a）方框图；（b）电路波形图；（c）逻辑流程图

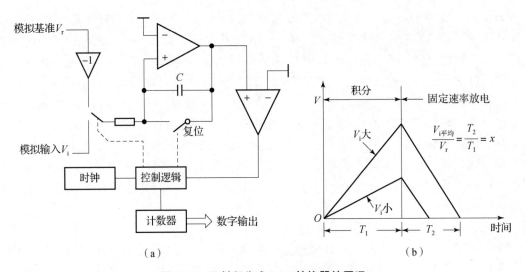

图 2.17　双斜积分式 A/D 转换器的原理

（a）方框图；（b）电路波形图

因此

$$\frac{T_2}{T_1} = \frac{V_i}{V_r} = x \qquad (2.3)$$

由于时间间隔比总是等于二进制计数对计数器总计数值之比，所以，在 T_2 结束时的计数也就是二进制 A/D 转换器的输出值。这种方法也很容易用于其他编码的 A/D 转换器。

双斜积分法有很多优点，最重要的是它们对噪声有极好的抑制特性。由于输入电压在一段时间内积分，故叠加在输入信号上的高频噪声都将被清除掉。再者，在选择一个固定的平均时间下，频率为 $1/T$ 整数倍的噪声几乎全部被抑制。为此，一般可选择电源的频率。但是，时钟频率的改变是不会影响分辨率的。

转换器分辨率仅受模拟电路的能力限制，并不受其微分非线性的影响。由于积分器的输出是无跳变的，故输出不会引起丢码。因此能够比较容易地得到良好的分辨率，并可通过调节内部计数器的大小及时钟频率加以改变。速度慢是对双斜积分转换器的主要限制。例如，要想抑制 60 Hz 电源频率及其谐波，T_1 可取的最小值是 16.67 ms。而转换时间要比这个数值的 2 倍稍大些。所以，转换器的总转换速率要低于 30 次/s，这对于任何快速数据获取应用都是不合适的。双斜积分式转换器普遍用在数字板式仪表（DPM）、数字万用表（DDM）、温度检测及类似的低采样频率的应用中。

3）并行比较式 A/D 转换器

图 2.18 所示为并行比较式 A/D 转换器原理。它用于需要非常高速转换的地方，如在视频、雷达及数字示波器等中应用。在这种方法中，输入信号同时与所有的阈值电平比较，每个比较器的偏置相差 1 个 LSB 电平。转换器的偏置是用基准信号与一个精密电阻网络实现的。偏置高于输入信号的那些比较器被关闭，而偏置低的那些则保持导通。由于所有的比较器同时改变状态，整个量化过程是在一个单步中完成的。然后，快速编码器把这些比较器的输出转换为数字输出。使用并行转换的 A/D 转换器，对于 8 位分辨率，转换速度可高达 100 MHz。但是，单片并行转换器的分辨率受到限制，因为它使用的比较器数目较多，仅实现 8 位 A/D 转换器就要 255 个比较器。

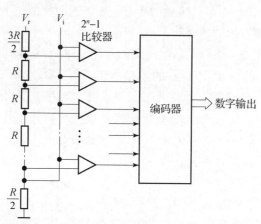

图 2.18　并行比较式（特高速）A/D 转换器原理

4. A/D 转换器的选择和使用

有各种各样功能的 A/D 转换器器件可供选用。转换技术的类型（即逐次逼近式、双斜积分式及并行比较式等）和所用的电路制造工艺（单片、混合式或组件式）决定了 A/D 转换器的主要特性，如速度、分辨率和成本等。如图 2.19 所示，逐次逼近式 A/D 转换器给出的选择范围最宽，用处也最多。单片 A/D 转换器的成本最低。

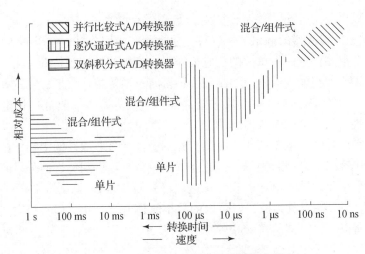

图2.19　通用 A/D 转换器的性能比较

1）A/D 转换器的选择

对于具体的应用，要想选择合适的 A/D 转换器，必须了解该应用对 A/D 转换器的性能要求，如模拟通道数、转换精度、转换速率、数据输出格式、环境、系统成本等特性。

（1）转换精度。在考虑了系统中所有其他元件误差的情况下，可以从系统精度规定中算出所要求的转换器精度。常犯的一个错误是，马上就选取具有相应分辨率的 A/D 转换器，看上去好像满足了这一要求，其实由于存在各种转换误差，实际精度要比指示的值差。用列表方法列出各种主要转换误差的贡献，称为误差预算。这种方法有助于实验性能的计算。

（2）转换时间。A/D 转换器每秒转换的次数可以从规定的系统转换速率、通道个数及所选择的系统配置算出。只有当每个通道都有一个 A/D 转换器时，通道的采样率才等于 A/D 转换器的转换速率。包含在一个转换中的所有主要延迟时间的清单称为定时预算。从定时预算中可计算出 A/D 转换器的转换时间。

（3）A/D 转换器的类型。了解了系统的配置及所要求的 A/D 转换器的分辨率和转换时间后，通常就可对所要求的 A/D 转换器的型号做出选择。例如，对于中速到高速的要求，可以使用逐次逼近式 A/D 转换器。如果同时还要求高分辨率，则可能要用混合式器件。如果要求低速、高分辨率，则双斜积分式 A/D 转换器最为合适，如万用表。如果想剔除高频噪声或抑制 60 Hz 干扰，则双斜积分式 A/D 转换器也是不错的选择。类似地，对于远地数据检测，可使用 V – F 型 A/D 转换器，而并行比较式 A/D 转换器则用于高速数据的采集，如数码相机、图像采集卡。

（4）其他考虑。确定了所需 A/D 转换器的类型后，就要选出该类型器件其他方面的条件。例如，根据 A/D 转换器工作的范围不同，决定选用民用级（0 ~ 70 ℃）还是工业级（–40 ~ 85 ℃）或军用级（5 ~ 125 ℃）的 A/D 转换器。还必须考虑器件的输入电压范围，对双极性输入信号的适配能力及数字输出格式（串行或并行），还应考虑与微机接口的能力。

2）A/D 转换器使用注意事项

在使用 A/D 转换器时，要细心考虑，按下面的要点使用。

（1）A/D 转换器的满量程输入范围。如果输入信号摆幅仅为 1.0 ~ 3.5 V，则把其加到输入范围为 0 ~ 5 V 的 A/D 转换器上时，转换器的误差实际上加倍了。要避免转换器性能的这种变化，可使用信号预处理方法使输入信号尽量在 A/D 转换器的满输入范围内变化。

（2）基准信号源。基准信号的温度漂移或时间漂移都表现为增益误差，因此，应使它保持最小。一个精密的集成基准源对于大多数应用都是一个良好的开始。

（3）输入信号的快速变化。在转换期间，输入信号的变化会引起逐次逼近式 A/D 转换器的增益误差。如果输入信号是不可预知的，就要使用 S/H 电路。至于 S/H 电路的保持电容，应使用优质的聚丙烯或聚苯乙烯电容器。

（4）模拟地与数字地分开。数字信号沿接地回路会产生大的尖峰。除一个公共点外，电路的模拟和数字部分的接地连接应保持分开。

（5）减小干扰与免载。对于数字电路部分中的 TTL 集成电路，应使用合适的旁路电容（对于纹波，用 10 μF 钽电容；对于瞬变，用 10 ~ 100 nF 陶瓷电容），还应使控制线上的免载保持为两个 LS – TTL 负载，或者使用缓冲器。大多数 A/D 转换器都有输出缓冲器，但若数据线要通过一个长距离，或者还有别的器件接到 A/D 转换器上，就需要再加缓冲器。

2.2.2 典型并行 8 位 A/D 转换器

1. ADC0809 简介

ADC0809 是一种应用广泛的 8 位逐次逼近式 A/D 转换器，其内部结构框图如图 2.20 所示。

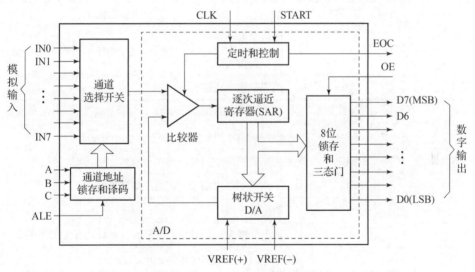

图 2.20 ADC0809 内部结构框图

ADC0809 主要由两部分组成，第一部分为 8 通道多路模拟开关、地址锁存与译码电路，实现 8 路模拟信号的分时采样，三个地址信号 A、B、C 经过译码电路后确定哪一路模拟信号被送入内部 A/D 转换器中进行转换，C、B、A 经 000 ~ 111 时分别选择 IN0 ~ IN7。第二部分为一个逐次逼近式 A/D 转换器，由比较器、控制逻辑、三态输出缓冲器、逐次逼近寄存器 SAR、树状开关和 256R 电阻网络组成。树状开关和 256R 电阻网络组成 D/A 转换器。控制逻辑主要用来控制逐次逼近寄存器从高位到低位逐位取 1，然后将此数字量送入 D/A 转换器输出模拟电压 V_s，V_s 与输入模拟量 V_x 通过比较器进行比较，当 $V_s > V_x$ 时，输出 $Di = 0$；当 $V_s \leqslant V_x$ 时，输出 $Di = 1$。这样逐位比较 8 次后，逐次逼近寄存器中的数字量即与输入模拟量相对应的数字量，被送入输出锁存器，同时发转换结束信号 EOC（高电平有效），表示一次转换结束，单片机可以读取数据。

2. 基本特性参数

ADC0809 的基本特性参数如下：

（1）8 位分辨率。

（2）不可调误差为 ±（1/2）LSB ~ ±LSB。

（3）典型转换时间为 100 μs。

（4）具有锁存控制的 8 路模拟开关。

（5）具有三态缓冲输出。

（6）模拟电压输入范围：0 ~ 5 V。

（7）输出与 TTL 兼容。

（8）+5 V 单电源供电。

（9）工作温度范围：-40 ~ 85 ℃。

3. 引脚配置

ADC0809 的引脚配置如图 2.21 所示。ADC0809 各引脚功能说明如表 2.4 所示。

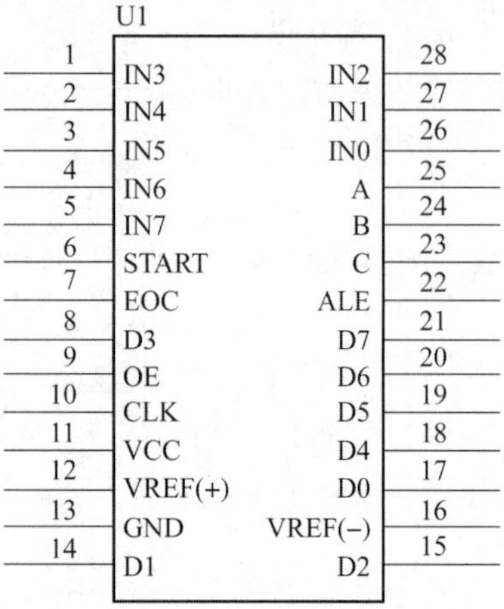

图 2.21　ADC0809 的引脚配置

表 2.4　ADC0809 各引脚功能说明

引脚编号	引脚名称	引脚功能描述
1	IN3	模拟量输入通道 3
2	IN4	模拟量输入通道 4
3	IN5	模拟量输入通道 5
4	IN6	模拟量输入通道 6
5	IN7	模拟量输入通道 7
6	START	A/D 转换启动信号，高电平有效
7	EOC	A/D 转换结束信号，高电平时转换结束
8	D3	数字量输出
9	OE	输出数据允许信号，高电平时，可以从 ADC0809 读取数据
10	CLK	工作时钟，最高允许为 280 kHz
11	VCC	供电电源
12	VREF（+）	参考电压正极
13	GND	数字地
14	D1	数字量输出
15	D2	数字量输出
16	VREF（-）	参考电压负极
17	D0	数字量输出

续表

引脚编号	引脚名称	引脚功能描述
18	D4	数字量输出
19	D5	数字量输出
20	D6	数字量输出
21	D7	数字量输出
22	ALE	通道地址锁存允许，上升沿有效
23	C	通道地址
24	B	通道地址
25	A	通道地址
26	IN0	模拟量输入通道 0
27	IN1	模拟量输入通道 1
28	IN2	模拟量输入通道 2

4. ADC0809 的工作时序

ADC0809 的工作时序如图 2.22 所示。

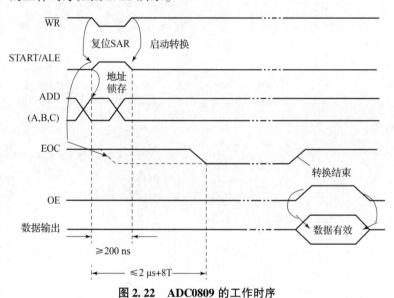

图 2.22　ADC0809 的工作时序

5. 应用举例

1）ADC0809 进行信号采集并显示应用举例

图 2.23 给出了单片机 AT89C51 与 ADC0809 的接口电路。其中，通道 0 采用滑线变阻器将电源电压分压后作为输入模拟信号。模拟信号通过 ADC0809 转换后，送到单片机，再经单片机处理转换成对应的电压值用液晶屏 LCD1602 进行显示（LCD1602 的使用方法详见第 3 章）。通过该电路仿真可以清晰地看到 LCD1602 显示的电压值与电压表的数值相同（由于器件 ADC0809 无法仿真，电路中用 ADC0808 替代，两者用法完全相同）。

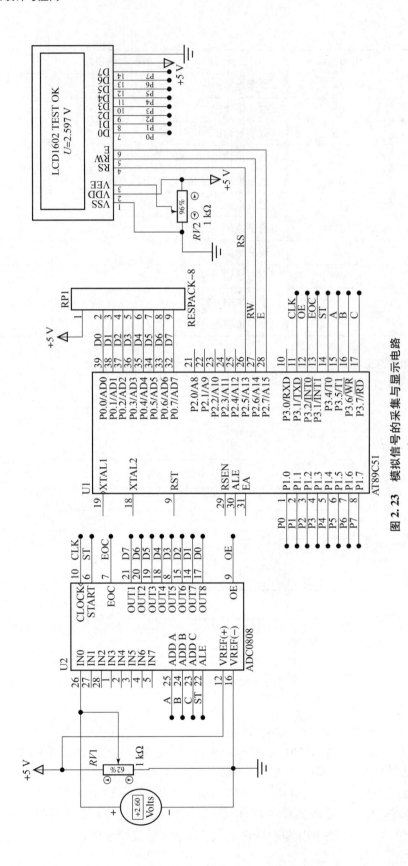

图 2.23　模拟信号的采集与显示电路

实现上述功能的 C51 参考程序如下：

```
#include <reg51.h>
#include <intrins.h>
#define uint unsigned int
#define uchar unsigned char
uchar table1[] = "LCD1602 TEST OK";
uchar table2[] = "U = 0.000V";
uchar result;                      //定义结果为无符号字符型

sbit RS = P2^5;                    //LCD 数据/命令选择控制引脚用 P2.5 控制
sbit RW = P2^6;                    //LCD 写选通/读选通控制引脚用 P2.6 控制
sbit E = P2^7;                     //LCD 使能控制引脚用 P2.7 控制

sbit CLK = P3^1;                   //ADC 时钟引脚用 P3.1 控制
sbit OE  = P3^2;                   //ADC 输出允许控制端用 P3.2 控制
sbit EOC = P3^3;                   //ADC 转换结束信号用 P3.3 控制
sbit ST  = P3^4;                   //ADC 转换启动信号和地址锁存信号用 P3.4
控制
sbit A   = P3^5;
sbit B1  = P3^6;
sbit C   = P3^7;                   //ADC 通道地址用 P3.5、P3.6、P3.7 控制

void DelayMS(uint ms)         //延时函数定义
{
    uchar i;
    while(ms -- )
    {
        for(i = 0;i < 120;i ++ );
    }
}
void delay_50us(uchar i)      //延时函数定义
{
```

```
    uchar   a;
    for(;i >0;i -- )
    for(a =0;a <20;a ++ );
}


void write_com(uchar com)        //LCD 写命令函数定义
{
    RS =0;
    RW =0;
    E =0;
    P1 =com;
    delay_50us(10);
    E =1;
    delay_50us(20);
    E =0;
}


void write_dat(uchar dat)        //LCD 写数据函数定义
{
    RS =1;
    RW =0;
    E =0;
    P1 =dat;
    delay_50us(10);
    E =1;
    delay_50us(20);
    E =0;
}


void init(void)                  //LCD 初始化函数
{
    write_com(0x01);             //清除屏幕显示
    DelayMS(100);
```

```
        write_com(0x38);                    //显示模式设置(16*2 显示、5*7
点阵、8 位数据接口)
        delay_50us(300);
        write_com(0x06);                    //写一个字符后地址指针加 1
        write_com(0x0c);                    //设置开显示,不显示光标
}

    uchar Red_0809()                        //DAC 数据读取
    {
        ST = 0;
        ST = 1;
        ST = 0;                             //设置启动信号
        while(EOC == 0);                    //判断信号转换是否结束
        OE = 1;                             //允许输出信号
        result = P0;                        //将读入数据赋值给 result
    OE = 0;
    return result;                          //返回结果
    }
    void LCD_Display()                      //LCD 显示设置
    {
        uint d;
        uchar i;
        Red_0809();                         //读取数据
        d = result * 5000.000/256;
        table2[2] = d/1000 + '0';
        table2[4] = d/100%10 + '0';
        table2[5] = d/10%10 + '0';
        table2[6] = d%10 + '0';             //将数据由 8 位二进制转换成十进制
        write_com(0x80);                    //显示数据地址设置
        i = 0;
        while(table1[i]! = '\0')            //结束符判断
        {
            write_dat(table1[i++]);         //测试 LCD 显示情况
        }
        write_com(0x80 + 0x44);             //显示数据位置设置
        i = 0;
```

```
        while(table2[i]! ='\0')              //结束符判断
        {
                write_dat(table2[i ++]);     //数据显示
        }
}


void main()
{
        TMOD = 0x02;                          //定时器 T0 为方式 2
        TH0   = 0x14;
        TL0   = 0x00;                          //赋初始值
        IE    = 0x82;                          //允许总中断和定时器 T0 中断
        TR0   = 1;                             //启动定时器 T0
        A    = 0;
        B1   = 0;
        C    = 0;                              //设置输入通道为 IN0
        init();
        while(1)
        {
                LCD_Display();
                DelayMS(5);
        }
}


void Timer0_INT()interrupt 1
{
        CLK = ! CLK;                           //时钟信号设置
}
```

2）模拟量输入/输出通道设计举例

图 2.24 给出了单片机 AT89C51 与 ADC0809（由于器件 ADC0809 无法仿真，电路中用 ADC0808 替代，两者用法相同。）、DAC0832 的接口电路。其中，模拟信号从 ADC0809 通道 0 输入（模拟信号可用仿真软件中的波形发生器产生）。模拟信号通过输入通道 ADC0809 转换后，送到单片机，再经模拟量输出通道 DAC0832 进行输出（模拟信号输出结果可用仿真软件中的示波器观察）。通过该电路仿真可以清晰地看到模拟量输入/输出通道的工作过程和控制方法。

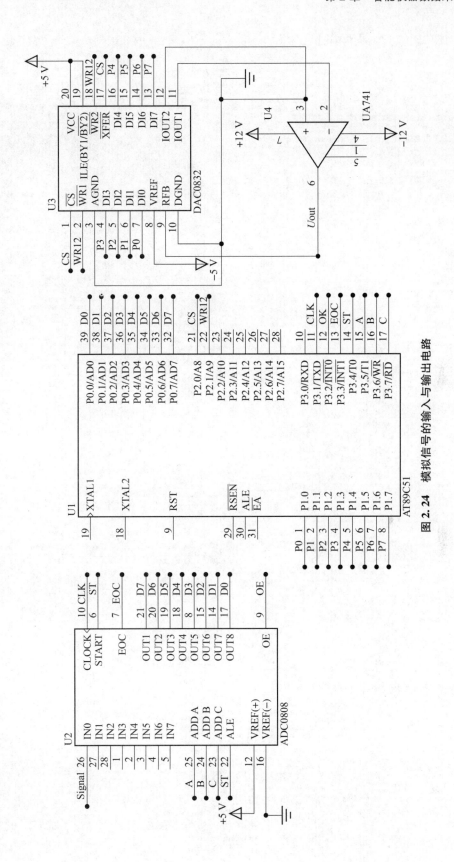

图 2.24　模拟信号的输入与输出电路

实现上述功能的 C51 程序如下：

```c
#include <reg51.h>
#include <intrins.h>
#define uint unsigned int
#define uchar unsigned char
#defineADC0809 P0
#defineDAC0832 P1
uchar result,value;

sbit CS = P2^0;
sbit WR12 = P2^1;                       //DAC0832 引脚设置

sbit CLK = P3^1;
sbit OE  = P3^2;
sbit EOC = P3^3;
sbit ST  = P3^4;
sbit A   = P3^5;
sbit B1  = P3^6;
sbit C   = P3^7;                        //ADC0809 引脚设置

uchar Read_0809()                       //模拟量读取
{
    ST = 0;
    ST = 1;
    ST = 0;                             //设置启动信号
    while( EOC == 0);                   //判断信号转换是否结束
    OE = 1;                             //允许输出信号
    result = ADC0809;
    OE = 0;
    return result;                      //返回结果
}

void main()
{
    TMOD = 0x02;                        //定时器 T0 工作在方式2
    TH0  = 0x14;
    TL0  = 0x00;                        //定时器赋初值
```

```
        IE   = 0x82;                    //允许总中断和定时器 T0 中断
        TR0  = 1;                       //启动定时器 T0
        A    = 0;
        B1   = 0;
        C    = 0;                        //设置输入通道为 IN0
        CS = 0;
        WR12 = 0;
        while(1)
        {
               value = Read_0809();
               DAC0832 = value;
        }
}

void Timer0_INT( )interrupt 1
{
    CLK = ! CLK;                        //设置时钟信号
}
```

2.2.3　典型串行 A/D 转换器

串行 A/D 转换器与单片机连接具有占用 I/O 口线少的优点，因此应用逐渐增多。下面以串行 A/D 转换器 TLC2543 芯片为例，介绍一下该芯片的基本特性、工作原理及使用方法。

1. TLC2543 简介

TLC2543 是美国 TI 的 12 位串行 SPI 接口的 A/D 转换器，转换时间为 10 μs。片内有 1 个 14 路模拟开关，用来选择 11 路模拟输入以及 3 路内部测试电压中的 1 路进行采样。为了保证测量结果的准确性，该器件具有 3 路内置自测试方式，可分别测试 "REF +" 高基准电压值、"REF −" 低基准电压值和 "REF +/2" 值。该器件的模拟量输入范围为 REF + ~ REF −，一般模拟量的变化范围为 0 ~ +5 V，此时 REF + 脚接 +5 V，REF − 脚接地。

由于 TLC2543 与单片机接口简单，且价格适中，分辨率较高，因此在智能仪器仪表中有着较为广泛的应用。

2. 基本特性参数

（1）12 位串行 SPI 接口的 A/D 转换器。

（2）在工作温度范围内转换时间为 10 μs。

（3）11 个模拟输入通道。

（4）3 路内置自测试方式。

（5）采样率为 66 kb/s。

（6）线性误差 ±1LSBmax。

（7）有转换结束输出指示 EOC。

（8）具有单、双极性输出。

（9）可编程的 MSB 或 LSB 前导。

（10）可编程输出数据长度。

3. 引脚配置

TLC2543 的引脚配置如图 2.25 所示，其主要引脚功能说明如表 2.5 所示。

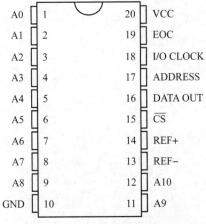

图 2.25　TLC2543 的引脚配置

表 2.5　TLC2543 的主要引脚功能说明

引脚编号	引脚名称	引脚功能描述
1	A0 ~ A10	11 个模拟输入通道
2	$\overline{CS}$	片选端，低电平有效
3	I/O CLOCK	时钟输入端
4	EOC	转换结束端
5	ADDRESS	串行数据输入端，可输入相关命令
6	DATA OUT	A/D 转换结果输出端（10 位 \ 12 位 \ 16 位）
7	REF −	负参考电压端，通常接地
8	REF +	正参考电压端，如果接 +5 V，则输入可测电压为 0 ~ 5 V
9	VCC	电源
10	GND	地

4. TLC2543 命令字

该芯片使用时，每次转换都必须向 TLC2543 写入命令字，以便确定被转换信号来自哪个通道，转换结果是多少位输出，输出的顺序是高位在前还是低位在前，输出结果是有符号数还是无符号数。命令字格式如表 2.6 所示。

表 2.6　TLC2543 命令字格式

D7	D6	D5	D4	D3	D2	D1	D0
通道地址选择位				数据长度		数据顺序位	输出极性位

（1）D7D6D5D4：通道地址选择位，用来选择输入通道。0000～1010 分别是 11 路模拟量的地址；地址 1011、1100 和 1101 所选择的自测试电压分别是 $[(VREF+)-(VREF-)]/2$、$VREF-$、$VREF+$。1110 是掉电地址，选掉电后，TLC2543 处于休眠状态，此时电流小于 20 μA。

（2）D3D2：数据长度，用来选择转换的结果用多少位输出。D3D2 为 x0：12 位输出；D3D2 为 01：8 位输出；D3D2 为 11：16 位输出。

（3）D1：输出数据的顺序位。D1=0，高位在前；D1=1，低位在前。

（4）D0：输出结果的极性位；D0=0，数据是无符号数；D0=1，数据是有符号数。

5. TLC2543 工作时序

TLC2543 工作过程分为两个周期：I/O 周期和实际转换周期。

1）I/O 周期

I/O 周期由外部提供的 I/O CLOCK（时钟）定义，延续 8、12 或 16 个时钟周期，取决于选定的输出数据长度。器件进入 I/O 周期后同时进行两种操作。

（1）TLC2543 的工作时序如图 2.26 所示。在 I/O CLOCK 前 8 个脉冲的上升沿，以 MSB 前导方式从 ADDRESS（地址）端输入 8 位数据到输入寄存器。其中前 4 位为模拟通道地址，控制 14 通道模拟多路器从 11 个模拟输入和 3 个内部自测电压中选通 1 路到采样保持器，该电路从第 4 个 I/O CLOCK 脉冲下降沿开始，对所选的信号进行采样，直到最后一个 I/O CLOCK 脉冲下降沿。I/O 脉冲时钟个数与输出数据长度（位数）有关，输出数据的长度由输入数据的 D3、D2 决定，可选择为 8 位、12 位或 16 位。当工作于 12 位或 16 位时，在前 8 个脉冲之后，ADDRESS 无效。

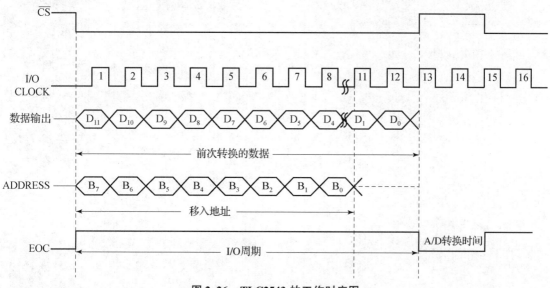

图 2.26　TLC2543 的工作时序图

（2）在 DATA OUT 端串行输出 8 位、12 位或 16 位数据。当 $\overline{CS}$ 保持为低时，第 1 个数据出现在 EOC 的上升沿，若转换由 $\overline{CS}$ 控制，则第 1 个输出数据发生在 $\overline{CS}$ 的下降沿。这个数据是前一次转换的结果，在第 1 个输出数据位之后的每个后续位均由后续的 I/O CLOCK 脉冲下降沿输出。

2）转换周期

I/O 周期最后一个 I/O CLOCK 脉冲下降沿后，EOC 变低，采样值保持不变，转换周期开始，片内转换器对采样值进行逐次逼近式 A/D 转换，其工作由与 I/O CLOCK 同步的内部时钟控制。转换结束后 EOC 变高，转换结果锁存在输出数据寄存器中，待下一 I/O 周期输出。I/O 周期和转换周期交替进行，从而可减少外部的数字噪声对转换精度的影响。

由 TLC2543 的时序，命令字的写入和转换结果的输出是同时进行的，即在读出转换结果的同时也写入下一次的命令字，采集 10 个数据要进行 11 次转换。因此第 1 次写入的命令字是有实际意义的，但是第 1 次读出的结果无意义；而第 11 次写入的命令字是无意义的操作，而读出的转换结果有意义。

6. 应用举例

图 2.27 给出了单片机 AT89C51 与 TLC2543 的接口电路。其中，通道 4 采用滑动变阻器将电源电压分压后作为输入模拟信号。模拟信号通过 TLC2543 转换后，送到单片机，再经单片机处理转换成对应的电压值用液晶屏 LCD1602 进行显示（LCD1602 的使用方法详见第 3 章）。通过该电路仿真可以清晰地看到 LCD1602 显示的电压值与电压表的数值相同。

实现上述功能的 C51 程序如下：

```
#include <reg51.h>
#include <intrins.h>
#define uint unsigned int
#define uchar unsigned char
#define LCD P1                          //液晶屏显示由 P1 控制
uchar table1[] = "LCD1602 TEST OK";
uchar table2[] = "U = 0.000V";
uint result;                           //定义读取结果为无符号整型
sbit RS = P2^5;                        //LCD 数据/命令选择控制引脚用 P2.5
控制
sbit RW = P2^6;                        //LCD 读选通/写选通控制引脚用 P2.6
控制
sbit E = P2^7;                         //LCD 使能控制引脚用 P2.7 控制
sbit  CS = P2^0;                       //片选用 P2.0 控制
sbit  CLK = P2^1;                      //时钟用 P2.1 控制
sbit  IN = P2^2;                       //地址输入端用 P2.1 控制
sbit  OUT = P2^3;                      //A/D 转换数据输出用 P2.3 控制
sbit  EOC = P2^4;                      //连接方式,注意 REF 接 5 V
```

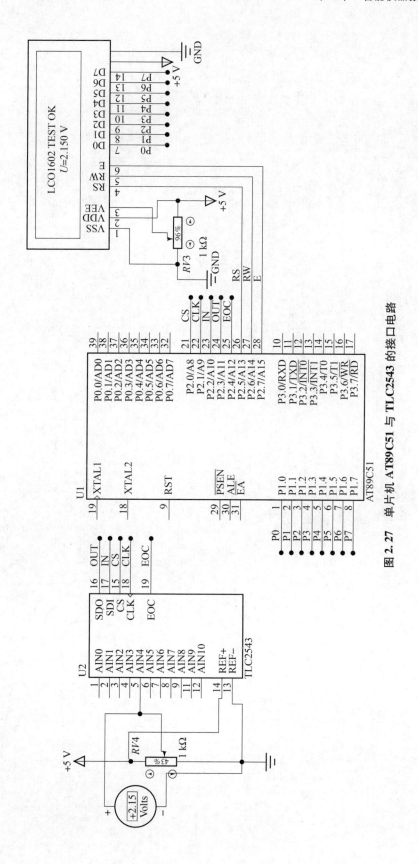

图 2.27　单片机 AT89C51 与 TLC2543 的接口电路

```
void DelayMS(uint ms)                    //延时函数定义
{
    uchar i;
    while(ms--)
    {
        for(i=0;i<120;i++);
    }
}
void delay_50us(uchar i)                 //延时函数定义
{
    uchar  a;
    for(;i>0;i--)
    for(a=0;a<20;a++);
}

void write_com(uchar com)                //LCD写命令函数
{
    RS=0;
    RW=0;
    E=0;
    LCD=com;
    delay_50us(10);
    E=1;
    delay_50us(20);
    E=0;
}

void write_dat(uchar dat)                //LCD写数据函数
{
    RS=1;
    RW=0;
    E=0;
    LCD=dat;
    delay_50us(10);
    E=1;
    delay_50us(20);
    E=0;
```

```
    }

    void init(void)                          //LCD 初始化函数
    {
        uchar i = 0;
        write_com(0x01);                     //清除屏幕显示
        DelayMS(100);
        write_com(0x38);                     //显示模式设置(16*2 显示、5*7 点
阵、8 位数据接口)
        delay_50us(300);
        write_com(0x06);                     //写一个字符后地址指针加 1
        write_com(0x0c);                     //设置开显示,不显示光标
        write_com(0x80);                     //显示数据地址设置
        while(table1[i]! ='\0')              //结束符判断
        {
            write_dat(table1[i ++]);         //测试 LCD 显示情况
        }
    }


    void LCD_Display(result)
    {
        uint d;
        uchar i = 0;
        d = result * 5000.000/4095;
        table2[2] = d/1000 +'0';
        table2[4] = d/100% 10 +'0';
        table2[5] = d/10% 10 +'0';
        table2[6] = d% 10 +'0';              //将数据由 12 位二进制转换成十进制
        write_com(0x80 +0x44);               //显示数据位置设置在第二行第四列
        while(table2[i]! ='\0')
        {
            write_dat(table2[i ++]);         //LCD 数据显示
        }
    }


    int ADC2543(uchar cmd)                   //AD 子程序,读取上次 A/D 值,开始下
次转换
```

```
{
    int i,result = 0;                    //定义两个整型变量
    cmd <<= 4;                           //左移四位,低四位数据进行通道选择
    CS = 0;                              //片选 A/D,初始化时钟 CLK 为低
    CLK = 0;
    for(i = 0;i < 12;i ++ )              //设置循环,读取 A/D 转换后的 12 位数据
    {
        if(cmd&0x80)
        {
            IN = 1;                      //控制命令从 MSB 到 LSB,向 A/D 发数
        }
        else
        {
            IN = 0;
        }
        cmd <<=1;                        //左移一位,准备发送下一位
        result <<=1;                     //将结果左移一位,准备接收下一位数
        if(OUT)
        {
            result |=1;                  //接收 A/D 数,从 MSB 到 LSB
        }
        delay_50us(10);                  //调用延时,模拟时序中的时钟
        CLK =1;                          //时钟变为高
        delay_50us(10);                  //调用延时,模拟时序中的时钟
        CLK =0;                          //再将时钟设为低
    }
    CS =1;                               //取消片选 A/D
    while(! EOC);
    return result&0x0fff;                //屏蔽高四位,返回读取的数字量
}

void main()
{
    uint value;                          //定义一个浮点型变量
    init();                              //LCD 初始化
    while(1)
```

```
        {
            value=ADC2543(4);      //模拟量从通道 4 输入
            LCD_Display(value);    //LCD 显示数据
            DelayMS(5);
        }
    }
```

2.3　信号采集系统的组成与设计

信号采集系统是指将温度、压力、流量、脉搏等模拟信号转换成数字信号的系统。

2.3.1　数据采集系统的典型结构

数据采集系统的典型结构一般包括传感器或电极、模拟调理电路、A/D 转换器等，如图 2.28 所示。

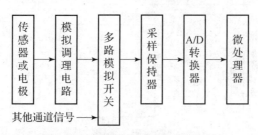

图 2.28　数据采集系统的典型结构

2.3.2　数据采集的任务

1. 对采集到的电信号进行物理量解释

在数据采集系统中，被采集的物理量（温度、压力、流量等）经传感器转换成电量，又经过信号放大、采样、量化、编码等环节后，被系统中的计算机采集，但是采集到的数据仅仅是以电压的形式表现的。它虽然含有被采集物理量变化规律的信息，但由于没有明确的物理意义，因而不便于处理和使用，必须把它还原成原来对应的物理量。

2. 消除数据中的干扰信号

在数据采集、传送和转换过程中，由于系统内部和外部干扰、噪声的影响，或多或少会在采集的数据中混入干扰信号。因而必须采用各种方法（如去噪、滤波等），最大限度地消除混入数据中的干扰，以保证数据采集系统的精度。

3. 分析计算数据的内在特征

通过对采集到的数据进行变换加工（如求均值或做傅里叶变换等），或在有关联的数据之间进行某些相互运算（如计算相关函数），从而得到能表达该数据内在特征的二次数据。所以有时也称这种处理为二次处理。例如，采集到一个心电波形，可能需要进行频谱分析，这时就要用到傅里叶变换。

2.3.3　模拟多路开关和采样保持器

在多路被测信号共用一路 A/D 转换器的数据采集系统中，通常用模拟多路开关把模拟信号分时地送入 A/D 转换器，或者把经计算机处理后的数据由 D/A 转换器转换得到模拟信号，再按照一定的顺序输出到不同的控制回路中去。前者称为多路开关，完成多到一的转换；后者称为多路分配器，完成一到多的转换。

数据采集系统中常用的主要是集成多路开关，如 CD4051、CD4052 等。图 2.29 所示为两个 CD4051 进行级联，通过控制 D0、D1、D2、D3 的输入可完成 15 路模拟信号中的一路选择。

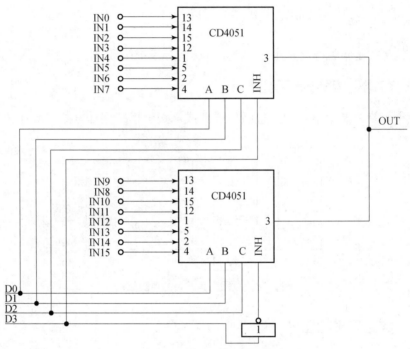

图 2.29　模拟多路开关级联

为了保证 A/D 转换的精度，在转换时间内模拟信号应保持在采样时的函数值不变，也就是说，在 A/D 转换开始时将输入信号的电平保持住，而在 A/D 转换结束后又能跟踪输入信号的变化。因此，需要加采样保持电路。

采样保持器由模拟开关、电容和缓冲放大器组成，主要有采样和保持两种运行状态，其原理可由图 2.30 来说明。图中电容 C 为保持电容，运放 A1 和 A2 都接成跟随器，其运行状态由方式控制端来决定。在采样状态下，采样命令通过方式控制输入端控制 S 闭合，由于跟随器 A1 的隔离作用，输入模拟电压以很快的速度给 C 充电，输出随输入变化。在保持状态下，控制 S 打开，此时由于跟随器 A2 的隔离作用，电容 C 两端的电压（即输出电压）将保持在命令发出时的输入电压不变，直到新的采样命令到来为止。

采样/保持器的主要性能参数如下。

1) 孔径时间

保持指令给出瞬间到模拟开关有效切断所经历的时间。接到保持指令时，采样保持器的输出并不保持在指令发出瞬时的输入值上，而会跟着输入变化一段时间，这段时间就是孔径时间。

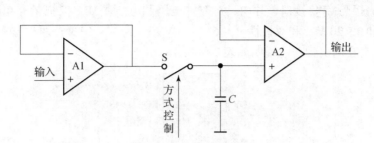

图 2.30　采样/保持电路

2）捕捉时间

捕捉时间是指当采样保持器从保持状态转到跟踪状态时，采样保持器的输出从保持状态的值变到当前输入值所需的时间。

无采样保持器时，系统可采集的最高信号频率为

$$f_{max} = \frac{1}{2^{n+1}\pi t_{CONV}} \qquad (2.4)$$

在转换时间 t_{CONV} 内，正弦信号电压的最大变化不超过 1LSB 所代表的电压，则在输入电压振幅为满量程电压的情况下，数据采集系统可采集的最高信号频率为式（2.4）。以 ADC0809 为例，其转换时间为 100 μs，则它可采集的信号最高频率为 6.22 Hz。

如果在 n 位 A/D 转换器前面加上采样保持器后，系统可采集信号的最高频率为

$$f_{max} = \frac{1}{2^{n+1}\pi t_{AP}} \qquad (2.5)$$

式中，t_{AP} 为采样保持器的孔径时间。则对于一个孔径时间为 50 ns 的采样保持器和 ADC0809 组成的数据采集系统，可采集的最高信号频率为 12.44 kHz。

由此可见，采用采样保持器后，大大改善了系统的采样速率。LF198/LF298/LF398 是由场效应管构成的采样保持器。

2.3.4　数据采集系统设计举例

生物医学信号由于受到人体诸多因素的影响，而有着一般信号所没有的特点。

（1）信号弱。例如，从母体腹部取到的胎儿心电信号仅为 10～50 μV，脑干听觉诱发响应信号小于 1 μV。

（2）噪声强。由于人体自身信号弱，加之人体又是一个复杂的整体，因此信号易受噪声的干扰。

（3）频率范围一般较低。除心音信号频谱成分稍高外，其他电生理信号频谱一般较低。

（4）随机性强。生物医学信号不但是随机的，而且是非平稳的。

设计三路心电信号（变化频率 < 100 Hz）连续采集系统，心电信号经放大滤波处理后电压范围为 0～10 V，要求分辨率为 5 mV，采样间隔为 1 s。另外为了对采样数据进行数字滤波处理，必须对每路信号进行多次采集，所以 A/D 转换器必须速度足够快。因此，A/D 转换器选用转换速度较快的 AD574。AD574 的分辨率（0.025%）、转换误差（0.05%）、转换时间（25 μs）和输入电压的范围均能符合上述要求。

AD574 是 12 位逐次逼近式 A/D 转换器，其最快转换时间为 25 μs，数字量输出具有三

态缓冲器,可直接与 CPU 接口,片内具有时钟电路和电压基准,模拟量有单极性(电压范围为 0 ~ 10 V 和 0 ~ 20 V)和双极性(−5 ~ +5 V 或 −10 ~ +10 V)两种方式。其引脚图如图 2.31 所示,主要的引脚功能说明如表 2.7 所示。

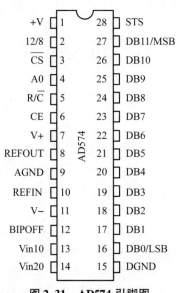

图 2.31 AD574 引脚图

表 2.7 AD574 主要的引脚功能说明

引脚编号	引脚名称	引脚功能说明
1	$\overline{CS}$	片选端
2	CE	使能端
3	R/$\overline{C}$	读转换数据控制端
4	A0	字节地址短周期控制端与 12/8 端用来控制启动转换的方式和数据输出格式。必须注意的是,12/8 端 TTL 电平不能直接与 +5 V 或 0 V 连接
5	STS	状态指示信号端,当 STS = 1 时,表示转换器正处于转换状态;当 STS = 0 时,声明 A/D 转换结束。通过此信号可以判别 A/D 转换器的工作状态,作为单片机的中断或查询信号之用
6	DB0 ~ DB11	12 条数据总线,通过这 12 条数据总线向外输出 A/D 转换数据

多路模拟开关选用 CD4051,CD4051 导通电阻为 200 Ω,由于采样/保持器的输入电阻一般在 10 MΩ 以上,所以输入电压在 CD4051 上的压降仅为 0.002% 左右,符合要求。CD4051 的开关漏电流仅为 0.08 nA,当信号源内阻为 10 kΩ 时,误差电压约为 0.08 μV,可以忽略不计。采样/保持器选用 LF398,LF398 采样速度快,保持性能好,非线性度为 ±0.01%,也符合上述要求。整个系统采用 AT89C51 单片机实施控制。具体电路原理图如图 2.32 所示。

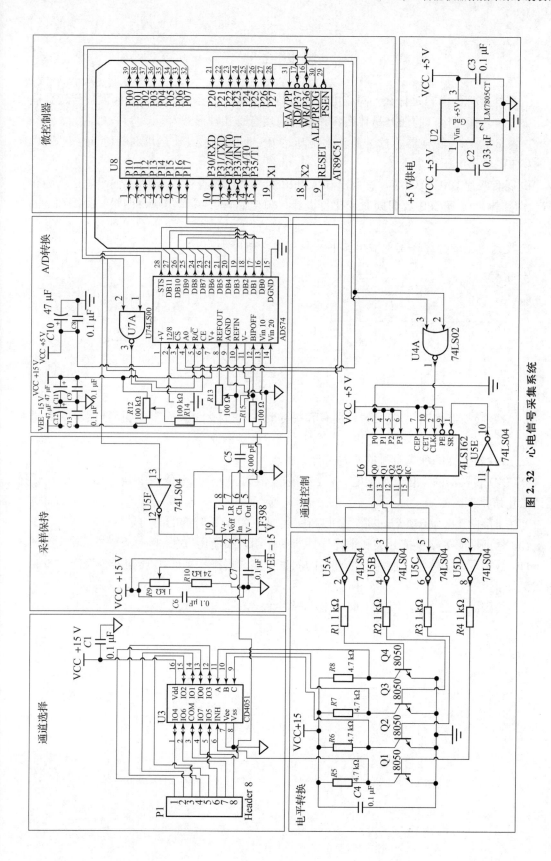

图 2.32　心电信号采集系统

习 题 2

1. 采样定理的内容是什么？对心电信号进行采样时，其采样频率该如何设置比较合适？

2. D/A 转换器接口的任务是什么？和微机连接有哪几种形式？

3. 某 8 位 D/A 转换器芯片，若输出电压为 0 ~ 5 V，当 CPU 送出 80 H、40 H、100 H 时，对应的输出电压为多少？

4. 现有两片 DAC8032 芯片，要求和 AT89C51 单片机相连接，若 D/A 输出电压均为 0 ~ 5 V，两路输出应随 CPU 数据同时变化，设计接口电路，并编程实现将变量 temp1 和 temp2 同时输出。

5. 设计电路图并编程实现输出如下波形（参考电压为 – 5 V）：

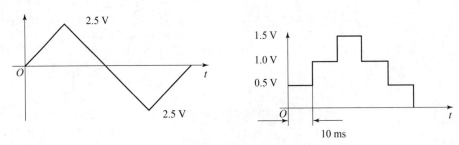

6. A/D 转换器和 D/A 转换器分别有哪些主要技术指标？分辨率和转换精度这两个技术指标有什么区别和联系？

7. A/D 转换器的种类有哪些？各有什么特点？

8. A/D 转换器的量化值如何定义？当满刻度值为 5 V 时，8 位、12 位、16 位 A/D 转换器的量化值是多少？

9. 在时钟 CLK 为 640 kHz 时，ADC0809 实现一次 A/D 转换的时间是多长？

10. 分别说明多路模拟开关和采样保持器的作用以及使用方法。

11. 欲实现诸如体温、血压等物理量的测量，应选用哪一种 A/D 转换器？为什么？如何设置采样频率？

12. 按照图 2.25，编写完整的心电信号采集程序。

第 3 章

智能仪器人机接口设计

智能仪器通常要有人机交互功能，即用户与仪器交换信息的功能。这个功能有两方面的含义：一是用户对智能仪器进行状态干预和数据输入；二是智能仪器向用户报告运行状态与处理结果。实现智能仪器人机交互功能的部件有键盘、显示器和打印机等，这些部件与智能仪器主体电路的连接是由人机接口电路来完成的，因此人机接口技术是智能仪器设计的关键技术之一。

3.1 键盘与接口设计

键盘与微处理器的接口分为硬件和软件两个部分。硬件指键盘的组织，即键盘结构及其与主机的连接方式。软件指对按键操作的识别与分析，称键盘管理程序。虽然不同的键盘组织其键盘管理程序存在很大差异，但任务大体可分为以下几项。

（1）判断是否有键被按下：若有，则进行译码；若无，则等待或转做别的工作。

（2）译键：识别出哪一个键被按下并求出被按下键的键值（代码）。

（3）键值分析：根据键值，找出对应处理程序的入口并执行。

3.1.1 键盘输入基础知识

1. 键盘的组织

智能仪器普遍使用由多个合在一起而构成的按键式键盘，键盘中的每个按键都表示一个或多个特定的意义（功能或数字）。

键盘按其工作原理可分为编码式键盘和非编码式键盘。

编码式键盘是由按键式键盘和专用键盘编码器两部分构成的。当键盘中的某一按键被按下时，键盘编码器会自动产生相对应的按键代码，并输出一选通脉冲信号与 CPU 进行信息联络。编码式键盘使用方便，目前已有数种大规模集成电路键盘编码器出售，如 MM5740AA 芯片就是一种专用于 64 键电传打字机的键盘编码器，其输出为 ASCII 码。

非编码式键盘不含编码器，当某键被按下时，键盘只能送出一个简单的闭合信号，对应按键代码的确定必须借助于软件来完成。显然，非编码式键盘的软件比较复杂，并且要占用较多的 CPU 时间，这是非编码式键盘的不足之处。但非编码式键盘可以任意组合、成本低、使用灵活，因而智能仪器大多采用非编码式键盘。

非编码式键盘按照与主机连接方式的不同，有独立式键盘、矩阵式键盘和交互式键盘之分。

独立式键盘结构的特点是一键一线，即每个按键单独占用一根检测线与主机相连，如图3.1（a）所示。图中的上拉电阻保证按键断开时检测线上有稳定的高电平，当某一按键被按下时，对应的检测线就变成了低电平，而其他键对应的检测线仍为高电平，从而很容易识别出被按下的键。这种按键连接方式的优点是键盘结构简单，各测试线相互独立，所以按键识别容易；缺点是占用较多的检测线，不便于组成大型键盘。

矩阵式键盘结构的特点是把检测线分成两组，一组为行线，另一组为列线，按键放在行线和列线的交叉点上。图3.1（b）所示为一个 4×4 矩阵结构的键盘接口电路，图中每一个按键都通过不同的行线和列线与主机相连接。4×4 矩阵键盘共安置16只按键，但只需8条检测线。不难看出，$m \times n$ 矩阵键盘与主机连接需要 $m + n$ 条线，显然，键盘规模越大，矩阵式键盘的优点越显著。当需要的按键数目大于8时，一般采用矩阵式键盘。

交互式键盘结构的特点是，任意两检测线之间均可放置一个按键。很显然，交互式键盘结构所占用的检测线比矩阵式的还要少，但是这种键盘所使用的检测线必须是具有位控功能的双向 I/O 端口线。图3.1（c）给出了一个典型的交互式键盘接口电路，该电路只是用了MCS-51 单片机的 P1.0～P1.7 共8条 I/O 端口线，但放置的按键数目多达28个。

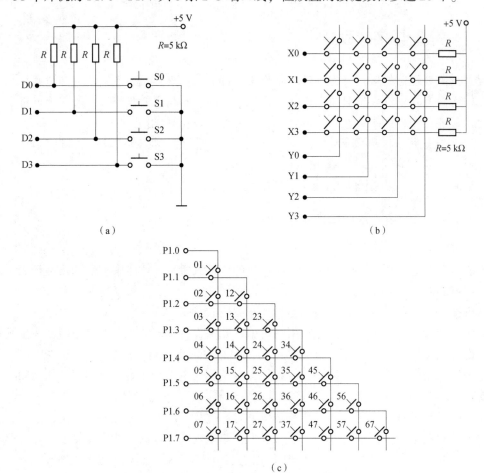

（a）

（b）

（c）

图3.1 键盘组织形式

（a）独立式键盘；（b）矩阵式键盘；（c）交互式键盘

2. 键盘的工作方式

智能仪器中的 CPU 对键盘进行扫描时，要兼顾两方面的问题：一是要及时，以保证对用户的每一次按键都能做出响应；二是扫描不能占用过多时间，CPU 还有大量的其他任务要去处理，因此，要根据智能仪器中的 CPU 忙、闲情况，选择适当的键盘工作方式。键盘有三种常用的工作方式：编程扫描工作方式、中断工作方式和定时扫描工作方式。

1）编程扫描工作方式

该方式也称查询方式，它是利用 CPU 在完成其他工作的空余，调用键盘扫描程序，以响应键盘输入的要求。当 CPU 在运行其他程序时，它就不会再响应键盘输入的要求，因此，采用该方式编程时，应考虑程序是否能对用户的每次按键都做出及时的响应。

2）中断工作方式

在这种方式下，当键盘中有按键按下时，硬件会产生中断申请信号，CPU 响应中断申请后对键盘进行扫描，并在有按键被按下时转入相应的按键功能处理程序。该方式的优点是在无按键被按下时不进行键扫描，因而能提高 CPU 的工作效率，同时也能确保对用户每次按键操作做出迅速响应。

3）定时扫描工作方式

该方式利用一个专门的定时器来产生定时中断申请信号，CPU 响应中断申请后便对键盘进行扫描，并在有按键被按下时转入相应的按键功能处理程序。由于每次按键按下的持续时间一般不小于 100 ms，所以为了不漏检，定时中断的周期一般应小于 100 ms。定时扫描方式本质上也属于中断工作方式。

3. 键抖动及消除

键盘按键一般采用触点式按键开关。当按键被按下或释放时，按键触点的弹性会产生一种抖动现象，即当按键被按下时，触点不会迅速可靠地接通；当按键释放时，触点也不会立即断开，而是要经过一段时间的抖动才能稳定下来。抖动时间视按键材料的不同一般在 5 ～ 10 ms，如图 3.2 所示的键抖动的波形图。

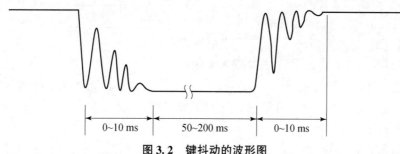

图 3.2　键抖动的波形图

键抖动可能导致计算机将此按键操作识别为多次操作，为克服这种由键抖动所导致的误判，常采用措施如下。

1）硬件电路消除法

可利用 RS 触发器来吸收按键的抖动，其硬件电路接法如图 3.3 所示。一旦有按键被按下，触发器就立即翻转，触点的抖动便不会再对输出产生影响，按键释放时亦然。

2）软件延时方法

当判断按键被按下时，用软件延时 10 ～ 20 ms，等待按键稳定后再重新判断一次，以躲

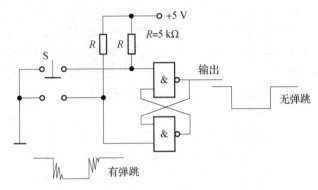

图 3.3　硬件电路消除按键抖动

过触点抖动期。

4. 键连击的处理

当按下某键时，对应的功能便会通过键盘分析程序得以执行。如果在操作者释放按键之前，对应的功能得以多次执行，如同操作者在连续不断操作该键一样，这种现象称为连击。连击现象可用图 3.4（a）所示流程图的软件方法来解决，当某按键被按下时，首先进行软件去抖处理，确认按键被按下后便执行对应的功能，执行完后不是立即返回，而是等待按键释放之后再返回，从而使一次按键只被响应一次，避免连击现象。

如果把连击现象加以合理利用，则会给操作者带来方便。例如，在某些简易仪器中，因设计的按键少，没有安排 0～9 数字按键，这时只能设置一只调整按键，采用加 1（或减 1）的方法来调整有关参数，但当调整量比较大时就需要按多次按键，使操作不方便，如果这时允许调整按键存在连击现象，只要按住调整键不放，参数就会不停地加 1（或减 1），这就给操作者带来很大方便。具体实现软件流程如图 3.4（b）所示，程序中加入延时环节是为了控制连击的速度。例如，延时取 250 ms，则连击速度为 4 次/s。

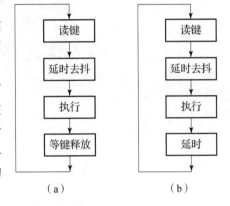

图 3.4　按键连击现象的克服和应用

5. 无锁键、自锁键和互锁键

电子仪器需要用到无锁键、自锁键、互锁键等多种类型的按键开关。

无锁键即通常所说的常态为开路的按键开关。当无锁键被按下时，其按键开关的两个触头接通；松开时，开关的两个触头又断开，恢复为开路。智能仪器的按键开关一般由无锁键组成。无锁键在逻辑功能上等效于单稳态开关。

自锁键在逻辑上等效于双稳态开关。当第一次按下自锁键时（包括松开后），其按键开关的两个触头接通；第二次按下及松开后，开关的两个触头又断开，不断地按此规律动作。自锁键常用在仪器二选一选择开关等场合，如某些仪器的电源开关等。

互锁键是指一组具有互锁关系的按键开关。当一组按键开关之一被选择时，与该键有互锁关系的其他键都将断开。或者说，具有互锁关系的这组按键，某时某刻最多只能有一个键被选择。互锁键在仪器中的应用场合也较多，如某仪器具有 5 挡量程，则对应着 5 挡量程的按键开关必须是互锁键，因为仪器在某一时刻只允许选择一挡量程。

在传统仪器中，无锁、自锁及互锁的功能都是通过采用不同机械结构的无锁键、自锁键及互锁键来实现的。在智能仪器中，仪器面板上的按键开关一般只使用机械结构简单的无锁键，自锁及互锁的功能需要借助软件设置特定的标志位，使无锁键也具有自锁及互锁功能。

3.1.2　键盘接口电路及控制程序

非编码式键盘按照与主机连接方式的不同，有独立式、矩阵式和交互式之分。本小节将对其接口电路及程序设计予以讨论。

1. 独立式键盘接口电路及程序设计

独立式键盘的每个按键占用一根检测线，它们可以直接与单片机的 I/O 线相连接或通过输入口与数据线相连接，结构简单。这些检测线相互独立，无编码关系，因而键盘软件不存在译码问题，一旦检测到某检测线上有键闭合，便可直接转入相应的键功能处理程序进行处理，适用于按键数目较少的场合。

1）独立式键盘的查询工作方式

如图 3.5 所示，系统扩展了 5 个按键，采用查询式来实现键盘扫描，根据按下键的不同，控制 DAC0832 产生不同的波形。

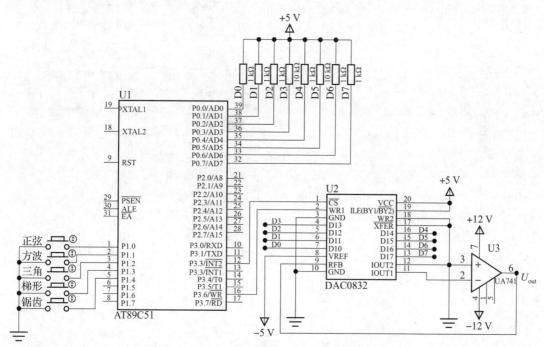

图 3.5　独立式按键控制 DAC0832 输出波形电路

首先，判断有无按键被按下，若检测到有按键被按下，就延时 10 ms 避开抖动的影响，查询是哪个键被按下并获取键值。然后采用分支程序，根据键值分别执行产生不同波形的操作。键盘扫描程序如下：

```
#include <reg51.h>
#define DAC0832   P0
sbit WR12 = P3^6;
sbit CS = P3^2;
sbit key0 = P1^0;                    //定义 P1.0 引脚的按键为正弦波键 key0
sbit key1 = P1^1;                    //定义 P1.1 引脚的按键为方波键 key1
sbit key2 = P1^2;                    //定义 P1.2 引脚的按键为三角波键 key2
sbit key3 = P1^3;                    //定义 P1.3 引脚的按键为梯形波键 key3
sbit key4 = P1^4;                    //定义 P1.4 引脚的按键为锯齿波键 key4
unsigned char flag;                  //flag 为 1、2、3、4、5 时对应不同波形
unsigned char code sin_tab[ ] =      //正弦波输出表
{0x80,0x83,0x86,0x89,0x8D,0x90,0x93,0x96,0x99,0x9C,0x9F,0xA2,
0xA5,0xA8,0xAB,0xAE,0xB1,0xB4,0xB7,0xBA,0xBC,0xBF,0xC2,0xC5,0xC7,
0xCA,0xCC,0xCF,0xD1,0xD4,0xD6,0xD8,0xDA,0xDD,0xDF,0xE1,0xE3,0xE5,
0xE7,0xE9,0xEA,0xEC,0xEE,0xEF,0xF1,0xF2,0xF4,0xF5,0xF6,0xF7,0xF8,
0xF9,0xFA,0xFB,0xFC,0xFD,0xFD,0xFE,0xFF,0xFF,0xFF,0xFF,0xFF,0xFF,
0xFF,0xFF,0xFF,0xFF,0xFF,0xFF,0xFE,0xFD,0xFD,0xFC,0xFB,0xFA,0xF9,
0xF8,0xF7,0xF6,0xF5,0xF4,0xF2,0xF1,0xEF,0xEE,0xEC,0xEA,0xE9,0xE7,
0xE5,0xE3,0xE1,0xDF,0xDD,0xDA,0xD8,0xD6,0xD4,0xD1,0xCF,0xCC,0xCA,
0xC7,0xC5,0xC2,0xBF,0xBC,0xBA,0xB7,0xB4,0xB1,0xAE,0xAB,0xA8,0xA5,
0xA2,0x9F,0x9C,0x99,0x96,0x93,0x90,0x8D,0x89,0x86,0x83,0x80,0x80,
0x7C,0x79,0x76,0x72,0x6F,0x6C,0x69,0x66,0x63,0x60,0x5D,0x5A,0x57,
0x55,0x51,0x4E,0x4C,0x48,0x45,0x43,0x40,0x3D,0x3A,0x38,0x35,0x33,
0x30,0x2E,0x2B,0x29,0x27,0x25,0x22,0x20,0x1E,0x1C,0x1A,0x18,0x16,
0x15,0x13,0x11,0x10,0x0E,0x0D,0x0B,0x0A,0x09,0x08,0x07,0x06,0x05,
0x04,0x03,0x02,0x02,0x01,0x00,0x00,0x00,0x00,0x00,0x00,0x00,0x00,
0x00,0x00,0x00,0x00,0x01,0x02,0x02,0x03,0x04,0x05,0x06,0x07,0x08,
0x09,0x0A,0x0B,0x0D,0x0E,0x10,0x11,0x13,0x15,0x16,0x18,0x1A,0x1C,
0x1E,0x20,0x22,0x25,0x27,0x29,0x2B,0x2E,0x30,0x33,0x35,0x38,0x3A,
0x3D,0x40,0x43,0x45,0x48,0x4C,0x4E,0x51,0x55,0x57,0x5A,0x5D,0x60,
0x63,0x66,0x69,0x6C,0x6F,0x72,0x76,0x79,0x7C,0x7E};
unsigned char keyscan()              //键盘扫描函数
{
    unsigned char keyscan_num,temp;
    P1 = 0xff;                       //P1 口输入
    temp = P1;                       //从 P1 口读入键值,存入 temp 中
    if( ~(temp&0xff))                //判断是否有键被按下,即键值不为 0xff,则
有键被按下
```

```
        {
                if( key0 ==0)
                {
                        keyscan_num =1;
                }
                else if( key1 ==0)
                {
                        keyscan_num =2;
                }
                else if( key2 ==0)
                {
                        keyscan_num =3;
                }
                else if( key3 ==0)
                {
                        keyscan_num =4;
                }
                else if( key4 ==0)
                {
                        keyscan_num =5;
                }
                else
                {
                        keyscan_num =0;
                }
                return keyscan_num;
        }
}

void init_DA0832()
{
        CS =0;
        WR12 =0;
}

void  delay(unsigned char i)              //延时函数
{
```

```
        unsigned char t;
        while( i -- )
        {
                for( t = 0 ; t < 120 ; t ++ );
        }
}

void SIN( )                              //产生正弦波
{
        unsigned char i;
        for( i = 0 ; i < 256 ; i ++ )
        {
                DAC0832 = sin_tab[ i ];
        }
}


void Square( )                           //产生方波
{
        DAC0832 = 0xaf;                  //产生矩形波的上限电平
        delay(1);                        //矩形波上限电平的持续时间
        DAC0832 = 0x10;                  //产生矩形波的下限电平
        delay(1);                        //矩形波下限电平的持续时间
}

void Triangle( )                         //产生三角波
{
        unsigned char i;
        for( i = 0 ; i < 0xff ; i ++ )
        {
                DAC0832 = i;
        }                                //三角波的上升边
        for( i = 0xff ; i > 0 ; i -- )
        {
                DAC0832 = i;
        }
}
```

```
void Sawtooth()                          //锯齿波函数
{
      unsigned char i;
      for(i = 0;i < 0xff;i ++ )
      {
            DAC0832 = i;
      }
}


void Trapezoidal()                       //梯形波函数
{
      unsigned char i;
      for(i = 0;i < 0xff;i ++ )
      {
            DAC0832 = i;
      }
      delay(1);
      for(i = 0xff;i > 0;i -- )
      {
            DAC0832 = i;
      }
}


void main()                              //主函数
{
      init_DA0832();                     //DA0832 初始化
      do
      {
            flag = keyscan();            //调用键盘扫描
      }while(! flag);
      while(1)
      {
            switch(flag)
            {
                  case 1:
                  do
                  {
```

```
            flag = keyscan();
SIN();
}while( flag ==1 );
break;
case 2:
do
{
        flag = keyscan();
        Square();
}while( flag ==2 );
break;
case 3:
do
{
        flag = keyscan();
        Triangle();
}while( flag ==3 );
break;
case 4:
do
{
        flag = keyscan();
        Trapezoidal();
}while( flag ==4 );
break;
case 5:
do
{
        flag = keyscan();
        Sawtooth();
}while( flag ==5 );
break;
default:
flag = keyscan();
break;
    }
  }
}
```

2）独立式键盘的中断工作方式

在上述扫描工作方式下，CPU 经常处于空扫描状态。为进一步提高 CPU 效率，可采用中断工作方式，如图 3.6 所示，即只有当键盘中有键被按下时才执行扫描工作。

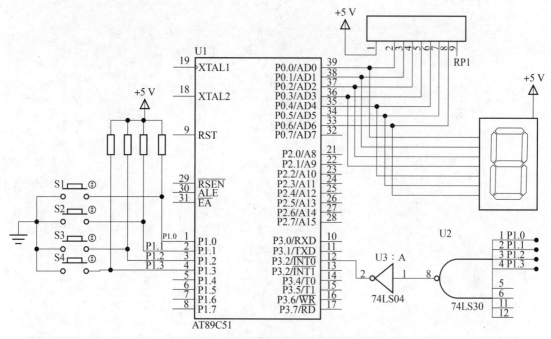

图 3.6 独立式按键中断控制电路

根据图 3.6，按下不同的按键，通过数码管显示不同的键值。

参考程序如下：

```c
#include < reg51.h >
#define uchar unsigned char
bit keyflag;
uchar key_num,key_num1,temp;
uchar code SEG[ ] = {0xc0,0xf9,0xa4,0xb0,0x99,0x92,0x82,0xf8,0x80,
0x90,0x88,0x83,0xc6,
   0xa1,0x06,0x8e};

void delay( )                          //延时函数
{
    uchar i,j;
    for( i =0;i <255;i ++)
    for( j =0;j <255;j ++);
}
```

```
void main()                              //主函数
{
    IT0 = 1;                             //设置中断触发方式
    IE = 0x81;
    keyflag = 0;
    while(1)
    {
        if(keyflag ==1)
        {
            temp = ~ key_num;        //键值
            switch(temp)
            {
                case 1:P0 = SEG[1];
                break;
                case 2:P0 = SEG[2];
                break;
                case 4:P0 = SEG[3];
                break;
                case 8:P0 = SEG[4];
                break;
                default:
                break;
            }
            keyflag = 0;
        }
    }
}

void int0()interrupt 0                   //中断服务函数
{
    IE = 0x80;
    keyflag = 0;
    P1 = 0Xff;
    key_num = P1;                        //读键值
    delay();
    key_num1 = P1;
    if(key_num == key_num1)
```

```
        {
            keyflag = 1;
        }
        IE = 0x81;
    }
```

2. 矩阵式键盘接口电路及程序

当采用矩阵式键盘时，为了编程的方便，应将矩阵式键盘中的每一个键按照一定的顺序编码，这种按顺序排列的编号叫顺序码，也称键值。为了求得矩阵式键盘中被按下键的键值，常用的方法有逐行扫描法和线路反转法。本节将介绍两种键盘接口电路及控制软件的实例，一种是采用逐行扫描法来识别键值，另一种是采用线路反转法来识别键值。

1）逐行扫描法

图 3.7 所示为 4×4 矩阵组成的 16 键键盘与单片机接口电路。

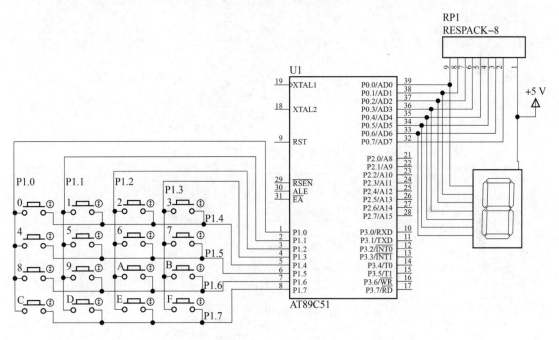

图 3.7 4×4 矩阵组成的 16 键键盘与单片机接口电路

采用逐行扫描法步骤如下。

（1）判断是否有键被按下，其实现方法是将单片机 P1 口高四位置高电平，低四位置低电平，然后从 P1 口读入列值。如果没有键被按下，读入的列值为 0FH；如果有键被按下，则不为 0FH。

（2）若有键被按下，则延时 10 ms 去抖，再次判断是否有键被按下。

（3）若确实有键被按下，则求出被按下键的键值。其实现方法是对键盘进行逐行扫描。即先令 P1.4 为 0，然后读入列值，若列值等于 FFH，说明该行无键被按下，再令 P1.3 为 0，对下一行进行扫描；若扫描某一行读入的列值不等于 FFH，则说明该行有键被按下，求出键值。求键值时需要设置行值寄存器和列值寄存器。每扫完一行后，若无键被按下，则行值寄存器加上 08H；若有键被按下，行值寄存器保持原值，转而求相应的列值。求列值的方法是，将列值右移，每移位一次列值寄存器加 1，直至移出位为低电平为止。最后将行值和列值相加即得十六进制的键值。

（4）为保证按键每闭合一次 CPU 只做一次处理，程序需要等闭合的键释放后再对其做处理。

采用逐行扫描法将键值显示到数码管上的 C51 代码如下：

```c
#include < reg51.h >                         //头文件声明
unsigned char code1[ ] = {0xc0,0xf9,0xa4,0xb0,0x99,0x92,0x82,0xf8,
              0x80,0x90,0X88,0X83,0Xc6,0Xa1,0X86,0X8e};
                                            //显示段码值 0~F
void DelayUs(unsigned char t)               //延时函数
{
    while( --t);
}


void DelayMs(unsigned char t)               //ms 延时函数
{
    while(t -- )                            //大致延时 1 ms
    {
        DelayUs(245);
        DelayUs(245);
    }
}


unsigned char KeyScan(void)                 //按键扫描
{
    unsigned char key_value;
    P1 = 0xf0;                              //高四位置高,低四位拉低
    key_value = P1&0xf0;
    if(key_value <0xf0)                     //表示有按键被按下
    {
        DelayMs(10);                        //去抖
        if(key_value <0xf0)                 //表示确实有按键被按下
        {
            P1 = 0xf7;                      //检测第四列
            key_value = P1&0xf0;
```

```
                    if(key_value<0xf0)
                    {
                            return(key_value+0x07);
                    }
                    P1=0xfb;                        //检测第三列
                    key_value=P1&0xf0;
                    if(key_value<0xf0)
                    {
                            return(key_value+0x0b);
                    }
                    P1=0xfd;                        //检测第二列
                    key_value=P1&0xf0;
                    if(key_value<0xf0)
                    {
                            return(key_value+0x0d);
                    }
                    P1=0xfe;                        //检测第一列
                    key_value=P1&0xf0;
                    if(key_value<0xf0)
                    {
                            return(key_value+0x0e);
                    }
            }
    }
}


void Key_disply(void)                           //按键键值显示
{
    switch(KeyScan())
    {
        case 0xee:P0=code1[0];break;//0
        case 0xed:P0=code1[1];;break;//1
        case 0xeb:P0=code1[2];break;//2
        case 0xe7:P0=code1[3];break;//3
        case 0xde:P0=code1[4];break;//4
        case 0xdd:P0=code1[5];break;//5
        case 0xdb:P0=code1[6];break;//6
        case 0xd7:P0=code1[7];break;//7
```

```
        case 0xbe:P0 = code1[8];break;//8
        case 0xbd:P0 = code1[9];break;//9
        case 0xbb:P0 = code1[10];break;//a
        case 0xb7:P0 = code1[11];break;//b
        case 0x7e:P0 = code1[12];break;//c
        case 0x7d:P0 = code1[13];break;//d
        case 0x7b:P0 = code1[14];break;//e
        case 0x77:P0 = code1[15];break;//f
        default:
        break;
    }
}


void main(void)                        //主程序
{
    P2 = 0;
    while(1)                           //主循环
    {
        Key_disply();
    }
}
```

2) 线路反转法

下面以图 3.7 所示的 4×4 键盘电路为例来说明线路反转法的原理。整个识别过程分两步进行。第一步，先从 P1 的高四位输出 "0" 电平，从 P1 的低四位读取键盘的状态，若图中某键被按下，此时从 P1 的低四位输入的代码为 1101，显然其中的 "0" 对应着被按键所代表的列。但只找到列的位置还不能识别键位，还必须找到它所在的行。第二步进行线路反转，即从 P1 的低四位输出 "0" 电平，从 P1 的高四位读取键盘的状态，此时从 P1 高四位输入的结果应为 0111，显然，其中的 "0" 对应着被按下键所代表的行。再将两次读入的数据合成一个代码 01111101，此代码能唯一地确定被按键的位置，通常我们把这种代码称为特征码。特征码离散性很大，不便于散转处理，可通过查键码表找到对应的键值。表 3.1 列出了矩阵式键盘线路反转法的键值。

表 3.1　矩阵式键盘线路反转法的键值

按键	（CPU 读入码）				（CPU 输出码）				键值
	P1.7	P1.6	P1.5	P1.4	P1.3	P1.2	P1.1	P1.0	
0	1	1	1	0	1	1	1	0	0eeh
1	1	1	1	0	1	1	0	1	0edh

按键	（CPU 读入码）				（CPU 输出码）				键值
	P1.7	P1.6	P1.5	P1.4	P1.3	P1.2	P1.1	P1.0	
2	1	1	1	0	1	0	1	1	0ebh
3	1	1	1	0	0	1	1	1	0e7h
4	1	1	0	1	1	1	1	0	0deh
5	1	1	0	1	1	1	0	1	0ddh
6	1	1	0	1	1	0	1	1	0dbh
7	1	1	0	1	0	1	1	1	0d7h
8	1	0	1	1	1	1	1	0	0beh
9	1	0	1	1	1	1	0	1	0bdh
A	1	0	1	1	1	0	1	1	0bbh
B	1	0	1	1	0	1	1	1	0b7h
C	0	1	1	1	1	1	1	0	07eh
D	0	1	1	1	1	1	0	1	07dh
E	0	1	1	1	1	0	1	1	07bh
F	0	1	1	1	0	1	1	1	077h

用线路反转法实现键盘扫描的参考程序如下：

```
#include <reg51.h>
#define uchar unsigned char
#define uint unsigned int
uchar key;
unsigned char table[] = {0xc0,0xf9,0xa4,0xb0,0x99,0x92,0x82,0xf8,
0x80,0x90,oX88,0X83,0Xc6,0Xa1,0X86,0X8e};
                              //显示段码值0~F

void delay(uchar t)              //延时函数
{
    uchar x,y;
    for(x = t;t > 0;t --)
    for(y = 111;y > 0;y --);
}
```

```
void display(uchar value)                    //数码管显示函数
{
    P0 = table[value];
    delay(100);
}


uchar key_scan()                             //按键扫描函数
{
    uchar m0,m1;
    uchar temp;
    P1 = 0xf0;                               //读高四位
    temp = P1&0xf0;
    if(temp! = 0xf0)                         //可能有键被按下
    {
        delay(10)                            //延时,去除抖动
        temp = P1&0xf0;                      //再读
        if(temp! = 0xf0)                     //一定有键被按下
        {
            m0 = temp;                       //获得按键高四位
            P1 = 0x0f;
            temp = P1&0x0f;                  //读低四位
            m1 = temp;                       //获得按键的低四位
            temp = m0 |m1;                   //获得最终的键号
            switch(temp)
            {
                case 0xee:key =0;break;
                case 0xed:key =1;break;
                case 0xeb:key =2;break;
                case 0xe7:key =3;break;
                case 0xde:key =4;break;
                case 0xdd:key =5;break;
                case 0xdb:key =6;break;
                case 0xd7:key =7;break;
                case 0xbe:key =8;break;
                case 0xbd:key =9;break;
                case 0xbb:key =10;break;
                case 0xb7:key =11;break;
```

```
                        case 0x7e:key =12;break;
                        case 0x7d:key =13;break;
                        case 0x7b:key =14;break;
                        case 0x77:key =15;break;
                        default:
                        break;
                    }
                return(key);
            }
        }
}


void main()                            //主函数
{
    while(1)
    {
        key_scan();                    //按键扫描
        display(key);                  //显示按键值
    }
}
```

3.2　LED 显示与接口设计

3.2.1　LED 原理及应用

在单片机应用系统中，使用的显示器主要有 LED（发光二极管）和 LCD（液晶显示器）。这两种显示器成本低廉，配置灵活，与单片机接口方便，应用范围很广。

1. LED 特点

LED 具有以下特点：工作电压低、体积小、寿命长、响应速度快、颜色丰富；工作电压降一般在 1.2 ～ 2.6 V，发光时消耗电流 5 ～ 20 mA，发光强度与流过的电流成正比。

2. LED 显示器结构

通常使用的是 7 段 LED 显示器，有共阴极和共阳极两种，除了接法不同外，内部结构基本相同。除了显示 7 段外，还有一位小数点，所以一共是 8 段，具体结构如图 3.8 所示。

除了 7 段 LED 显示器外，还有 14 段 LED 显示器，它的段排列如图 3.9（a）所示。经适当的组合，可显示数字和 26 个英文字母的大写与小写。字形代码需占用双字节，如图 3.9（b）所示。14 段 LED 显示器也分为共阴极与共阳极两种结构。对于共阴极 14 段 LED 显示器而言，数字 8 的字形代码为 813FH，字符 M 的字形代码为 0A36H。

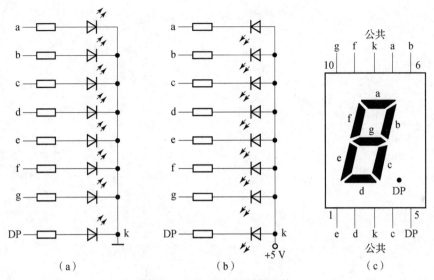

图 3.8　7 段 LED 显示器结构

（a）共阴极；（b）共阳极；（c）引脚图

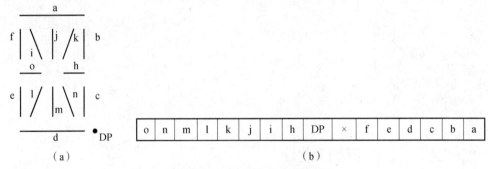

图 3.9　14 段 LED 显示器结构

3. LED 显示器的译码

为了显示某个数或字符，就要点亮对应的段，这就需要译码。译码有硬件译码和软件译码之分。硬件译码显示电路如图 3.10 所示。BCD 码转换为对应的七段字型码（简称段码），这项工作由七段译码/驱动器 74LS47 完成，硬件译码电路的优点是计算机运行时间的开销比较小，但硬件开支大。

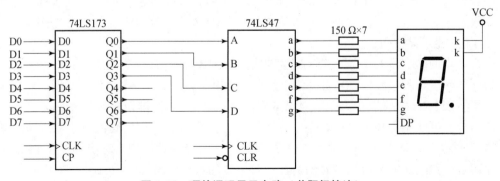

图 3.10　硬件译码显示电路（共阳极接法）

　　软件译码电路如图 3.11 所示，与硬件电路相比，软件译码电路省去了硬件译码器，其 BCD 码转换为对应的段码这项工作由软件来完成。表 3.2 显示出段码与数字、字母的关系。从表中可以看出，共阳极和共阴极显示器的段码互为反码。

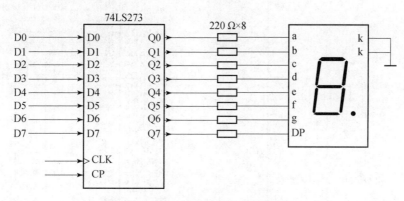

图 3.11　软件译码电路（共阴极接法）

表 3.2　LED 显示器字段码

字符	共阴极段码	共阳极段码	字符	共阴极段码	共阳极段码
0	3FH	C0H	A	77H	88H
1	06H	F9H	B	7CH	83H
2	5BH	A4H	C	39H	C6H
3	4FH	B0H	D	5EH	A1H
4	66H	99H	E	79H	86H
5	6DH	92H	F	71H	8EH
6	7DH	82H	H	76H	89H
7	07H	F8H	P	73H	8CH
8	7FH	80H	U	3EH	C1H
9	6FH	90H	全暗状态	00H	FFH

　　微处理器有较强的逻辑控制能力，采用软件译码并不复杂。采用软件译码不仅可使硬件电路简化，降低成本，而且其译码逻辑可随编程设定，不受硬件译码逻辑的限制。所以智能仪器使用较多的是软件译码方式。

　　一个采用独立式方法处理 4 个按键的实际接口电路如图 3.12 所示，读按键的状态，并将其对应的十六进制键值显示在数码管上，如 4 个键都被按下，数码管显示 F。

　　参考程序如下：

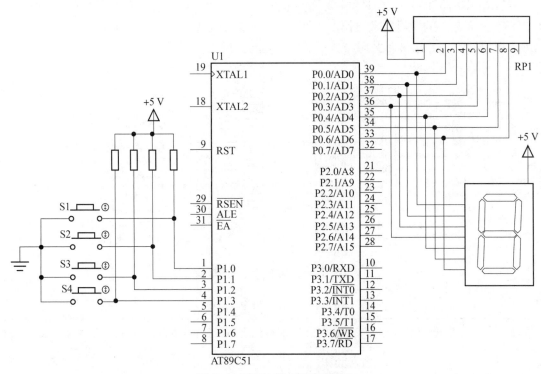

图 3.12　独立式键盘接口电路

```
#include < reg51.h >
#define uchar unsigned char
Uchar code SEG[ ] =
{0xc0,0xf9,0xa4,0xb0,0x99,0x92,0x82,0xf8,0x80,0x90,0x88,0x83,
0xc6,0xa1,0x86,0x8e};
void delay( )
{
     uchar i,j;
     for(i =0;i <255;i ++ )
     for(j =0;j <255;j ++ );
}
void main( )
{
     uchar temp,temp1;
     while(1)
     {
          P1 =0xff;
          temp = P1|0xf0;
```

```
            temp1 = ~temp;
            P0 = SEG[temp1];
            delay();
        }
    }
```

3.2.2　LED 显示器及显示方式

在单片机应用系统中使用 LED 显示块构成 N 位 LED 显示器。对于 N 位 LED 显示器，有 N 根位选线和 $8 \times N$ 根段选线。段选线控制 LED 显示的字符内容，位选线则控制显示位的亮与暗。显示方式不同，位选线和段选线的连接方式也不同。

1. 静态显示及其接口方式

静态显示就是当显示器显示一个字符时，相应的二极管恒定地导通或截止。每位显示器均有一个锁存器用来锁存（电平锁存和边沿锁存）待显示的数据。当被显示的数据传送到各锁存器的输入端后，到底哪个锁存器选通，取决于地址译码器各输出位的状态。

LED 显示器工作在静态显示方式下，共阴极或共阳极点连接在一起接地或接 +5 V；每位的段选线与一个 8 位并行口相连，或者通过各自的锁存器、驱动器和译码器与单片机的 8 位并行 I/O 口相连。由于每一位由一个 8 位输出口控制段选码，故在同一时间内每位显示的字符可以不同。采用软件译码的静态显示接口电路如图 3.13 所示。这种电路的优点是实现较容易，方法较简单。但是该电路要求有 $N \times 9$ 位的 I/O 口线，占用大量的 I/O 口资源，比较浪费。

2. 动态显示及其接口方式

当显示多位数字时，若采用静态显示，则耗电量大且硬件开销大。此时往往采用动态分时显示，即轮流显示各位。对每一个显示器来说，每隔一段时间点亮一次。显示器的点亮既与点亮时的导通电流有关，也与点亮时间和间隔时间的比例有关。调整电流和时间的参数，可实现亮度较高较稳定地显示（利用人的视觉暂留特点）。此时需要提供段选信号和位选信号。缺点是 CPU 大部分时间要围绕它转，破坏计算机系统的实时性。

八位 LED 动态显示电路只需要两个 8 位 I/O 口，如图 3.14 所示。其中 P2 口控制段选，P3 口高四位控制位选。由于所有的段选码都由一个 I/O 口控制，因此，在每个瞬间，八位 LED 只可能显示相同的字符。要想显示不同的字符，必须采用扫描显示方式，即在每一瞬间只使某一位显示相应字符。在此瞬间，段选控制 I/O 口输出相应字符段选码，位选控制 I/O 口在该显示位送入选通电平（共阳极送高电平，共阴极送低电平），以保证该位显示相应字符。如此轮流，使每位显示该位应显示字符，并保持延时一段时间，以造成视觉暂留效果。

在扫描显示方式下，每个 LED 均处于间断显示状态。若从最右一位 LED 开始显示，依次左推，直到最左一位 LED 显示完毕，即显示完一遍。此后便不断重复上述过程。显示一遍的过程中，CPU 依次送各位欲显示数字（或字符）的段选码，每位停留约 1 ms。由于存在视觉暂留现象，而且每段闪烁的时间快，故而人眼感觉为连续显示。

根据图 3.14，编程实现数码管从左到右依次滚动显示 0~9，参考程序如下：

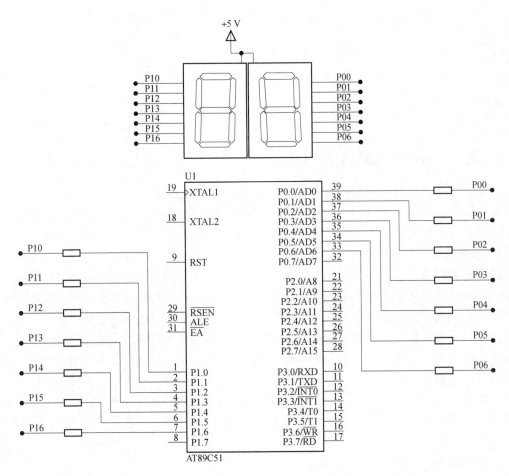

图 3.13　软件译码静态显示接口电路

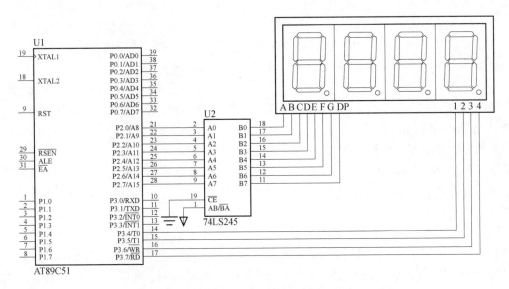

图 3.14　动态扫描显示接口电路

```
#include<reg51.h>
#include<intrins.h>
#define uchar unsigned char
#define uint unsigned int
uchar code DSY_CODE[ ] = {0x3f,0x06,0x5b,0x4f,0x66,0x6d,0x7d,0x07,
0x7f,0x6f,0x77};

void DelayMS(uint x)                        //延时
{
    uchar t;
    while(x--)
    for(t=0;t<120;t++);
}

void main()                                 //主程序
{
    uchar i,wei;
    wei=0xee;
    while(1)
    {
        for(i=0;i<10;i++)
        {
            P3=0xff;                        //关闭显示
            wei=_cror_(wei,1);
            P2=DSY_CODE[i];
            P3=wei;                         //发送位码
            DelayMS(400);
        }
    }
}
```

3.2.3　点阵 LED 显示器

7 段 LED 显示器只能显示数字和部分字符，并且字符显示的形状与印刷体相差较大，识别比较困难。点阵 LED 显示器是以点阵格式进行显示的，因而显示的符号比较逼真。这是点阵式显示器的优越之处。点阵式显示器电路的不足之处是接口电路及控制程序较复杂。

点阵式显示器的格式一般有 4×7，5×7，7×9 等几种，最常用的是 5×7 点阵。5×7 点阵字符显示器由 35 只 LED 显示单元排成 5 列×7 行矩阵格式组成，具体结构如图 3.15 (a) 所示。图 3.15 中所示的这种显示器，在每一行的 5 个 LED 显示单元是按共阳极连接的，

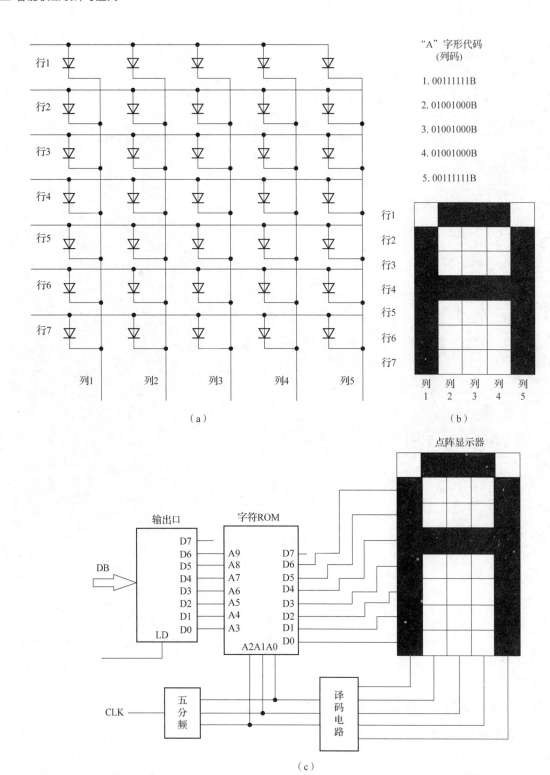

图 3.15　点阵 LED 显示器

（a）5×7 点阵字符显示器的结构；（b）"A" 的字形代码；（c）接口电路原理图

每一列上的 7 个 LED 显示器是按共阴极连接的，因此它们适于按扫描方式动态显示字符。例如，若显示字母 "A"，可将图 3.15（b）所示的字形代码（或称列码）依次并行送入，同时分时依次选通对应的列，只要不断重复进行，便可在显示器上得到稳定的显示字符 "A"。

实现点阵显示的原理如图 3.15（c）所示，图中字符 ROM 是一个很关键的部件。字符 ROM 中存放着所有被显示字符的字形代码，其他地址分别接系统的数据线和五分频计数器的输出端。其数据线接到点阵式显示器的 7 条行线上，五分频计数器的输出同时接到字符 ROM 的低位地址线和显示器上的译码器上，用作两者的同步信号。为方便实际的编程工作，字符 ROM 中存放的所有字符的字形码是按 ASCII 码表的顺序存放的，并且每组字形码首地址的高七位（A3 ~ A9）与该字符的 ASCII 码一致。这样，只要向显示 RAM 进行一次某字符的 ASCII 码写入操作，便可启动该字符的显示。现假设要显示的字符为 "A"，则由系统的数据线通过输出口送出 "A" 的 ASCII 码 0100001，就选中了字符 ROM 中字符 "A" 字形代码所在的区域。如果五分频计数器输出为 000，则字符 ROM 的高低位地址共同形成 "A" 字形代码区的首地址，所以字符 ROM 输出的应该是字符 A 对应的第一列字形码 00111111，又由于计数器输出的 000 经译码选中的是显示器的第一列，所以字形码中 1 所在行的 LED 被点亮。当计数器输出为 001 时，就选中显示器的第二列，而字符 ROM 也对应输出第二列的字形码 01001000。由于计数器不断计数，从而就能选中点阵式显示器的所有列，并从 ROM 中取出表示显示字符所有字形码，从而显示出一个完整的字符。欲显示一个新的字符，只要将这个新的字符的 ASCII 码送到字符 ROM 作高位地址（A3 ~ Ag）就行了。

3.3　键盘/LED 显示器接口设计

基于软件扫描的键盘和 LED 显示器的接口方法需要占用 CPU 很多时间，并且接口电路也较繁杂。为了减少这些开销，一些公司设计开发了许多通用型的可编程键盘和 LED 显示器专用控制芯片，如 Intel 8279、HD7279A、BC7280/81 等。这些芯片内部一般含有接口、数据保持、译码和扫描电路等，单个芯片就能完成键盘和显示器接口的全部功能。本节以 HD7279A 为例，介绍这类专用控制芯片的应用技术。

3.3.1　HD7279A 的功能及结构特点

HD7279A 是一种能同时管理 8 位共阴极 LED 显示器和多达 64 键键盘的专用键盘/LED 控制芯片。它具有自动扫描显示、自动识别按键代码、自动消除键抖动等功能，从而使键盘和显示器的管理得以简化，明显地提高了 CPU 的工作效率。HD7279A 芯片内具有驱动电路，可以直接驱动 1 in[①] 及以下的 LED 数码管，还具有两种译码方式的译码电路，因而其外围电路变得简单可靠；又由于 HD7279A 和微处理器之间采用串行接口，仅占用 4 根口线，使得与微处理器之间的接口电路也很简单。因此，在智能仪器、微控制器等领域获得较广泛的应用。

HD7279A 为单 +5 V 电源供电，其引脚排列如图 3.16 所示。其中 DIG0 ~ DIG7 应连接至 8 只 LED 的共阴极端，SA、SB、SC、SD、SE、SF 和 SG 分别连接至数码管的 a、b、c、d、e、f 和 g 端，而 DP 接至数码管的小数点端，RC 引脚用于连接 HD7279A 的外界振荡源，

---

① 1 in = 25.4 mm。

其典型值为 $R = 1.5$ kΩ，$C = 15$ pF。RESET 为复位端，通常该线接 +5 V。

HD7279A 的控制指令由纯指令、带数据指令和读键盘代码指令组成。

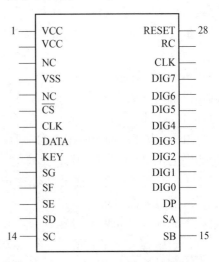

图 3.16　HD7279A 的引脚排列图

1）纯指令

纯指令是 1 字节指令，共有 6 条。它们是：

（1）复位指令。代码为 A4H，其功能为清除所有显示，包括字符消隐属性和闪烁属性。

（2）测试指令。代码为 BFH，其功能为点亮所有的 LED 并闪烁，可用于自检。

（3）左移指令。代码为 A1H，其功能为将所有的显示左移 1 位，最右位空。

（4）右移指令。代码为 A0H，其功能与左移指令类似，只是方向相反。

（5）循环左移指令。代码为 A3H，其功能与左移指令类似，但移位后最左位内容移至最右位。

（6）循环右移指令。代码为 A2H，其功能与循环左移指令类似，只是方向相反。

2）带数据指令

带数据指令由双字节组成，它们是：

（1）按方式 0 译码下载数据指令。该指令第一字节的格式为"10000a2a1a0"，其中 a2a1a0 为位地址；第二字节为按方式 0 译码显示的内容，格式为"dp×××d3d2d1d0"，其中 dp 为小数点控制位，dp 为 1 时小数点显示，dp 为 0 时小数点熄灭。d3d2d1d0 为按方式 0 译码时的 BCD 码数据，显示内容与 BCD 码数据对应，BCD 码数据和显示内容的关系如表 3.3 所示。

表 3.3　BCD 码数据和显示内容的关系

d3d2d1d0	0H	1H	2H	3H	4H	5H	6H	7H	8H	9H	AH	BH	CH	DH	EH	FH
显示内容	0	1	2	3	4	5	6	7	8	9	—	E	H	L	P	空

（2）按方式 1 译码下载数据指令。该指令的第一字节格式为"11001a2a1a0"，其含义同上一条指令；第二字节的格式也与上一指令相同，不同的是译码方式也按方式 0 进行译码，译码后的显示内容与十六进制数相对应。例如，数据 d3d2d1d0 为"FH"时，LED 显示"F"。

（3）不译码的下载数据指令。该指令的功能是在指定的位上显示指定字符，该指令的第一字节的格式为"10010a2a1a0"，其中 a2a1a0 为位地址；第二字节的格式为"dpABCDEFG"，A～G 和 dp 为显示的数据分别对应 7 段数码管的各段，当相应位为"1"时，该段点亮，否则不亮。例如，数据为"3EH"，则在指定位上的显示内容为"U"。

（4）段闪烁指令。此指令控制各个数码管的闪烁属性。该指令第一字节为"88H"，第二字节的 d1～d8 分别与第 1～8 个数码管对应，0 为闪烁，1 为不闪烁。

（5）消隐指令。第一字节为"98H"，低八位分别对应 8 个数码管，1 为显示，0 为消隐。

（6）段点亮指令。该指令的作用是点亮某个 LED 数码管中的某一段，或 64 个 LED 管中的某一个。高八位为"EOH"，低八位为相应数码管的相应段，其范围为 00～3FH，其中 00～07H 对应第一个数码管的显示段 G，E，D，C，B，A，dp，其余类推。

3）读键盘代码指令

该指令的作用是读取当前的按键代码。此命令的第一字节为"15H"，是单片机传输到 HD7279A 的指令，第二字节是从 HD7279A 返回的按键代码。有键被按下时其返回代码的范围为 0～3FH；无键被按下时返回的代码为 FFH。当 HD7279A 检测到有效的按键时，KEY 引脚从高电平变为低电平，并保持到按键结束。在此期间，如果 HD7279A 收到读键盘数据指令，则输出当前的按键代码。

HD7279A 采用串行方式与微处理器通信，串行数据从 DATA 引脚送入芯片，并与 CLK 端同步。当片选信号变为低电平后，DATA 引脚上的数据在 CLK 引脚的上升沿被写入芯片的缓冲寄存器。控制指令的工作时序图如图 3.17 所示。

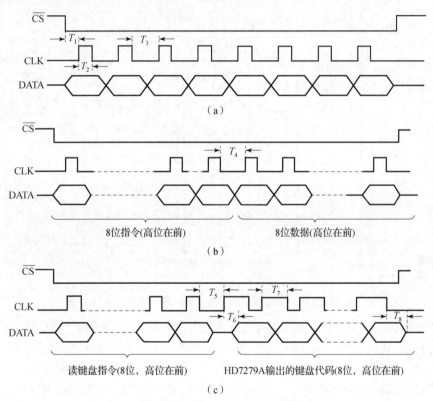

图 3.17　控制指令的工作时序图
（a）纯指令；（b）带数据指令；（c）读键盘代码指令

3.3.2　键盘/LED 显示器接口设计

基于 HD7279A 的键盘/LED 显示器接口电路如图 3.18 所示。HD7279A 与微处理器连接仅需 4 条接口线，其中 $\overline{CS}$ 为片选信号。当微处理器访问 HD7279A 时，应将片选端置为低电平。DATA 为串行数据端，当向 HD7279A 发送数据时，DATA 为输入端；当 HD7279A 输出键盘代码时，DATA 为输出端。CLK 为数据串行传输的同步时钟输入端，时钟的上升沿表示数据有效。KEY 为按键信号输出端，无键按下时为高电平，有键按下时应变为低电平且一直保持到键释放为止。

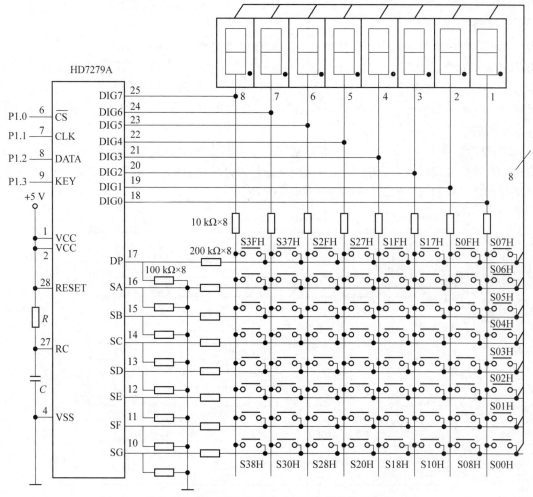

图 3.18　HD7279A 的键盘/LED 显示器接口电路

HD7279A 不需要任何有源器件就可以完成对键盘和显示器的连接。DIG0 ～ DIG7 分别为 8 个 LED 管位驱动输出线。SA ～ SG 分别为 LED 数码管的 A 段 ～ G 段的输出线。DP 为小数点驱动输出端。DIG0 ～ DIG7 和 SA ～ SG 同时还分别是 64 键键盘的列线和行线端口，完成对键盘的监视、译码和键码的识别。在 8 × 8 阵列中每个键的键码是用十六进制数表示的，可用读键盘代码指令读出，键盘代码的范围是 00H ～ 3FH。

下面给出一个与图 3.18 所示接口电路相对应的控制程序段。该程序的功能是对键盘进行监视，当有键被按下时，读取该键盘代码并将其显示在 LED 数码管上。

控制数码管显示及键盘监测的参考程序如下：

```
#include <reg51.h>
//以下定义各种函数
void write7279(unsigned char,unsigned char);　//写7279
```

```c
unsigned char read7279(unsigned char);          //读 7279
void send_byte(unsigned char);                  //发送 1 字节
unsigned receive_byte(void);                    //接收 1 字节
void longdelay(void);                           //长延时函数
void shortdelay(void);                          //短延时函数
void delay10ms(unsigned char);                  //延时"unsigned char"个
10 ms 函数
//变量及 I/O 口定义
unsigned char key_number,i,j;
unsigned int tmp;
unsigned long wait_ccnter;
sbit CS = P1^0;                                 //HD7279A 的 CS 端连 P1.0
sbit CLK = P1^1;                                //HD7279A 的 CLK 端连 P1.1
sbit DATA = P1^2;                               //HD7279A 的 DATA 端连 P1.2
sbit KEY = P1^3;                                //HD7279A 的 KEY 端连 P1.3
//HD7279A 命令定义
#define RESET 0xa4;                             //复位命令
#define READKEY 0x15;                           //读键盘命令
#define DECODE0 0x80;                           //方式 0 译码命令
#define DECODE1 0xc8;                           //方式 1 译码命令
#define UNDECODE 0x90;                          //不译码命令
#define SEGON 0xe0;                             //段点亮命令
#define SEGOFF 0xc0;                            //段关闭命令
#define BLINKCTL 0x88;                          //闪烁控制命令
#define TEST 0xbf;                              //测试命令
#define RTL_CYCLE 0xa3;                         //循环左移命令
#define RTR_CYCLE 0xa2;                         //循环右移指令
#define RTL_UNCYL 0xa1;                         //左移命令
#define RTR_UNCYL 0xa0;                         //右移命令

void main(void)                                 //主程序
{
    while(1)
    {
        for(tmp = 0;tmp < 0x3000;tmp ++);       //上电延时
        send_byte(RESET);                       //发送复位 HD7279A 命令
        send_byte(TEST);                        //发送测试命令,LED 全部点亮并
闪烁
```

```
        for(j = 0;j < 5;j ++);                              //延时约 5 s
        {
            delay10ms(100);
        }
        send_byte(RESET);                                   //发送复位 HD7279A 的
命令,关闭显示器显示
        //键盘监测:如有键被按下,显示键码。如 10 ms 内无键被按下或按下 0 键,则
往下执行

        wait_cnter = 0;
        key_number = 0xff;
        write7279(BLINKCTL,0xfc);                           //把第 1、2 两位设为
闪烁显示

        write7279(UNDECODE,0x08);                           //在第 1 位上显示下
划线"_"
        write7279(UNDECODE +1,0x08);                        //在第 2 位上显示下
划线"_"
        do
        {
            if(!key)                                        //如果键盘中有键被按
下
            {
                key_number = read7279(READKEY);             //读出键码
                write7279(DECODE1 +1,key_number /16);//在第 2 位显示按键码
高八位
                write7279(DECODE1,key_number&0x0f);//在第 1 位显示按键码
低八位
                while(!key);                                //等待按键松开
                wait_cnter = 0
            }
            wait_cnter ++;
        }
        while(key_number! =0&&wait_cnter <0x30000);
        //如果按键为"0"和超时则往下执行
        write7279(BLINKCTL,0xff)                            //清除显示器的闪烁设置
        //循环显示
        write7279(UNDECODE +7,0x3b)                         //在第 8 位以不译码方式
显示字符"5"
```

```
        delay10ms(100);                          //延时
        for(j =0;j <31;j ++);                     //循环右移 31 次
        {
            send_byte(RTR_CYCLE);                 //发送循环右移命令
            delay10ms(10);                        //延时
        }
        for(j =0;j <15;j ++);                     //循环左移 31 次
        {
            send_byte(RTL_CYCLE);                 //发送循环左移命令
            delay10ms(10);                        //延时
        }
        delay10ms(200);                           //延时
        send_byte(RESET);                         //发送复位 HD7279A 的命
令,关闭显示器显示
        //不循环左移显示
        for(j =0;j <16;j ++);                     //向左不循环移动
        {
            send_byte(RTL_UNCYL);                 //发送不循环左移命令
            write7279(DECODE0,j);                 //译码方式 0 命令,在第 1 位
显示
            delay10ms(10);                        //延时
        }
        delay10ms(200);                           //延时
        send_byte(RESET);                         //发送复位 HD7279A 命令,关
闭显示器显示
        //不循环右移显示
        for(j =0;j <16;j ++);                     //向右不循环移动
        {
            send_byte(RTR_UNCYL);                 //不循环右移命令
            write7279(DECODE1 +7,j);              //译码方式 1 命令,显示在第
8 位
            delay10ms(50);                        //延时
        }
        delay10ms(200);                           //延时
        send_byte(RESET);                         //发送复位 HD7279A 命令,关
闭显示器显示
        //显示器的 64 个段轮流点亮并同时关闭前一段
```

```
        for(j=0;j<64;j++);
        {
            write7279(SEGON,j);                //将8个显示器的64个段逐段
点亮
            write7279(SEGONOFF,j-1);           //点亮1个段的同时,将前1个
显示段关闭
            delay10ms(50);                     //延时
        }
    }
}
//写 HD7279 函数
void write7279(unsigned char cmd,unsigned char data)
{
    send_byte(cmd);
    send_byte(data);
}
//读 HD7279 函数
unsigned char read7279(unsigned char cmd)
{
    send_byte(cmd);
    return(receive_byte());
}
//发送1字节函数
void send_byte(unsigned char out_byte)
{
    unsigned char i;
    CS=0;
    longdelay();
    for(i=0;i<8;i++);
    {
        if(out_byte&0x_80)
        (DATA=1;)
        else
        (DATA=0;)
        CLK=1;
        shortdelay()
        CLK=0;
```

```
        shortdelay()
        out_byte = out_byte * 2
    }
    DATA = 0;
}
//接收 1 字节函数
void char receive_byte(void)
{
    unsigned char i,in_byte;
    DATA = 1;                               //设置为输入
    longdelay();                            //长延时
    for(i = 0;i < 8;i ++);
    {
        CLK = 1;
        shortdelay();
        in_byte = in_byte * 2
        if(DATA)
        {
            in_byte = in_byte|0x01;
        }
        CLK = 0;
        shortdelay();
    }
    DATA = 0;
    return(in_byte);
}
```

3.4 液晶显示模块与接口设计

液晶显示模块是一种常用的人机界面，其在智能仪器系统中的应用极为广泛。液晶显示模块既可以显示字符，又可以显示简单的图形。

本节主要列举了两种常用的液晶显示模块：一种是显示 2 行 16 个字符的 LCD1602 液晶模块，另一种是 128×64 点阵的 DV12864M，并且详细介绍了这两种液晶显示模块与 MCS-51 系列单片机的接口电路以及相应的应用程序设计。

3.4.1 LCD1602 液晶显示模块与单片机接口设计

1. LCD1602 液晶显示模块简介

LCD1602 是一种点阵字符型液晶显示模块，可以显示 2 行共 32 个字符，字符的点阵为

5×7点，是一种很常用的小型液晶显示模块，在单片机系统、嵌入式系统等的人机界面中得到广泛应用。LCD1602原理框图如图3.19所示。

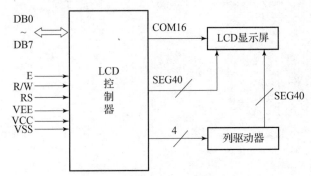

图3.19 LCD1602原理框图

1）基本参数

①显示容量：16×2个字符。

②芯片工作电压：4.5～5.5 V。

③工作电流：2.0 mA（5.0 V）。

④模块最佳工作电压：5.0 V。

⑤字符尺寸：2.95 mm×4.35 mm。

基本电参数如表3.4所示。

表3.4 LCD1602基本电参数

名称	符号	测试条件	标准值			单位
			最小	典型	最大	
电源电压	VCC/VSS	—	4.5	5.0	5.5	V
输入高电平	V_{IH}	—	2.2	—	VCC	V
输入低电平	V_{IL}	—	-0.3	—	0.6	V
输出高电平	V_{OH}	$I_{OH}=0.2$ mA	2.4	—	—	V
输出低电平	V_{OL}	$I_{OL}=1.2$ mA	—	—	0.4	V
工作电流	I_{DD}	VCC = 5.0 V	—	1.5	3	mA

2）接口说明

LCD1602采用的是并行接口方式，其引脚定义如表3.5所示。

表3.5 LCD1602引脚定义

引脚编号	引脚名称	状态	功能
1	VSS	—	电源地
2	VCC	—	+5 V逻辑电源

续表

引脚编号	引脚名称	状态	功能
3	VEE	—	液晶驱动电源
4	RS	输入	寄存器选择：1 为数据，0 为指令
5	R/W	输入	读写操作选择：1 为读，0 为写
6	E	输入	使能信号
7	DB0	三态	数据总线（LSB）
8	DB1	三态	数据总线
9	DB2	三态	数据总线
10	DB3	三态	数据总线
11	DB4	三态	数据总线
12	DB5	三态	数据总线
13	DB6	三态	数据总线
14	DB7	三态	数据总线（MSB）
15	LED +	输入	背光 +5 V 电源（不带背光的模块，可悬空）
16	LED –	输入	背光地（不带背光的模块，可悬空）

3）指令说明

（1）清屏。清屏指令格式如表 3.6 所示。

表 3.6　清屏指令格式

RS	R/W	DB7	DB6	DB5	DB4	DB3	DB2	DB1	DB0
0	0	0	0	0	0	0	0	0	1

指令周期：$f_{osc} = 250$ kHz 时，为 1.64 ms。

功能：清除屏幕，置 AC 与 DDRAM 的值为 0。

（2）归位。归位指令格式如表 3.7 所示。

表 3.7　归位指令格式

RS	R/W	DB7	DB6	DB5	DB4	DB3	DB2	DB1	DB0
0	0	0	0	0	0	0	0	1	x

指令周期：$f_{osc} = 250$ kHz 时，为 1.64 ms。

功能：置 AC 为 0，光标、画面回 HOME 位。

（3）输入方式设置。输入方式设置指令格式如表 3.8 所示。

表 3.8 输入方式设置指令格式

RS	R/W	DB7	DB6	DB5	DB4	DB3	DB2	DB1	DB0
0	0	0	0	0	0	0	1	I/D	S

指令周期：$f_{osc} = 250$ kHz 时，为 40 μs。

功能：设置光标、画面移动方式。其中 I/D = 1：数据读、写操作后，AC 自动增 1；I/D = 0：数据读、写操作后，AC 自动减 1；S = 1：数据读、写操作，画面平移；S = 0：数据读、写操作，画面不动。

（4）显示开关控制。显示开关控制指令格式如表 3.9 所示。

表 3.9 显示开关控制指令格式

RS	R/W	DB7	DB6	DB5	DB4	DB3	DB2	DB1	DB0
0	0	0	0	0	0	1	D	C	B

指令周期：$f_{osc} = 250$ kHz 时，为 40 μs。

功能：设置显示、光标及闪烁开、关。其中，D 表示显示开关：D = 1 为开，D = 0 为关；C 表示光标开关：C = 1 为开，C = 0 为关；B 表示闪烁开关：B = 1 为开，B = 0 为关。

（5）光标、画面位移。光标、画面位移指令格式如表 3.10 所示。

表 3.10 光标、画面位移指令格式

RS	R/W	DB7	DB6	DB5	DB4	DB3	DB2	DB1	DB0
0	0	0	0	0	1	S/C	R/L	x	x

指令周期：$f_{osc} = 250$ kHz 时，为 40 μs。

功能：光标、画面移动，不影响 DDRAM。其中，S/C = 1：画面平移一个字符位；S/C = 0：光标平移一个字符位；R/L = 1：右移；R/L = 0：左移。

（6）功能设置。功能设置指令格式如表 3.11 所示。

表 3.11 功能设置指令格式

RS	R/W	DB7	DB6	DB5	DB4	DB3	DB2	DB1	DB0
0	0	0	0	1	DL	N	F	x	x

指令周期：$f_{osc} = 250$ kHz 时，为 40 μs。

功能：工作方式设置（初始化命令）。其中，DL = 1：8 位数据接口；DL = 0：4 位数据接口；N = 1：两行显示；N = 0：一行显示；F = 1：5×10 点阵字符；F = 0：5×7 点阵字符。

（7）CGRAM 地址设置。CGRAM 地址设置指令格式如表 3.12 所示。

表 3.12 CGRAM 地址设置指令格式

RS	R/W	DB7	DB6	DB5	DB4	DB3	DB2	DB1	DB0
0	0	0	1	ACG（CGRAM 地址）					

指令周期：$f_{osc} = 250$ kHz 时，为 40 μs。

功能：设置 CGRAM 地址。

（8）DDRAM 地址设置。DDRAM 地址设置指令格式如表 3.13 所示。

表 3.13　DDRAM 地址设置指令格式

RS	R/W	DB7	DB6	DB5	DB4	DB3	DB2	DB1	DB0
0	0	1	ADD（DDRAM 地址以及光标地址）						

指令周期：$f_{osc} = 250$ kHz 时，为 40 μs。

功能：设置 DDRAM 地址。

（9）读 BF 以及 AC 值。读 BF 以及 AC 值指令格式如表 3.14 所示。

表 3.14　读 BF 以及 AC 值指令格式

RS	R/W	DB7	DB6	DB5	DB4	DB3	DB2	DB1	DB0
0	1	BF	AC						

指令周期：$f_{osc} = 250$ kHz 时，为 40 μs。

功能：读忙 BF 值和地址计数器 AC 值。其中，BF = 1：忙；BF = 0：准备好。此时，AC 值为最近一次地址设置（CGRAM 或 DDRAM）定义。

（10）写数据（到 RAM）。写数据指令格式如表 3.15 所示。

表 3.15　写数据指令格式

RS	R/W	DB7	DB6	DB5	DB4	DB3	DB2	DB1	DB0
1	0	数据							

指令周期：$f_{osc} = 250$ kHz 时，为 1.40 μs。

功能：根据最近设置的地址性质，数据写入 DDRAM 或 CGRAM 内。

（11）读数据（从 RAM）。读数据指令格式如表 3.16 所示。

表 3.16　读数据指令格式

RS	R/W	DB7	DB6	DB5	DB4	DB3	DB2	DB1	DB0
1	1	数据							

指令周期：$f_{osc} = 250$ kHz 时，为 40 μs。

功能：根据最近设置的地址性质，从 DDRAM 或 CGRAM 读出数据。

2. 单片机与 LCD1602 液晶显示模块接口应用程序设计

1）写时序

写时序如图 3.20 所示。

2）读时序

读时序如图 3.21 所示。

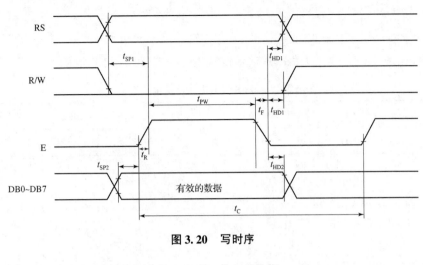

图 3.20　写时序

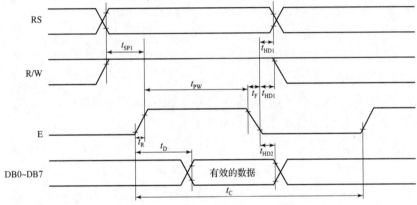

图 3.21　读时序

时序图中的各个延迟时间如表 3.17 所示。

表 3.17　各个时序图中的延迟时间

时序参数	符号	极限值（测试）		单位
		最小值	最大值	
信号 E 的周期	t_C	400	—	ns
信号 E 的脉冲宽度	t_{PW}	150	—	ns
信号 E 的上升沿/下降沿时间	t_R，t_F	—	25	ns
地址建立时间	t_{SP1}	30	—	ns
地址保持时间	t_{HD1}	10	—	ns
数据建立时间（读操作）	t_D	—	100	ns
数据保持时间（读操作）	t_{HD2}	20	—	ns
数据建立时间（写操作）	t_{SP2}	40	—	ns
数据保持时间（写操作）	t_{HD2}	10	—	ns

3. 单片机与 LCD1602 液晶显示模块接口电路设计

JHD162A 与单片机之间的接口电路相对比较简单，如图 3.22 所示的单片机与 LCD1602
的应用电路。

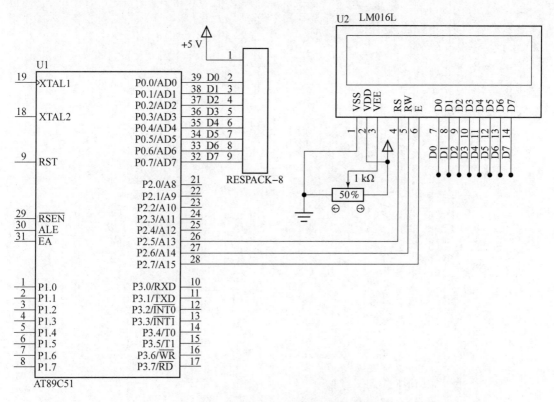

图 3.22　单片机与 LCD1602 的应用电路

设计单片机控制 LCD1602 显示字符流程如图 3.23 所示。

图 3.23　单片机与 LCD1602 简单应用系统的流程

AT89C51 参考程序如下：

```
#include < reg51.h >
#define uint unsigned int
#define uchar unsigned char
sbit RS = P2^5;
sbit RW = P2^6;
sbit E = P2^7;
#define PinData P0
#define ClearScreen()WriteInstruc(0x01)
//  函数功能:归位
#define CursorReturn()WriteInstruc(0x02)
//  函数功能:输入方式设置
//  说明:设置光标移动方向以及是否移动
//       temp 取值如下
//       0x04:减量方式,不移位
//       0x05:减量方式,移位
//       0x06:增量方式,不移位
//       0x07:增量方式,移位
#define InputMode(temp)WriteInstruc(temp)
//  函数功能:显示开关控制
//  说明:设置显示开/关,
//       设置光标开/关,
//       设置光标所在位置闪烁与否
//       temp 取值如下:
//       0x08:显示关,光标关,闪烁关
//       0x0c:显示开,光标关,闪烁关
//       0x0d:显示开,光标关,闪烁开
//       0x0e:显示开,光标开,闪烁关
//       0x0f:显示开,光标开,闪烁开
#define DispControl(temp)WriteInstruc(temp)
//  函数功能:光标、画面移位
//  说明:光标以及画面移位
//       temp 取值如下:
//       0x10:光标左移
//       0x14:光标右移
//       0x14:显示整体左移
//       0x1c:显示整体右移
#define DispShift(temp)WriteInstruc(temp)
```

```
//  函数功能:功能设置
//  说明:设置接口数据位数,
//       设置显示行数,
//       设置显示字符字体
//       temp 取值如下:
//       0x20:4 位,1 行,5×7
//       0x24:4 位,1 行,5×10
//       0x28:4 位,2 行,5×7
//       0x2c:4 位,2 行,5×10
//       0x30:8 位,1 行,5×7
//       0x34:8 位,1 行,5×10
//       0x38:8 位,2 行,5×7
//       0x3c:8 位,2 行,5×10
#define FunctionSet(temp)WriteInstruc(temp)
//  函数功能:CGRAM 地址设置
//  说明:设置 CGRAM 地址
//       Address 为 CGRAM 地址
#define SetCGRAM_Add(Address)WriteInstruc(0x40|Address)
//  函数功能:DDRAM 地址设置
//  说明:设置 DDRAM 地址
//       Address 为 DDRAM 地址
#define SetDDRAM_Add(Address)WriteInstruc(0x80|Address)


void ShortDelay(uchar i)                //短延时函数
{
    uchar  a;
    for(;i>0;i--)
    for(a=0;a<20;a++);
}


void StatuaCheck()                      //状态检测函数
{
    uint  temp;
    do
    {
        PinData=0xff;
        E=0;
        RS=0;
```

```
                RW = 1;
                E = 1;
                temp = PinData;
            }
            while(temp&0x80);
            E = 0;
}

void  WriteInstruc(uint Instruc)    //写指令函数
{
    StatuaCheck();
    RS = 0;                          //RS 寄存器选择信号:1—数据;0—指令
    RW = 0;                          //RW 读写操作控制信号:1—读;0—写
    E = 0;                           //E 使能信号:1—有效;0—无效
    PinData = Instruc;
    ShortDelay(10);
    E = 1;
    ShortDelay(20);
    E = 0;
}

void  WriteData(uint data1)         //写数据到 RAM 函数
{
    RS = 1;
    RW = 0;
    E = 0;
    PinData = data1;
    ShortDelay(10);
    E = 1;
    ShortDelay(20);
    E = 0;
}

void  DispCharacter(uint x,uint y,uint data1)
// 说明:在指定位置显示字符函数
// x 为行号,y 为列号,
// data 为显示字符的码字数据
```

```
{
    uint temp;
    StatuaCheck();                     //若 LCD 控制器忙,则等待
    temp = y&0x0f;
    x = x&0x01;
    if(x)  temp|=0x40;
    SetDDRAM_Add(temp);                //设置显示位置
    WriteData(data1);
}


void  LCDReset()                       //LCD 复位函数
{
    ClearScreen();
    CursorReturn();
}


void  InitLCD()                        //LCD 初始化
{
    LCDReset();
    InputMode(0x06);                   //增量方式,不移位
    DispControl(0x0c);                 //显示开,光标关,闪烁关
    FunctionSet(0x38);                 //8 位,2 行,5 ×7
}


void  main()                           //主函数
{
    InitLCD();
    while(1)
    {                                  //显示"Welcome!"
        DispCharacter(0,4,'w');
        DispCharacter(0,5,'e');
        DispCharacter(0,6,'l');
        DispCharacter(0,7,'c');
        DispCharacter(0,8,'o');
        DispCharacter(0,9,'m');
        DispCharacter(0,10,'e');
        DispCharacter(0,11,'! ');
```

```
                              //显示"06-01-2020"
        DispCharacter(1,3,'0');
        DispCharacter(1,4,'3');
        DispCharacter(1,5,'-');
        DispCharacter(1,6,'0');
        DispCharacter(1,7,'1');
        DispCharacter(1,8,'-');
        DispCharacter(1,9,'2');
        DispCharacter(1,10,'0');
        DispCharacter(1,11,'2');
        DispCharacter(1,12,'0');
    }
}
```

3.4.2 DV12864M 液晶显示模块与单片机接口设计

DV12864M 带中文字库的 128×64 是一种具有 4 位/8 位并行、2 线或 3 线串行多种接口方式，内部含有国标一级、二级简体中文字库的点阵图形液晶显示模块，其显示分辨率为 128×64，内置 8 192 个 16×16 点汉字和 128 个 16×8 点 ASCII 字符集。利用该模块灵活的接口方式和简单、方便的操作指令，可构成全中文人机交互图形界面。可以显示 8×4 行 16×16 点阵的汉字，也可完成图形显示。低电压、低功耗是其显著的特点。由该模块构成的液晶显示方案与同类型的图形点阵液晶显示模块相比，硬件电路结构和显示程序都要简洁得多，且该模块的价格也略低于相同点阵的图形液晶模块。

1. 基本特性

DV12864M 的基本特性如下。

（1）显示分辨率：128×64 点。

（2）内置汉字字库，提供 8 192 个 16×16 点阵汉字（简繁体可选）。

（3）内置 128 个 16×8 点阵字符。

（4）2 MHz 时钟频率。

（5）显示方式：STN、半透、正显。

（6）驱动方式：1/32DUTY，1/5BIAS。

（7）视角方向：6 点。

（8）背光方式：侧部高亮白色 LED，功耗仅为普通 LED 的 $1/5 \sim 1/10$。

（9）通信方式：串行、并口可选。

（10）内置 DC-DC 转换电路，无须外加负压。

（11）无须片选信号，简化软件设计。

（12）工作温度：$0 \sim 55$ ℃；存储温度：$-20 \sim 60$ ℃。

（13）低电源电压（VDD：$3.0 \sim 5.5$ V）。

2. 接口说明

1）串行接口

DV12864M 串行接口的信号线说明如表 3.18 所示。

表 3.18　**DV12864M 串行接口的信号线说明**

引脚编号	引脚名称	电平	说明
1	VSS	0	电源地
2	VDD	+5 V	电源正（3.0～5.5 V）
3	V0	—	对比度（亮度）调整
4	CS	H/L	模组片选端，高电平有效
5	SID	H/L	串行数据输入端
6	CLK	H/L	串行同步时钟：上升沿时读取 SID 数据
15	PSB	L	L：串口方式（PSB 接低电平）
17	$\overline{\text{RESET}}$	H/L	复位端，低电平有效
19	A	VDD	背光源电压 +5 V
20	K	VSS	背光源负端 0

2）并行接口

DV12864M 并行接口的信号线说明如表 3.19 所示。

表 3.19　**DV12864M 并行接口的信号线说明**

引脚编号	引脚名称	电平	说明
1	VSS	0 V	电源地
2	VCC	3.0～5 V	电源正
3	V0	—	对比度（亮度）调整
4	RS（CS）	H/L	RS = "H"，表示 DB7～DB0 为显示数据； RS = "L"，表示 DB7～DB0 为显示指令
5	R/W（SID）	H/L	R/W = "H"，E = "H"，表示数据被读到 DB7～DB0； R/W = "L"，E = "H→L"，DB7～DB0 的数据被写到 IR 或 DR
6	E（SCLK）	H/L	使能信号
7	DB0	H/L	三态数据线
8	DB1	H/L	三态数据线
9	DB2	H/L	三态数据线
10	DB3	H/L	三态数据线
11	DB4	H/L	三态数据线

引脚编号	引脚名称	电平	说明
12	DB5	H/L	三态数据线
13	DB6	H/L	三态数据线
14	DB7	H/L	三态数据线
15	PSB	H	H：8 位或 4 位并口方式（PSB 固定接高电平）
16	NC	—	空脚
17	$\overline{\text{RESET}}$	H/L	复位端，低电平有效
18	VOUT	—	LCD 驱动电压输出端
19	A	VDD	背光源正端（+5 V）
20	K	VSS	背光源负端

﹡注释：①如在实际应用中仅使用并口通信模式，可将 PSB 接固定高电平，也可以将模块上的 A、K 和 "VCC" 用焊锡短接。

②模块内部接有上电复位电路，因此在不需要经常复位的场合可将该端悬空。

③如背光和模块共用一个电源，可以将模块上的 A、K 用焊锡短接。

3. 硬件构成说明

1）控制器信号

（1）控制界面的 4 种模式选择。RS、R/W 信号配合选择控制界面的 4 种模式如表 3.20 所示。

表 3.20　RS、R/W 信号配合选择控制界面的 4 种模式

RS	R/W	功能说明
低	低	MPU 写指令到指令暂存器（IR）
低	高	读出忙标志（BF）及地址计数器（AC）的状态
高	低	MPU 写入数据到数据暂存器（DR）
高	高	MPU 从数据暂存器（DR）中读出数据

（2）E 信号。E 信号说明如表 3.21 所示。

表 3.21　E 信号说明

E 状态	执行动作	结果
下降沿（高→低）	I/O 缓冲→DR	配合 W 进行写数据或指令
高	DR→I/O 缓冲	配合 R 进行读数据或指令
低	无动作	—
上升沿（低→高）	无动作	—

2）忙标志

忙标志 BF 提供内部工作情况。BF = 1 表示模块在进行内部操作，此时模块不接收外部指令和数据；BF = 0 时，模块为准备状态，随时可接收外部指令和数据。

3）字型产生 ROM（CGROM）

字型产生 ROM（CGROM）提供 8 192 个显示控制触发器，用于模块屏幕显示开和关的控制。

4）显示数据 RAM（DDRAM）

模块内部显示数据 RAM 提供 64 × 2 个位元组的空间，最多可控制 4 行 16 字（64 个字）的中文字型显示，当写入显示数据 RAM 时，可分别显示 CGROM 与 CGRAM 的字型。

5）字型产生 RAM（CGRAM）

字型产生 RAM 提供图像定义（造字）功能，可以提供 4 组 16 × 16 点的自定义图像空间，使用者可以将内部字型没有提供的图像字型自行定义到 CGRAM 中，便可和 CGROM 中的定义一样，通过 DDRAM 显示在屏幕中。

6）地址计数器 AC

地址计数器是用来存储 DDRAM/CGRAM 的地址的，它可由设定指令暂存器来改变，之后只要读取或者写入 DDRAM/CGRAM 的值时，地址计数器的值就会自动加 1，当 RS 为 0，而 R/W 为 1 时，地址计数器的值会被读取到 DB6 ~ DB0 中。

7）光标/闪烁控制电路

此模块实现光标及闪烁控制，由地址计数器的值来指定 DDRAM 中的光标或闪烁位置。

4. 指令说明

DV12864M 具有两类指令，分别为基本指令和扩展指令。

1）基本指令

（1）清除显示。清除显示指令格式如表 3.22 所示。

表 3.22　清除显示指令格式

RS	R/W	DB7	DB6	DB5	DB4	DB3	DB2	DB1	DB0
0	0	0	0	0	0	0	0	0	1

功能：将 DDRAM 填满 "20H"，并且设定 DDRAM 的地址计数器（AC）到 "00H"。

（2）地址归位。地址归位指令格式如表 3.23 所示。

表 3.23　地址归位指令格式

RS	R/W	DB7	DB6	DB5	DB4	DB3	DB2	DB1	DB0
0	0	0	0	0	0	0	0	1	x

功能：设定 DDRAM 的地址计数器（AC）到 "00H"，并且将游标移到开头原点位置；这个指令不改变 DDRAM 的内容。

（3）显示状态开/关。显示状态开/关指令格式如表 3.24 所示。

表 3.24　显示状态开/关指令格式

RS	R/W	DB7	DB6	DB5	DB4	DB3	DB2	DB1	DB0
0	0	0	0	0	0	1	D	C	B

功能：D 用于显示功能开关控制，D = 1，显示功能开；D = 0，显示功能关。C 用于有无光标控制，C = 1，有光标；C = 0，无光标。B 用于光标闪烁控制，B = 1，光标不闪烁；B = 0，光标闪烁。

（4）进入点设定。进入点设定指令格式如表 3.25 所示。

表 3.25　进入点设定指令格式

RS	R/W	DB7	DB6	DB5	DB4	DB3	DB2	DB1	DB0
0	0	0	0	0	0	0	1	I/D	S

功能：指定在数据的读取与写入时，设定光标的移动方向及指定显示的移位。

（5）光标或显示移位控制。光标或显示移位控制指令格式如表 3.26 所示。

表 3.26　光标或显示移位控制指令格式

RS	R/W	DB7	DB6	DB5	DB4	DB3	DB2	DB1	DB0
0	0	0	0	0	1	S/C	R/L	x	x

功能：设定光标的移动与显示的移位控制位；这个指令不改变 DDRAM 的内容。其中，S/C = 1：画面平移一个字符位；S/C = 0：光标平移一个字符位；R/L = 1：右移；R/L = 0：左移。

（6）功能设定。功能设定指令格式如表 3.27 所示。

表 3.27　功能设定指令格式

RS	R/W	DB7	DB6	DB5	DB4	DB3	DB2	DB1	DB0
0	0	0	0	1	DL	x	RE	x	x

功能：工作方式设置。其中，DL = 1：8 位数据接口；DL = 0：4 位数据接口；RE = 1：扩充指令操作；RE = 0：基本指令操作。

（7）设定 CGRAM 地址。设定 CGRAM 地址指令格式如表 3.28 所示。

表 3.28　设定 CGRAM 地址指令格式

RS	R/W	DB7	DB6	DB5	DB4	DB3	DB2	DB1	DB0
0	0	0	1	AC5	AC4	AC3	AC2	AC1	AC0

功能：设置 CGRAM 地址。

（8）设定 DDRAM 地址。设定 DDRAM 地址指令格式如表 3.29 所示。

表 3.29　设定 DDRAM 地址指令格式

RS	R/W	DB7	DB6	DB5	DB4	DB3	DB2	DB1	DB0
0	0	1	0	AC5	AC4	AC3	AC2	AC1	AC0

功能：设置 DDRAM 地址。其中，第一行为 80H~87H，第二行为 90H~97H。

（9）读忙标志和地址。读忙标志和地址指令格式如表 3.30 所示。

表 3.30　读忙标志和地址指令格式

RS	R/W	DB7	DB6	DB5	DB4	DB3	DB2	DB1	DB0
0	1	BF	AC6	AC5	AC4	AC3	AC2	AC1	AC0

功能：读忙标志（BF）和地址计数器（AC）的值。其中，忙标志可以确认内部动作是否完成。

（10）写数据到 RAM。写数据到 RAM 指令格式如表 3.31 所示。

表 3.31　写数据到 RAM 指令格式

RS	R/W	DB7	DB6	DB5	DB4	DB3	DB2	DB1	DB0
1	0	数据							

功能：根据最近设置的地址性质，数据写入内部 RAM（DDRAM/CGRAM/IRAM/GRAM）。

（11）读数据。读数据指令格式如表 3.32 所示。

表 3.32　读数据指令格式

RS	R/W	DB7	DB6	DB5	DB4	DB3	DB2	DB1	DB0
1	1	数据							

功能：根据最近设置的地址性质，从内部 RAM（DDRAM/CGRAM/IRAM/GRAM）读出数据。

2）扩展指令

注意：使用扩展指令之前必须做基本指令中的功能设定，才可使用扩展指令操作（即 RE=1）。

（1）待命模式。待命模式指令格式如表 3.33 所示。

表 3.33　待命模式指令格式

RS	R/W	DB7	DB6	DB5	DB4	DB3	DB2	DB1	DB0
0	0	0	0	0	0	0	0	0	1

功能：进入待命模式（即等待模式），执行其他指令都可以终止待命模式。

（2）卷动地址开关开启。卷动地址开关开启指令格式如表 3.34 所示。

表 3. 34　卷动地址开关开启指令格式

RS	R/W	DB7	DB6	DB5	DB4	DB3	DB2	DB1	DB0
0	0	0	0	0	0	0	0	1	SR

功能：开启卷动地址开关。其中，SR = 1：允许输入垂直卷动地址；SR = 0：允许输入 IRAM 和 CGRAM 地址。

（3）反白选择。反白选择指令格式如表 3. 35 所示。

表 3. 35　反白选择指令格式

RS	R/W	DB7	DB6	DB5	DB4	DB3	DB2	DB1	DB0
0	0	0	0	0	0	0	1	R1	R0

功能：显示的反白（反相）选择。初始值 R1R0 = 00。

（4）进入睡眠模式。进入睡眠模式指令格式如表 3. 36 所示。

表 3. 36　进入睡眠模式指令格式

RS	R/W	DB7	DB6	DB5	DB4	DB3	DB2	DB1	DB0
0	0	0	0	0	0	1	SL	x	x

功能：进入睡眠模式。其中，SL = 0：进入睡眠模式；SL = 1：脱离睡眠模式。

（5）扩充功能设定。扩充功能设定指令格式如表 3. 37 所示。

表 3. 37　扩充功能设定指令格式

RS	R/W	DB7	DB6	DB5	DB4	DB3	DB2	DB1	DB0
0	0	0	0	1	CL	x	RE	G	0

功能：扩充功能设定。其中，CL = 1：8 位数据模式；CL = 0：4 位数据模式。RE = 1：扩充指令操作；RE = 0：基本指令操作。G = 1：绘图开；G = 0：绘图关。

（6）设定绘图 RAM 地址。设定绘图 RAM 地址指令格式如表 3. 38 所示。

表 3. 38　设定绘图 RAM 地址指令格式

RS	R/W	DB7	DB6	DB5	DB4	DB3	DB2	DB1	DB0
0	0	1	0 AC6	0 AC5	0 AC4	AC3 AC3	AC2 AC2	AC1 AC1	AC0 AC0

功能：设定绘图 RAM 地址。首先设定垂直（列）地址：AC6 AC5 … AC0，再设定水平（行）地址：AC3 AC2 … AC0，将以上 16 个位地址连续写入即可。

5. DV12864M 液晶显示模块读写时序

1）写时序（8 位数据线模式）

写时序如图 3. 24 所示。

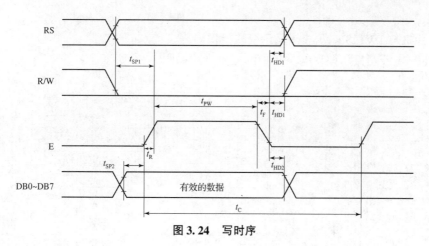

图 3.24   写时序

2）读时序

读时序如图 3.25 所示。

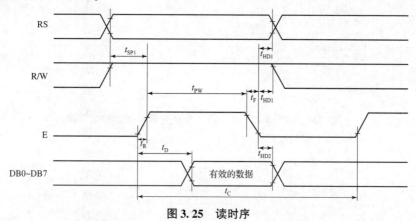

图 3.25   读时序

各个时序图中的延迟时间说明如表 3.39 所示。

表 3.39   各个时序图中的延迟时间说明

符号	名称	最小值	最大值	单位
t_C	信号 E 的周期	1200	—	ns
t_R，t_F	信号 E 的上升/下降沿时间	—	25	ns
t_{PW}	信号 E 的脉冲宽度	140	—	ns
t_{SP1}	地址建立时间	10	—	ns
t_{HD1}	地址保持时间	20	—	ns
t_D	数据建立时间（读操作）	40	—	ns
t_{HD2}	数据保持时间（读操作）	20	—	ns
t_{SP2}	数据建立时间（写操作）	40	—	ns
t_{HD2}	数据保持时间（写操作）	20	—	ns

6. 单片机与 DV12864M 液晶显示模块接口电路设计

DV12864M 液晶显示模块与单片机的接口电路如图 3.26 所示。

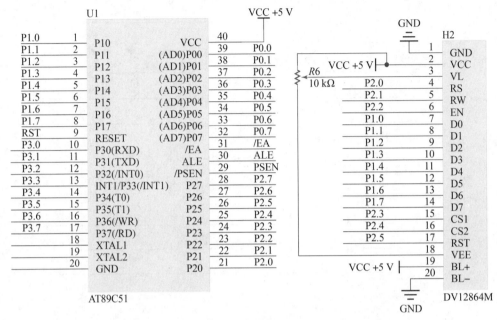

图 3.26　DV12864M 液晶显示模块与单片机的接口电路

单片机与 DV12864M 的接口显示流程如图 3.27 所示。

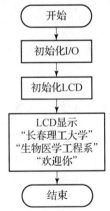

图 3.27　单片机与 DV12864M 的接口显示流程

参考程序如下：

```
#include <reg51.h>
#define uint unsigned int
#define uchar unsigned char
#define PinData P1                          //数据口为 P1
sbit PinRS = P2^0;
```

```
sbit PinRW = P2^1;
sbit PinEN = P2^2;
sbit PinPSB = P2^3;
sbit PinRST = P2^5;                      //控制口为 P2

#define ClearLCD()     WriteInstruc(0x01)
#define DispReturn()    WriteInstruc(0x02)
#define Disp_OnOff(temp)  WriteInstruc(temp)
#define PointSet(temp)   WriteInstruc(temp)
#define Disp_Shift(temp)  WriteInstruc(temp)
#define FunctionSet(temp)  WriteInstruc(temp)
#define SetCGRAM_Add(Address)  WriteInstruc(0x40|Address)
#define SetDDRAM_Add(Address)  WriteInstruc(0x80|Address)
#define WaitMode()    WriteInstruc(0x01)
#define MoveOn(temp)   WriteInstruc(temp)
#define TurnSelect(temp)  WriteInstruc((0x04|temp)&0x07)
#define SleepMode(temp)   WriteInstruc(temp)
#define ExternFuncSet(temp)  WriteInstruc(temp)
#define SetFigRAM(Address)  WriteInstruc(0x80|Address)

void InitP1(bit i)                    //I/O 输入输出控制
{
   if(i ==1)   PinData =0xff;
   else  PinData =0x00;
}


void ShortDelay(uchar i)             //短延时函数
{
   for(;i >0;i -- );
}


void LongDelay(uint i)                 //长延时函数:LongDelay()
{
   uint j;
   for(;i >0;i -- )
   {
      for(j =1000;j >0;j -- );}
```

```
    }

void SetLCD_RS(bit i)                    //指令/数据选择函数
{
   if(i ==1)    PinRS =1;
   else         PinRS =0;
}


void SetLCD_RW(bit i)                    //读写操作控制信号
{
   if(i ==1)   PinRW =1;
   else    PinRW =0;
}


void SetLCD_EN(bit i)                    //使能信号
{
   if(i ==1)   PinEN =1;
   else    PinEN =0;
}


void SetLCD_RST(bit i)                   //复位
{
   if(i ==1)   PinRST =1;
   else    PinRST =0;
}
uchar ReadStatus(void)                   //读状态函数
{
   uchar i;
   InitP1(1);
   SetLCD_RW(1);
   SetLCD_RS(0);
   SetLCD_EN(0);
   ShortDelay(10);
   SetLCD_EN(1);
   ShortDelay(20);
   i = PinData;
   ShortDelay(40);
```

```
    SetLCD_EN(0);
    return(i);
}

uchar ReadOneByte(void)                    //读一字节数据函数
{
    uchar i;
    InitP1(1);
    SetLCD_RW(1);
    SetLCD_RS(1);
    SetLCD_EN(0);
    ShortDelay(10);
    SetLCD_EN(1);
    ShortDelay(20);
    i = PinData;
    ShortDelay(40);
    SetLCD_EN(0);
    return(i);
}

void WriteInstruc(uchar Instruction)       //写指令函数
{
    while((ReadStatus()&0x80)! =0x00);
    InitP1(0);
    SetLCD_RW(0);
    SetLCD_RS(0);
    SetLCD_EN(0);
    P1 = Instruction;
    ShortDelay(100);
    SetLCD_EN(1);
    ShortDelay(100);
    SetLCD_EN(0);
}

void WriteOneByte(uchar Data)              //写一字节数据函数
{
    while((ReadStatus()&0x80)! =0x00)
```

```
    InitP1(0);
    SetLCD_RW(0);
    SetLCD_RS(1);
    SetLCD_EN(0);
    PinData = Data;
    ShortDelay(100);
    SetLCD_EN(1);
    ShortDelay(100);
    SetLCD_EN(0);
}

void ResetLCD()                        //复位函数
{
    LongDelay(40);
    SetLCD_RST(0);
    LongDelay(1);
    SetLCD_RST(1);
    LongDelay(1);
}

void InitLCD(void)                     //初始化函数
{
    ResetLCD();
    WriteInstruc(0x30);                //Function Set:8_bits_Data,Base_
Instrution
    LongDelay(1);
    WriteInstruc(0x0c);                //Disp_ON:The Whole ALL_ON
    LongDelay(1);
    ClearLCD();                        //Clear  LCD
    LongDelay(1);
    WriteInstruc(0x06);                // Entry Mode Set:DDRAM Address
Counter(AC) +1
    LongDelay(1);
}
    //显示一个汉字(16×16)函数:DispOneWord
    void DispOneWord(uchar X,uchar Y,uint Word)
{
```

```
    uchar Disp_Address;
    uchar Address_H;
    uchar Address_L;
    if((X ==0x00) ||(X ==0x02))                //0,2 行
    Address_H =0x80;
    else                                       //1,3 行
    Address_H =0x90;
    if((X ==0x00) ||(X ==0x01))                //0,1 行
    Address_L =Y;
    else                                       //2,3 行
    Address_L =Y +0x08;
    Disp_Address =(Address_H |Address_L)&0xff;
    SetDDRAM_Add(Disp_Address);
    WriteOneByte(((Word&0xff00) > >8)&0xff);   //H_Byte
    WriteOneByte(Word&0xff);                   //L_Byte
}
```

```
//显示两个字符(8 ×16)函数:DispTwoCharacter()
void DispTwoCharacter ( uchar  X, uchar  Y, uchar  Character1, uchar
Character2)
{
    uchar Disp_Address;
    uchar Address_H;
    uchar Address_L;
    if((X ==0x00) ||(X ==0x02))                //0,2 行
    Address_H =0x80;
    else                                       //1,3 行
    Address_H =0x90;
    if((X ==0x00) ||(X ==0x01))                //0,1 行
    Address_L =Y;
    else                                       //2,3 行
    Address_L =Y +0x08;
    Disp_Address =Address_H |Address_L;
    SetDDRAM_Add(Disp_Address); //Set DDRAM(Disp_Address)
    WriteOneByte(Character1);
    WriteOneByte(Character2);
}
```

```
void main(void)                                  //主函数
{
  PinPSB = 1;                                    //并口方式
  InitP1(0);
  InitLCD();
  ClearLCD();
  while(1)
  {
    DispOneWord(0,1,0xb3a4);                     //"长"
    DispOneWord(0,2,0xb4ba);                     //"春"
    DispOneWord(0,3,0xc0ed);                     //"理"
    DispOneWord(0,4,0xb9a4);                     //"工"
    DispOneWord(0,5,0xb4f3);                     //"大"
    DispOneWord(0,6,0xd1a7);                     //"学"
    DispOneWord(1,0,0xc9fa);                     //"生"
    DispOneWord(1,1,0xceef);                     //"物"
    DispOneWord(1,2,0xd2bd);                     //"医"
    DispOneWord(1,3,0xd1a7);                     //"学"
    DispOneWord(1,4,0xb9a4);                     //"工"
    DispOneWord(1,5,0xb3cc);                     //"程"
    DispOneWord(1,6,0xcfb5);                     //"系"
    DispOneWord(2,2,0xbbb6);                     //"欢"
    DispOneWord(2,4,0xd3ad);                     //"迎"
    DispOneWord(2,6,0xc4e3);                     //"你"
  }
}
```

3.5 微型打印机与接口设计

某些智能仪器需要把存储于仪器中的测量数据打印输出，这时就需要给仪器设计打印机接口电路。微型打印机结构简单，体积小，打印机的大部分工作都在软件控制下进行，因此功能变换灵活，使用方便，很适合与一般智能仪器联机使用。本节将以 TPμP – 40B/C 系列微型打印机与单片机系统的接口为例，介绍其接口电路及打印软件的设计原理。

3.5.1 TPμP—40B/C 微型打印机及其接口设计

TPμP—40B/C 微型打印机是一种由单片机控制的超小型智能点阵打印机，每行可打印 40 个 5×7 点阵字符。打印命令丰富，可打印 240 种代码字符，并有绘图功能。TPμP—40C 是 TPμP—40B 的换代产品，除增加了支持打印固化汉字功能以及带有较大的数据输入缓冲器能支持假脱机打印新功能外，其他控制命令及操作均与 TPμP—40B 兼容。本节主要讨论 TPμP—40B/C 微型打印机。

1. TPμP—40B/C 微型打印机接口信号

TPμP—40B/C 微型打印机具有标准的圣特罗尼克并行接口，它通过打印机后部 20 芯扁平电缆及接插件与各种智能仪器及计算机系统联机使用。接插件引脚信号如表 3.40 所示。

DB0 ~ DB7：单向数据传输线，由计算机输往打印机。

$\overline{STB}$：数据选通信号，输入线。在此信号上升沿，数据线上 8 位数据由打印机读入机内并锁存。$\overline{STB}$ 宽度应大于 0.5 μm。

BUSY："忙"信号，状态输出线。输出高电平时，表示打印机处于"忙"状态，此时主机不得使用 STB 信号向打印机送入新的数据字节。BUSY 可作为中断请求线，也可供 CPU 查询。

$\overline{ACK}$："应答"信号，状态输出线。输出低电平时，表示打印机已经取走数据。$\overline{ACK}$ 应答信号在很多情况下可以不用。

表 3.40 TPμP—40B/C 微型打印机接口信号

2	4	6	8	10	12	14	16	18	20
GND	GND	GND	GND	GND	GND	GND	GND	$\overline{ACK}$	ERR
$\overline{STB}$	DB0	DB1	DB2	DB3	DB4	DB5	DB6	DB7	BUSY
1	3	5	7	9	11	13	15	17	19

2. TPμP—40B/C 与 MCS – 51 单片机的接口

TPμP—40B/C 是智能打印机，其控制电路由单片机构成，由于输入电路含有锁存功能，输出电路中有三态门控制，因此可以直接与 AT89C51 单片机的数据总线相接，一种硬件接口电路如图 3.28 所示。

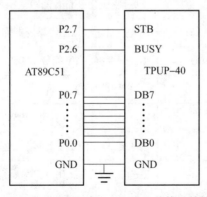

图 3.28 TPμP—40B/C 与 AT89C51 单片机的接口电路

设某一字符代码或打印命令已存入变量 temp，则 AT89C51 在执行下面一段程序后便可将 temp 中的代码送入打印机的锁存器中，并执行该代码命令或将对应的字符打印出来。

```
sbit   STB = P2^7;
sbit   BUSY = P2^6;
unsigned char temp;
STB = 0;
_nop_(  );
while( BUSY ==1);
P0 = temp;
STB = 1;
```

3. TPμP—40B/C 打印机代码

TPμP—40B/C 全部代码共 256 个，分配如下：

（1）00H：40B 微型打印机定义为无效代码，40C 打印机定义为退出汉字方式命令代码。

（2）01H ~ 0FH 为打印命令代码，具体如表 3.41 所示。

（3）10H ~ 1FH 为用户自定义代码。

（4）20H ~ 7FH 为标准 ASCII 码，其代码表如表 3.42 所示。

（5）80H ~ FFH 为非 ASCII 代码，其中包括少量汉字、希腊字母、块图和一些特殊字符，具体内容见说明书。

表 3.41　TPμP—40B 控制命令的格式

命令代码	格式	说明
01	01**	字符（图）增宽，系数**：01、02、03、04
02	02**	字符（图）增宽，系数**：01、02、03、04
03	03**	字符增宽同时增高，系数**：01、02、03、04
04	04XX	更换/定义字符行间距 XX：行间空点行 00H ~ FFH
05	05XXYY1…YY6	用户自定义 XX 代码的点阵式样 XX：10H ~ 1FH
06	06XX YY 0D	代码更换，YY 换成 XX 码的点阵，XX：10H ~ 1FH
07	07	水平（制表）跳区
08	08XX	垂直（制表）跳行 1 ~ 255 行。XX：空行数
09	09	恢复 ASCII 代码，并清除已输入尚未打印的字符串
0A	0A	送空字符码 20H 后回车换行
0D	0D	回车换行/06 命令的结束码
0E	0EXX YY	重复打印 YY 个 XX 代码字符 YY：0 ~ 255
0F	0F nnXX YY	打印位点阵图命令，宽 nn：01H ~ F0H

表 3.42　TPμP—40B ASCII 码代码表

	0	1	2	3	4	5	6	7	8	9	A	B	C	D	E	F
2		!	"	#	$	%	&	,	(	)	*	+	,	−	.	/
3	0	1	2	3	4	5	6	7	8	9	:	;	<	=	>	?
4	@	A	B	C	D	E	F	G	H	I	J	K	L	M	N	O
5	P	Q	R	S	T	U	V	W	X	Y	Z	[	\	]	↑	←
6	‘	a	b	c	d	e	f	g	h	i	j	k	l	m	n	o
7	p	q	r	s	t	u	v	w	x	y	z	{	¦	}	~	■

3.5.2　汉字打印技术

打印汉字可使用打印点阵图命令将汉字作为图形来处理。为方便操作,TPμP—40C 提供一种小型固化汉字库,打印汉字可与打印字符一样方便,下面分别予以介绍。

(1) 采用打印点阵图的命令,可以打印出所要求的汉字。使用此命令,每次最多可打印 240×8 点阵图,每个字为 7×8 点阵。打印格式如下:

```
0F  XX  YY——YY

0F                      ;命令字节

XX                      ;点阵图宽度(1~20)

YY——YY                  ;点阵字节,最多240字节,数目与显示相同
```

为打印"中文"两字应向打印机输入的字节串如下:

```
0F                      ;命令

0F                      ;字节数

3E 22 22 FF 22 22 3E    ;"中"(7×8)

00                      ;空一行

82 46 2A 13 2A 46 82    ;"文"(7×8)

0D                      ;回车
```

如果要打印 16×16 点阵的汉字,可以将汉字点阵码分为上下两部分,分两次打印形成。

(2) 采用上述扫描自编汉字点阵代码打印汉字比较繁琐,为了使用方便,TPμP—40C 提供了一种使用方便的 16×16 固化汉字打印功能。打印机内部 EPROM 中已经事先固化约 1 600 个 16×16 点阵,每字占 32 字节(也可由用户按需要自行固化),并以 0100H 双字节代码为首码顺序定义固化的汉字,于是调用汉字可与使用 ASCII 码字符一样方便。调用 16×16 点阵固化方法如下:

```
        0B   XX   YY   00
定义:0B   进入汉字方式命令代码
        XX   汉字代码高位字节
        YY   汉字代码低位字节
        00   退出汉字方式代码
```

当用户按需要自行设计 16×16 汉字点阵码时，可以人工先进行描绘，但这种方式繁琐且不能保证美观，规范的方法是从 PC 的汉字库中提取。

习 题 3

1. 独立式键盘、矩阵式键盘和交互式键盘各有什么特点？分别适合于什么场合？

2. 利用单片机 AT89C51 设计一个医学仪器的键盘接口电路，采用独立编码键盘，设计电路实现按下 S0、S1、S2 中的任意键时，可分别使对应的发光二极管点亮进行报警，并编写控制程序。

3. 试比较 7 段 LED 显示器静态显示和动态多位数字显示系统的特点。

4. 用单片机 AT89C51 扩展 4 个 7 段码共阳极 LED（其他器件自选），设计一个静态显示电路，并编写程序显示"36.7"。

5. 设计一个采用 6 位共阳极 7 段 LED 显示器的动态扫描接口电路，并编写其显示控制程序。

6. 利用液晶显示模块 LCD1602，设计显示血压值的电路原理图，并编写程序。

7. 利用液晶显示模块 DV12864M，设计心率值的显示电路，并编写程序。

8. 利用打印机接口电路，编写打印"心电图"字样的程序。

第4章
智能仪器通信接口设计

随着计算机技术、网络技术的发展，医疗服务逐步扩大到社区服务和远程服务。这种医学模式对医学仪器提出了智能化、小型化、网络化等设计要求，因此需要在主机和医学仪器之间进行数据通信，以便主机从医学仪器中获取各种医学信息，或者实现主机对医学仪器的控制。图 4.1 所示为以远程家庭医疗为代表的面向社区和家庭的卫生保健系统。由于医学仪器所要传输的数据速率、传输距离、传输方式各不相同，因此应根据医学仪器的使用要求采用不同的通信接口。

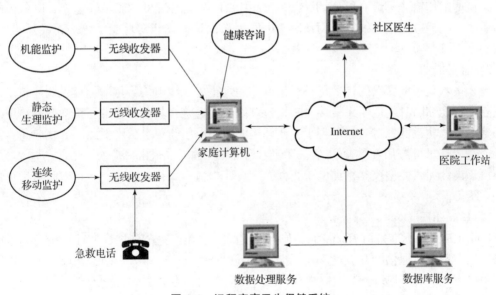

图 4.1　远程家庭卫生保健系统

4.1　通信技术概述

通信接口（Interface）是两个需要通信的设备或电路之间的分界面和连接点，是采用硬件和软件方法，实现安全、可靠、高效信息交换的技术。而协议（Protocol）是通信双方关于通信如何进行达成的一致，是定义对等通信实体之间帧、分组和报文格式及意义的一组规则。

智能仪器一般是基于通用计算机（PC）和单片机设计的。计算机（PC）具有完备的外部接口，也具有功能强大的操作系统和软件开发工具，操作系统内置了对常用协议（TCP/IP、无线局域网、RS-232串行通信）的支持，当这类仪器需要与外界通信时，直接调用通信控件和接口控件即可实现。

对于基于单片机的医学仪器，由于单片机的通信功能较弱，必须通过串行口与一个外部单元连接，该外部单元负责处理各种协议，真正实现通信。

医学仪器的通信需求多种多样，当需要长距离传输时，可利用电话程控通信网、移动通信网以及万维网。电话程控通信网是一种以电话线为基础的有线通信网；移动通信网是有线和无线结合的一种通信方式，移动站到基站是无线方式，而基站到电信局一般是有线方式；万维网是一种融合了可能的各种通信方式（有线、无线、光纤等）的通达全球的通信网。

当需要短距离传输时，可采用串行通信、无线局域网、HomeRF、蓝牙、红外通信技术。串行通信是一种有线通信，应用简单、方便；无线局域网、HomeRF、蓝牙都是无线通信，区别只在于协议的不同；红外通信则是以红外线作为传输媒质的一种通信方式。下面简单介绍几种通信方式。

1）无线局域网

无线局域网主要利用射频技术取代双绞铜缆布线实现小范围内的移动组网和无线传输。无线局域网由于其便利性和可伸缩性而特别适用于小型办公和家庭网络环境，它采用直接序列扩频技术，传输速率最高可达11 Mb/s，当射频情况变差时可动态转换速率，降低数据传输错误率，主要应用于无线局域网系统，可以用来设计无线病房监护系统、无线呼叫系统、无线心电24 h监护系统等。

2）蓝牙技术

蓝牙技术是一项新兴的计算机与通信方面的短距离无线电信号传输标准。蓝牙技术的主要优点是：能够随时随地用无线接口来接替有线电缆连接；具备很强的移植性，能够用于多种通信场合；功耗低，对人体危害小；蓝牙集成电路应用简单，成本低廉，实现容易，易于推广。蓝牙技术可应用在数据共享、手机和计算机相连、Internet接入、影像传递等方面，也可用于设计无线微型仪器，如电子药丸、无线体内植入式仪器控制、微型胃肠道生化参数监护系统等。

3）HomeRF技术

HomeRF无线标准是由HomeRF工作组开发的，旨在家庭范围内，使计算机与其他电子设备之间实现无线通信的开放性工业标准。HomeRF使用开放的2.4 GHz频段，采用跳频扩频（FHSS）技术，跳频速率为50次/s。最大数据传输速率为2 Mb/s。在新的标准中，数据峰值速率达到10 Mb/s。不过由于HomeRF技术尚未公开，目前只有几十家企业支持，在抗干扰等方面相对于其他技术而言尚有欠缺，因此其应用前景受到一定限制。

4）红外通信技术

红外通信技术是目前在世界范围内被广泛使用的一种无线连接技术，主要用来取代点对点的线缆连接。红外传输是一种点对点的传输方式，无线不能离得太远，要对准方向，且中间不能有障碍物也就是不能穿墙而过，几乎无法控制信息传输的进度；IrDA已经是一套标准，IR收/发的组件也是标准化产品。红外通信技术自1974年发明以来，得到普遍应用，如红外线鼠标、红外线打印机、红外线键盘等。

远程医疗和社区医疗类仪器，其基本特点就是面向可移动人群，所以其通信方式以无线为主。它的通信模式可以使用短距离无线方式连接到另一距离不远的单元；也可以使用长距离无线方式直接连至另一远方单元；还可以使用短距离无线方式连接到一个中间单元，再由中间单元连接到远方单元。

4.2　串行通信技术

串行通信是指将构成字符的每个二进制数据位，按照一定的顺序逐位进行传输的通信方式。其只需要少数几条线就可以在系统间交换信息，突出优点是可以减小处理器外围接口的开支，故一般的便携式医学仪器设计中广泛采用串行通信。串行通信接口是 PC 的标准配置，而绝大多数单片机也内置了串行口，可以说串行口是医学仪器通信中使用最多的一种接口，所以学习掌握串行口通信设计十分重要。

4.2.1　串行通信基本方式

根据时钟控制数据发送和接收的方式，串行通信分为异步串行通信和同步串行通信。在同步通信中，为了使发送和接收保持一致，串行数据在发送和接收两端使用的时钟应同步。通常，发送和接收移位寄存器的初始同步使用一个同步字符来完成，当一次串行数据的同步传输开始时，发送寄存器送出的第一个字符应该是一个双方约定的同步字符，接收器在时钟周期内识别该同步字符后，即与发送器同步，开始接收后续的有效数据信息。

异步通信是指具有不规则数据段传送特性的串行数据传输。发送和接收两端分别使用自己的时钟，只要求时钟频率在短期内保持同步。通信时发送端先送出一个初始定时位（称起始位），后面跟着具有一定格式的串行数据和停止位。接收端首先识别起始位，同步它的时钟，使之接近于发送器的频率，然后使用同步的时钟接收紧跟而来的数据位及停止位，停止位表示数据串的结束。一旦一个字符传输完毕，线路空闲。下一个字符传输时，它们将重新进行同步。

与异步通信相比，同步通信的优点是传输速度快，缺点是其实用性完全取决于发送器和接收器保持同步的能力。若在一次串行数据的传输过程中，接收器由于某种原因（如噪声等）漏掉一位，则所有后续接收的数据都是不正确的。相对同步通信而言，异步通信传输数据的速度较慢，但若在一次串行数据传输的过程中出现错误，仅影响一字节数据。

在串行通信中，把通信接口只能发送或接收的单向传送方式叫单工传送；而把数据在甲乙两机之间的双向传递称为双工传送。在双工传送方式中又分为半双工传送和全双工传送。半双工传送是指两机之间不能同时进行发送和接收，任一时刻只能发或者只能收信息。

4.2.2　串行通信协议

为了有效地进行通信，通信双方必须遵从统一的通信协议，即采用统一的数据传送格式及相同的传送速率。异步通信协议规定每个数据以相同的位串形式传送，每个串行数据由起始位、数据位、奇偶校验位和停止位组成。串行数据的位串格式如图 4.2 所示，具体定义如下。

当通信线上没有数据传送时应处于逻辑“1”状态。

当发送设备要发送一个字符数据时，先发出一个逻辑“0”信号，占一位，这个逻辑低

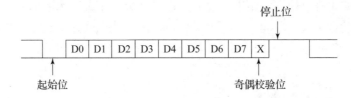

图 4.2 串行数据位串定义

电平就是起始位。起始位的作用是协调同步，接收设备检测到这个逻辑低电平后，就开始准备接收后续数据位信号。

数据位信号的位数可以是 5、6、7 或 8 位。一般为 7 位（ASCII 码）或 8 位。数据位从最低有效位开始逐位发送，依此顺序被接收到移位寄存器中，并转换为并行的数据字符。

奇偶校验位用于进行有限差错检测，占一位。通信双方需约定一致的奇偶校验方式，如果约定奇校验，那么组成数据和奇偶校验位的逻辑 "1" 的个数必须是奇数；如果约定偶校验，那么逻辑 "1" 的个数必须是偶数。通常具有奇偶校验功能的电路已集成在通信控制器芯片中。

停止位用于标志一个数据的传送完毕，一般用高电平，可以是 1 位、1.5 位或 2 位。当接收设备收到停止位之后，通信线路就恢复到逻辑 "1" 状态，直至下一个字符数据起始位到来。

在异步通信中，接收和发送双方必须保持相同的传送速率，这样才能保证线路上传送的所有位信号都保持一致的信号持续时间。传送速率即波特率，它是以每秒传送的二进制位数来度量的，单位为比特/秒（b/s）。规定的波特率有 50 b/s，75 b/s，110 b/s，150 b/s，300 b/s，600 b/s，1 200 b/s，2 400 b/s，4 800 b/s，9 600 b/s 和 19 200 b/s 等几种。

总之，在异步串行通信中，通信双方必须保持相同的传送波特率，并以每个字符数据的起始位来进行同步；同时，数据字符的传送格式，即起始位、数据位、奇偶位和停止位的约定，在同一次传送过程中保持一致。这样才能保证成功地进行数据传送。

4.2.3　串口标准

RS-232、RS-422 与 RS-485 都是串行数据接口标准，最初都是由电子工业协会（EIA）制定并发布的。RS-232 于 1962 年发布，命名为 EIA-232-E，作为工业标准，以保证不同厂家产品之间的兼容。RS-422 由 RS-232 发展而来，它是为弥补 RS-232 的不足而提出的。为改进 RS-232 通信距离短、速率低的缺点，RS-422 定义了一种平衡通信接口，将传输速率提高到 10 Mb/s，传输距离延长到 4 000 英尺[①]（速率低于 100 kb/s 时），并允许在一条平衡总线上连接最多 10 个接收器。RS-422 是一种单机发送、多机接收的单向、平衡传输规范，被命名为 TIA/EIA-422-A 标准。为扩展应用范围，EIA 又于 1983 年在 RS-422 基础上制定了 RS-485 标准，增加了多点、双向通信能力，即允许多个发送器连接到同一条总线上，同时增加了发送器的驱动能力和冲突保护特性，扩展了总线共模范围，后命名为 TIA/EIA-485-A 标准。由于 EIA 提出的建议标准都是以 "RS" 作为前缀的，所以在通信工业领域仍然习惯将上述标准以 RS 作前缀称谓，其有关电气参数见表 4.1。

---

① 1 英尺 = 0.304 8 m。

表 4.1　串口通信标准参数

规定	RS – 232	RS – 422	RS – 485
工作方式	单端	差分	差分
节点数	1 发 1 收	1 发 10 收	1 发 32 收
最大传输电缆长度	50 英尺	400 英尺	400 英尺
最大传输速率	20 kb/s	10 Mb/s	10 Mb/s
最大驱动输出电压	±25 V	−0.25 ~ +6 V	−7 ~ +12 V
驱动器输出信号电平（空载最大值）空载	±25 V	±6 V	±6 V
驱动器输出信号电平（负载最小值）负载	−15 ~ −5 V +5 ~ +15 V	±2.0 V	±1.5 V
驱动器负载阻抗	3 ~ 7 kΩ	100 Ω	54 Ω

目前，RS – 232 是 PC 与通信工业中应用最广泛的一种串行接口。PC 的串行口符合 RS – 232C 规范，有 9 针和 25 针两种，其引脚分布图分别如图 4.3 和图 4.4 所示。9 针接口引脚定义说明如表 4.2 所示。

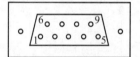

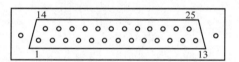

图 4.3　9 针串行口引脚分布图　　　　图 4.4　25 针串行口引脚分布图

表 4.2　9 针接口引脚定义说明

引脚编号	引脚名称	引脚功能描述
1	CD	载波检测
2	RXD	接收数据
3	TXD	发送数据
4	DTR	数据终端准备好
5	GND	地
6	DSR	设备准备好
7	RTS	发送请求
8	CTS	清除发送
9	RI	铃声指示

RS – 232C 标准使用 ±15 V 电源，并采用负逻辑。逻辑 1 电平在 −15 ~ −5 V 以内，逻辑 0 电平在 +5 ~ +15 V 以内。目前广泛使用的计算机及 I/O 接口芯片多采用 TTL 电平，即逻辑 1 电平在 +2 ~ +5 V，逻辑 0 电平在 0 ~ +0.8 V。由于 RS – 232C 的逻辑电平不与 TTL

电平兼容，因此为了能与 TTL 器件连接，必须进行电平转换。常用的转换芯片有 MC1488、MC1489、MAX232 和 MAX3238 等。MC1488、MC1489 需接 ±12 V 电源，其中 MC1488 用于通信设备的发送端，MC1489 用于通信设备的接收端。MAX232 是单 5 V 供电，片内集成有升压电路可以产生 ±12 V 电压，使用时片外需匹配相应的电容，4 个外置电容为电源储存能量，推荐电容大小为 1 μF 或者更大。MAX232A 的典型应用电路如图 4.5 所示，图中电容为 1 μF。

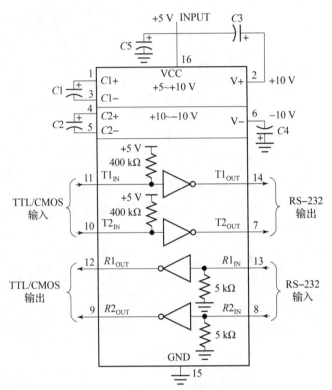

图 4.5　MAX232A 的典型应用电路

RS–232C 标准其传送距离最大约为 15 m，最高速率为 20 kb/s，适合本地设备之间的通信。

4.2.4　串行通信接口设计

MCS51 系列单片机本身具有一个可编程的全双工串行通信接口。它可通过异步通信方式（Universal Asynchronic Reciever and Transmitter，UART）与外部设备直接进行串口通信。一个典型的点对点双机串行通信的硬件连接如图 4.6 所示。

设甲机为发送机，乙机为接收机，其任务是接收甲机发送的数据。当甲机开始发送时，先送一个"AA"信号，乙机收到后回答一个"BB"信号，表示同意接收。当甲机收到"BB"后，开始发送数据，每发送一次求"校验和"，假定数据块长度为 16 字节，数据缓冲区为 buf，数据块发送完后马上发送"校验

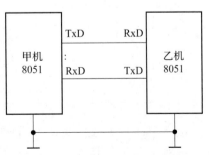

图 4.6　双机串行通信的硬件连接

和"。乙机接收数据并将其存储到数据缓冲区 buf，每接收到一个数据便计算一次"校验和"，当收齐一个数据块后，再接收甲机发来的校验和，并将它与乙机求出的校验和进行比较。若两者相等，说明接收正确，乙机回答"00H"；若两者不等，说明接收不正确，乙机回答"FFH"，请求重发。

两机通信必须规定相同的数据传输格式和波特率。双方约定的传输波特率为 1 200 b/s，在时钟为 $f = 11.059\ 2$ MHz 下，T/C1 工作在方式 2，则 TH1 = TL1 = 0E8H，PCON 寄存器的 SMOD 位为 0。两机通信的程序框图如图 4.7 和图 4.8 所示。

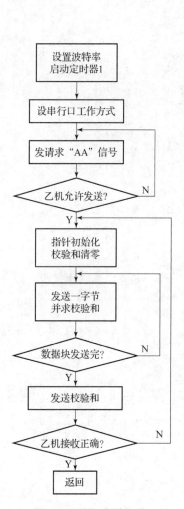

图 4.7　甲机发送程序

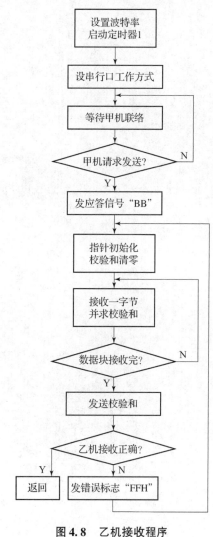

图 4.8　乙机接收程序

其程序清单如下：

（1）发送程序：

```
#include < reg51.h >
#define uchar unsigned char
```

```
#define TR      1                          //发送接收差别值 TR =0 发送
uchar idata buf[10];
uchar pf;
void init(void)                            //串行口初始化
{     TMOD = 0x20;                         //设 T/C1 为定时方式 2
      TH1 = 0xe8;                          //设定波特率
      TL1 = 0xe8;
      PCON = 0x00;
      TR1 = 1;                             //启动 T/C1
      SCON = 0x50;                         //串行口工作在方式 1
}
void send(uchar idata * d)
{     uchar i;
      do {
          SBUF = 0xaa;                     //发送联络信号
          while(TI ==0);                   //等待发送出去
          TI = 0;
          while(RI ==0);                   //等待乙机回答
          RI = 0;
            }while((SBUF^0xbb)! =0);       //乙机未准备好,继续联络
      do {
                pf = 0;                     //清校验和
                for(i =0;i <16;i ++ )
                {SBUF = d[i];               //发送一个数据
                pf + = d[i];                //求校验和
                while(TI ==0);TI = 0;
                }
          SBUF = pf;                        //发送校验和
          while(TI ==0);TI = 0;
          while(RI ==0);RI = 0;             //等待乙机回答
        }while(SBUF ! =0);                  //回答出错,则重发
   }
```

（2）接收程序：

```
void receive(uchar idata * d)
{    uchar i;
     do {  while(RI ==0); RI = 0;}
```

```
    while((SBUF^0xaa)! =0);          //判断甲机请求否
    SBUF =0xbb;                       //发应答信号
    while(TI ==0); TI =0;
    while(1)
    {    pf =0;                       //清校验和
         for(i =0;i <16;i ++)
        {while(RI ==0); RI =0;
         d[i] =SBUF;                  //接收一个数据
          pf + =d[i];                 //求校验和
        }
          while(RI ==0); RI =0;       //接收甲机校验和
          if(  (SBUF^pf) ==0)         //比较校验和
        {  SBUF =0x00;                //校验和相同发"00"
          break;
        }
         else
        {SBUF =0xff;                  //出错发"FF",重新接收
          while(TI ==0); TI =0;
        }
    }
}
void main(void)
{    init();
         if(TR ==0)
            {send(buf);}
         else
            {receive(buf);}
}
```

4.3　蓝牙技术

蓝牙（Bluetooth）是一种能够使近距离（一般为 10 m 以内）的数字设备，在不使用有线电缆的情况下完成它们之间安全通信的技术。因此，蓝牙技术是短距离无线通信技术，支持的数据信息文件有 Excel 文件、PowerPoint 文件、声音文件、图像文件、Word 文件等。蓝牙工作的频段为 2.4 ~ 2.483 5 GHz，该频段属于工业和医疗的自由频段，无须申请无线电波使用许可证，因此使用蓝牙技术时不用担心频率受限的问题。蓝牙通信以其体积小、集成度高、开放的标准接口等特点，广泛应用于移动终端设备、智能家电、医疗器械、工业自动控制等领域。

4.3.1　蓝牙技术简介

"蓝牙（Bluetooth）"一词源于 10 世纪的丹麦国王 Harald Blatand（英文名字为 Harold Bluetooth）。这位国王将四分五裂的局面统一起来的行为，与这种传输技术将各种设备无线连接起来有很多相似的地方，为了纪念他，SIG（Special Interest Group，特别兴趣小组）将自己的无线技术取名为"蓝牙"。

1998 年 5 月 20 日，爱立信联合 IBM、英特尔、诺基亚及东芝公司等 5 家著名厂商成立"特别兴趣小组"，即蓝牙技术联盟的前身，目标是开发一个成本低、效益高、可以在短距离范围内随意无线连接的蓝牙技术标准。

1999 年先后推出 0.8 版、0.9 版、1.0 Draft 版，完成了 SDP（Service Discovery Protocol）协定和 TCS（Telephony Control Specification）协定。

1999 年 7 月 26 日正式公布 1.0A 版，确定使用 2.4 GHz 频段。

2001 年：蓝牙 1.1 版正式列入 IEEE 802.15.1 标准，该标准定义了物理层（PHY）和媒体访问控制（MAC）规范，用于设备间的无线连接，传输率为 0.7 Mb/s。

2003 年：蓝牙 1.2 版完善了匿名方式，新增屏蔽设备的硬件地址（BD_ ADDR）功能，保护用户免受身份嗅探攻击和跟踪，同时向下兼容 1.1 版。此外，还增加了 AFH 适应性跳频技术，延伸同步连接导向信道技术，快速连接功能，音效的传输要求功能。

2004 年：蓝牙 2.0 是 1.2 版本的改良版，新增的 EDR（Enhanced Data Rate）技术通过提高多任务处理和多种蓝牙设备同时运行的能力，使得蓝牙设备的传输率可达 3 Mb/s。

2007 年：蓝牙 2.1 新增了 Sniff Subrating 省电功能，将设备间相互确认的信号发送时间间隔从旧版的 0.1 s 延长到 0.5 s 左右，从而让蓝牙芯片的工作负载大幅降低。

2009 年：蓝牙 3.0 新增了可选技术 High Speed，High Speed 可以使蓝牙调用 802.11 WiFi 用于实现高速数据传输，传输率高达 24 Mb/s，是蓝牙 2.0 的 8 倍，轻松实现录像机至高清电视、PC 至 PMP、UMPC 至打印机之间的资料传输。

2010 年：蓝牙 4.0 是迄今为止第一个蓝牙综合协议规范，将三种规格集成在一起。其中最重要的变化就是 BLE（Bluetooth Low Energy）低功耗功能，提出了低功耗蓝牙、传统蓝牙和高速蓝牙三种模式。

2013 年：蓝牙 4.1 在传输速度和传输范围上变化很小，但在软件方面有着明显的改进。此次更新目的是让蓝牙智能（Bluetooth Smart）技术最终成为物联网（Internet of Things）发展的核心动力。

2014 年：蓝牙 4.2 的传输速度更快，比上代提高了 2.5 倍，因为蓝牙智能数据包的容量提高，其可容纳的数据量相当于此前的 10 倍左右。

2016 年：蓝牙 5.0 在低功耗模式下具备更快、更远的传输能力，传输速率上限为 2 Mb/s，有效传输距离理论上可达 300 m。

据 SIG 的市场报告预估，到 2018 年年底，全球蓝牙设备出货量将多达 40 亿。其中，手机、平板和 PC 今年出货量可达 20 亿，音频和娱乐设备出货量可达 12 亿，全球 86% 出厂的汽车将具备蓝牙功能，智能家居蓝牙设备出货量可达 6.5 亿，智能建筑、智慧城市、智慧工业等均将成为未来潜力赛道。

4.3.2　蓝牙技术特点

从目前的应用来看，由于蓝牙体积小、功耗低，其应用已不局限于计算机外设，几乎可以被集成到任何数字设备中，特别是一些移动设备和便携设备。蓝牙技术的特点可以归纳为以下几点：

（1）全球范围适用。蓝牙工作在 2.4 GHz 的 ISM 频段，全球大多数国家 ISM 频段的范围是 2.4 ~ 2.483 5 GHz，使用该频段无须向各国的无线电资源管理部门申请许可证。

（2）同时可传输语音和数据。蓝牙采用电路交换和分组交换技术，支持异步数据信道、三路语音信道以及异步数据与同步语音同时传输的信道。

（3）可以建立临时性的对等连接。根据蓝牙设备在网络中的角色，可分为主设备与从设备。主设备是组网连接主动发起连接请求的蓝牙设备，而连接响应方则为从设备。

（4）具有很好的抗干扰能力。采取了跳频方式来扩展频谱，将 2.402 ~ 2.48 GHz 频段分成 79 个频点，相邻频点间隔 1 MHz。蓝牙设备在某个频点发送数据之后，再跳频到另一个频点发送，而频点的排列顺序则是伪随机的，每秒钟频率改变 1 600 次。

4.3.3　典型的蓝牙模块 HC – 08

HC – 08[①] 蓝牙模块是一款基于 Bluetooth Specification V4.0 BLE 蓝牙协议的数传模块。无线工作频段是 2.4 GHz ISM，调制方式是 GFSK。模块最大发射功率为 4 dBm，接收灵敏度为 –93 dBm。模块本身可以在主模式和从模式下运行，应用范围较广，如智能家居应用、远程控制、数据记录应用、机器人、监控系统等。HC – 08 实物如图 4.9 所示。

图 4.9　HC – 08 实物

1. HC – 08 模块引脚说明

HC – 08 模块的引脚说明如表 4.3 所示。

表 4.3　HC – 08 模块的引脚说明

序号	名称
1	TXD
2	RXD
3	GND
4	VCC

---

①　广州汇承科技有限公司 . HC – 08 蓝牙 4.0BLE 串口模块用户手册，2018

2. HC – 08 蓝牙模块的特点

（1）采用 CSR 主流蓝牙芯片，蓝牙 V4.0 协议标准。

（2）用户可设置波特率为 1 200 b/s、2 400 b/s、4 800 b/s、9 600 b/s、19 200 b/s、38 400 b/s、57 600 b/s、115 200 b/s。

（3）支持 AT 指令，用户可根据需求设置模块主、从模式。

（4）板载 3.3 V 稳压芯片，输入直流电压为 3.6 ~ 6 V；未配对时，电流约为 30 mA（因 LED 灯闪烁，电流处于变化状态）；配对成功后，电流大约为 10 mA。

（5）用于 GPS 导航系统、水电煤气抄表系统、工业现场采控系统等。

（6）可以与蓝牙笔记本计算机、计算机加蓝牙适配器等设备进行无缝连接。

3. AT 指令集

（1）AT 指令用来设置模块的参数，模块在未连线状态下可以进行 AT 指令操作，连线后进入串口透传模式。

（2）模块启动大约需要 150 ms，所以最好在模块上电 200 ms 后进行 AT 指令操作。除特殊说明外，AT 指令的参数设置立即生效。同时，参数和功能的修改，掉电不会丢失。

（3）AT 指令修改成功后统一返回 OK（"AT + RX""AT + VERSION"等查看信息类指令除外），不成功不返回任何信息。

HC – 08 蓝牙模块常用指令集如表 4.4 所示。

表 4.4　HC – 08 蓝牙模块常用指令集

序号	AT 指令（小写 x 表示参数）	作用	默认状态	主/从生效
1	AT	检测串口是否正常工作	—	M/S
2	AT + RX	查看模块基本参数	—	M/S
3	AT + DEFAULT	恢复出厂设置	—	M/S
4	AT + RESET	模块重启	—	M/S
5	AT + VERSION	获取模块版本、日期	—	M/S
6	AT + ROLE = x	主/从角色切换	S	M/S
7	AT + NAME = xxx	修改蓝牙名称	HC – 08	M/S
8	AT + ADDR = xxxxxxxxxxxx	修改蓝牙地址	硬件地址	M/S
9	AT + RFPM = x	更改无线射频功率	0（4 dBm）	M/S
10	AT + BAUD = xx, y	修改串口波特率	9 600, N	M/S
11	AT + CONT = x	是否可连接	0（可连）	M/S
12	AT + AVDA = xxx	更改广播数据	—	S
13	AT + MODE = x	更改功耗模式	0	S
14	AT + AINT = xx	更改广播间隔	320	M/S
15	AT + CINT = xx, yy	更改连接间隔	6, 12	M/S

序号	AT 指令（小写 x 表示参数）	作用	默认状态	主/从生效
16	AT + CTOUT = xx	更改连接超时时间	200	M/S
17	AT + CLEAR	主机清除已记录的从机时间	—	M
18	AT + LED = x	LED 开/关	1	M/S
19	AT + LUUID = xxxx	搜索 UUID	FFF0	M/S
20	AT + SUUID = xxxx	服务 UUID	FFE0	M/S
21	AT + TUUID = xxxx	透传数据 UUID	FFE1	M/S
22	AT + AUST = x	设置自动进入睡眠的时间	20	S

4.3.4　蓝牙模块应用举例

1. 实验电路设计

实验采用 AT89C51 单片机作为主控芯片，HC – 08 作为通信模块，实现甲机和乙机通信。HC – 08 模块的 TXD、RXD 引脚分别与单片机 P3.0、P3.1 引脚连接，甲机主控芯片 P1.5、P1.6、P1.7 引脚外接按键，控制单片机发送数据。乙机主控芯片外接 LCD1602，对接收到的数据进行显示。蓝牙通信模块电路图如图 4.10 所示。

2. 参考程序

```
/* 名称:甲机蓝牙发送程序
  说明:甲机根据按键向乙机发送不同数据 */
    #include < reg51.h >
    #define uchar unsigned char
    #define uint unsigned int
    sbit K1 = P1^5;
    sbit K2 = P1^6;
    sbit K3 = P1^7;
    void DelayMS(uint ms)                //延时
    {
        uchar i;
        while(ms -- )for(i = 0;i < 120;i ++ );
    }
    void Putc_to_SerialPort(uchar c)     //数据发送
    {
        SBUF = c;
        while(T1 == 0);
        T1 = 0;
```

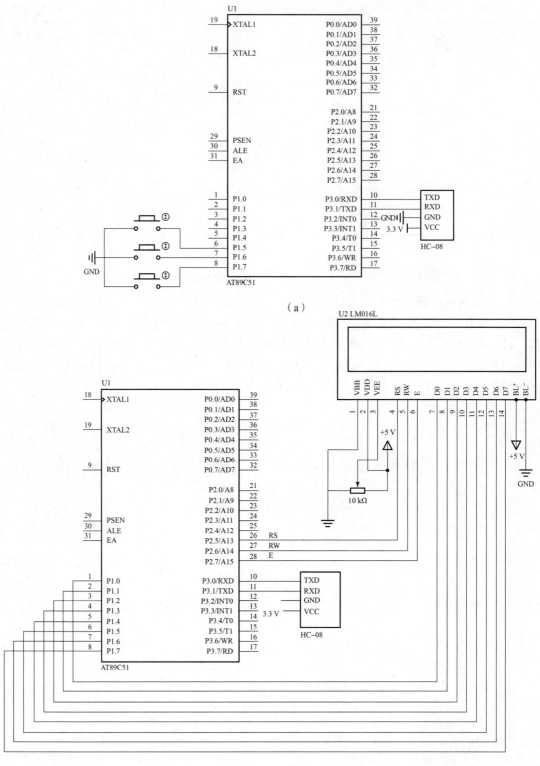

图 4.10 蓝牙通信模块电路图

（a）甲机；（b）乙机

```
    }
    void main()
    {
        SCON = 0x40;                //串口初始化方式1发送,不接收
        TMOD = 0x20;                //T1 工作模式2
        PCON = 0x00;                //波特率不倍增
        TH1 = 0xfd;                 //波特率9 600
        TL1 = 0xfd;
        TR1 = 1;                    //打开定时器1
        while(1)
        {
            DelayMS(100);
        if(K1 = 0)
            {Putc_to_SerialPort('A');}
        if(K2 = 0)
            {Putc_to_SerialPort('B');}
        if(K2 = 0)
            {Putc_to_SerialPort('C');}
    }
```

/* 名称:乙机蓝牙接收程序
功能:乙机接收甲机发送的数据,并根据接收到的数据内容进行显示 */

```
#include < reg51.h >
#define uchar unsigned char
#define uint unsigned int
sbit lcdrs = P2^5;
sbit lcdrw = P2^6;
sbit lcden = P2^7;
uchar code num[] = "Receive: ";
uchar temp = 0;
void delay(uint x)                  //延时函数
{
    uchar i;
    while(x -- )
    for(i = 0;i < 120;i ++ );
}
void write_com(uchar com)           //写命令函数
```

```
{
    lcdrw = 0;
    lcdrs = 0;
    P1 = com;
    delay(5);
    lcden = 1;
    delay(5);
    lcden = 0;
}
void write_data(uchar dat)    //写显示数据函数
{
    lcdrs = 1;
    lcdrw = 0;
    P1 = dat;
    delay(5);
    lcden = 1;
    delay(5);
    lcden = 0;
}
void init()                   //液晶显示器初始化函数
{
    lcden = 0;
    write_com(0x38);          //写入命令0x38:8位两行显示,5×7点阵字符
    write_com(0x0c);          //写入命令0x0C:开整体显示,关光标,无闪烁
    write_com(0x05);          //写入命令0x05:光标右移
    write_com(0x01);          //写入命令0x01:清屏
}
void main()
{
    SCON = 0x50;              //串口模式1允许接收
    TMOD = 0x20;              //T1工作模式2
    PCON = 0x00;              //波特率不倍增
    TH1 = 0xfd;              //波特率为9 600
    L1 = 0xfd;
    TR1 = 1;                 //打开定时器1
    IE = 0x90;               //允许串口中断
    uchar i;
```

```
init();
while(1)
{
    while(RI ==0);                    //若 RI =0,未接收到数据
    RI =0;                            //接收到数据,则把 RI 清零
    temp = SBUF;                      //读取数据存入 temp
    write_com(0x80 +3);              //设置显示字符地址第一行第三列
    for(i =0;i <8;i ++)
    write_com(0x80 +0x40 +3);       //设置显示字符地址第二行第三列
    write_data(temp);
    delay(5);
}
}
```

4.4 USB 接口技术

USB 是通用串行总线（Universal Serial Bus）的简称，是一种应用在计算机领域的新型接口技术（也越来越多地应用于嵌入式便携设备），是当前最流行的接口技术之一。USB 以其卓越的易用性、稳定性、兼容性、扩展性、完备性、网络性和低功耗等诸多优点得到迅速发展和广泛的应用。

4.4.1 USB 技术简介

1995 年，USB 规范由 Intel、IBM、Compaq、Microsoft、NEC、Digital、North Telecom 7 家世界著名的计算机和通信领域的公司第一次提出。

1996 年，USB – IF 提出 USB1.0 规范，带宽为 1.5 Mb/s。

1998 年 9 月，在 USB1.0 的基础上又提出了 USB1.1 规范，传输频宽变为 12 Mb/s，向下兼容 USB1.0，可是一个 USB 设备最多只能获得 6 Mb/s 的传输频宽。

1999 年，USB – IF 发布了 USB2.0 规范，它不仅向后兼容 USB1.1 标准，而且将数据传输速率提高了 40 倍，即可以达到 480 Mb/s。

2001 年 12 月底，USB OTG 技术被提出。这个规范定义 USB 接口既可以作为设备又可以作为主机，它扩大了 USB 的应用范围。

2008 年 9 月，USB – IF 推出了 USB3.0 规范，其传输速度可达到 5 Gb/s。传输机制方面，它采用了对偶单纯四线制差分信号线，可以同时进行双向并发数据流传输，在未来的几年内，USB3.0 可以很好地应对数字时代所需的高速性能和可靠互联性。

2013 年，USB3.1 版发布，新标准在接口方面没什么改变，但其传输速率可达 10 Gb/s，同时还能兼容 USB2.0。

2017 年 9 月，USB – IF 正式公布 USB3.2 标准规范，其最大传输速度可达 20 Gb/s。USB3.2 时代接口样式将统一为更方便、更灵活、更强大的 Type – C，流传多年的 Type – A 将

逐步退出历史舞台。

4.4.2 USB 技术特点

现在基于 USB 接口的医疗仪器越来越多，逐步取代串行口和并行口的趋势很明显，如脑电波分析系统、心电分析系统、高速图形传输等。USB 之所以能得到广泛支持和快速普及，是因为它具备以下特点：

（1）使用方便。USB 提供单一的、标准的电缆和连接头，满足几乎所有的中低速设备与 PC 的连接，普通用户即可完成相应的操作。它具有即插即用的便捷特性，主机自我检测外设，自动进行设备驱动、设置；添加或移除设备时，不必关闭并重新启动计算机，可动态连接和重置外设。

（2）速度加快。快速性能是 USB 技术的突出特点之一。USB 支持低速、全速和高速（USB2.0）三种传输速率，可适用于不同类型的外设。USB1.1 的最大传输速率可达 12 Mb/s，USB2.0 的最大传输速率更高达 480 Mb/s，比串口快了 1 万多倍，比并口也快了很多倍，可以满足现代医学数据的传输要求。

（3）连接灵活。USB 接口支持多个不同设备的串行连接，一个 USB 口理论上可以连接 127 个 USB 设备。连接的方式也十分灵活，既可以使用串行连接，也可以使用中枢转接头（Hub），把多个设备连接在一起，再同 PC 的 USB 口相接。在软件方面，为 USB 设计的驱动程序和应用软件可以自动启动，无须用户干预。USB 设备也不涉及 IRQ 冲突等问题，它单独使用自己的保留中断，不会同其他设备争用 PC 有限的资源，为用户省去了硬件配置的烦恼。

（4）独立供电。使用串口、并口的普通设备都需要单独的供电系统，而 USB 设备则不需要，因为 USB 接口提供了内置电源。USB 电源能向低压设备提供 5 V 的电源，因此新的设备就不需要专门的交流电源了，从而降低了设备的成本。

（5）支持多媒体。USB 提供了对电话的两路数据支持，USB 可支持异步以及等时数据传输，使电话可与 PC 集成，共享语音邮件及其他特性。USB 还具有高保真音频。由于 USB 音频信息生成于计算机外，因而减少了电子噪声干扰声音质量的机会，从而使音频系统具有更高的保真度。

4.4.3 USB 接口数据的传输

1. USB 接口类型

USB 是一种统一的传输规范，但是接口有许多种，最常见的就是计算机上用的扁平状的，叫作 A 型口，里面有 4 根连线，根据谁插接谁分为公母接口，一般线上带的是公口，机器上带的是母口。工业生产中各种 USB 接口型号如图 4.11 所示。

1）Type - A 接口

Type - A 是一种 USB 接口类型，常见于计算机通信接口，包括鼠标、键盘、U 盘等接口。现在 USB Type - A 已经进化到 USB3.0 的标准，USB3.0 标准下的接口比 USB2.0 传输速度高 8 倍以上。但目前市面上多数 Type - A 还是 USB2.0 标准，区分它们最好的方法是看它的接口是否带有蓝色装饰（USB3.0 以上含有）。

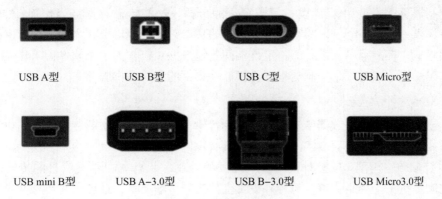

图 4.11　USB 接口类型实物

2）Type – B 接口

Type – B 接口常见于以下品牌的数码产品：奥林巴斯的 C 系列和 E 系列；柯达的大部分数码相机；三星的 MP3 产品（如 Yepp）；SONY 的 DSC 系列，康柏的 IPAQ 系列产品。USB mini B 型是最常见的一种接口，这种接口由于防误插性能出众，体积也比较小巧，正在赢得越来越多的厂商青睐，如今这种接口广泛应用在读卡器、MP3、数码相机以及移动硬盘上。Micro USB 符合 USB2.0 规范，支持 12 Mb/s 的数据传输速率。该模块按照 Microport 接口将控制引脚引出，便于与支持 Microport 接口的主控制器相连。

3）Type – C 接口

Type – C 是一种全新的 USB 接口形式，它伴随最新的 USB3.1 标准横空出世。该接口由 USB – IF 组织于 2014 年 8 月发布，是 USB 标准化组织为了解决 USB 接口长期以来物理接口规范不统一，电能只能单向传输等弊端而制定的全新接口，它集充电、显示、数据传输等功能于一身。Type – C 接口最大的特点是支持正反两个方向插入，正式解决了"USB 永远插不准"的世界性难题，正反面随便插。

2. USB 数据传输原理

当插入 USB 接口后，主机的电源就会与 USB 设备相通，USB 外设的控制芯片会通过两只 10 kΩ 的电阻来检查 USB 设备是否接入了主机的 USB 端口。如果这两个引脚一个为高电平，一个为低电平，就表示 USB 外设已经正确连入 USB 接口，这时外设的控制芯片开始工作，并通过 D +、D – 引脚向外送出数据。在 USB 外设向外送出数据时，同时发送包括设备自身的设备名及型号等相关参数，主机就是根据这些信息在显示器上显示出所发现的新硬件的名称型号的。图 4.12 所示为 USB 引脚图。

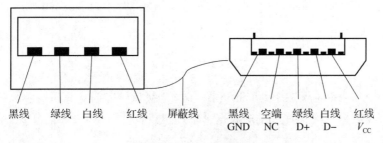

图 4.12　USB 引脚图

主控制器负责主机和 USB 设备间数据流的传输。这些传输数据被当作连续的比特流。每个设备提供一个或多个可以与客户程序通信的接口，每个接口由一个或多个管道组成，它们分别独立地在客户程序和设备的特定终端间传输数据。USB 为主机软件需求建立接口和管道，当提出配置请求时，主控制器根据主机软件提供的参数提供服务。

3. USB 数据传输模式

USB 支持 4 种基本的数据传输模式：控制传输、等时传输、中断传输和数据块传输。每种传输模式应用到具有相同名字的终端，则具有不同的性质。

（1）控制传输类型：支持外设与主机之间的控制、状态、配置等信息的传输，为外设与主机之间提供一个控制通道。每种外设都支持控制传输类型，这样主机与外设之间就可以传送配置和命令/状态信息。

（2）等时（Isochronous）传输类型（或称同步传输）：支持有周期性、有限的时延和带宽且数据传输速率不变的外设与主机间的数据传输。该类型无差错校验，故不能保证正确的数据传输，支持像计算机 – 电话集成系统（CTI）和音频系统与主机的数据传输。

（3）中断传输类型：支持游戏手柄、鼠标和键盘等输入设备，这些设备与主机间数据传输量小，无周期性，但对响应时间敏感，要求马上响应。

（4）数据块（Data Block）传输类型：支持打印机、扫描仪、数码相机等外设，这些外设与主机间传输的数据量大，USB 在满足带宽的情况下才进行该类型的数据传输。

USB 采用分块带宽分配方案，若外设超过当前带宽分配或潜在的要求，则不能进入该设备。同步和中断传输类型的终端保留带宽，并保证数据按一定的速率传送。集中和控制终端按可用的最佳带宽来传输数据。

4.4.4　USB 接口应用举例

1. 实验电路设计

USB 串口电路图中使用 CH340G 作为转接芯片（图4.13），实现 USB 转串口。在串口方式下，CH340 提供常用的 MODEM 联络信号，用于为计算机扩展异步串口，或者将普通的串口设备直接升级到 USB 总线。

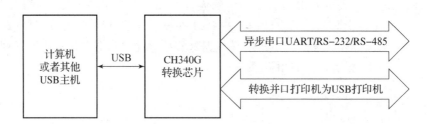

图 4.13　CH340 作用示意图

实验采用 USB – 5Pin 规格作为 USB（图4.14）接口，完成计算机与单片机之间的通信。计算机通过 USB 数据线给单片机发送数据，单片机接收到数据，返回"I Receive"响应。

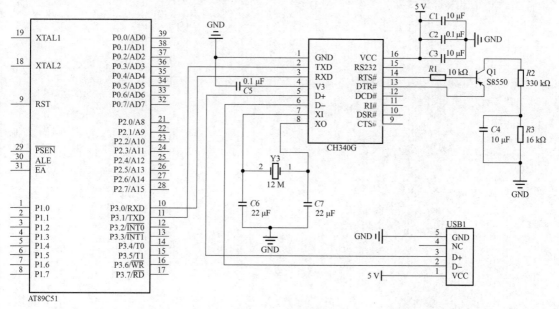

图 4.14　USB 串口电路图

2. 参考程序

```
/* 名称:单片机接收程序
   说明:单片机通过串口接收计算机发送的数据,并返回"I Receive"信息 */
#include <reg51.h>
#define uchar unsigned char
#define uint unsigned int
uchar flag,temp,i,j;
uchar code table0[] = "IReceive ";
uchar code table1[] = "\r\n";    //回车换行
void String_Timer2_init()      //串口定时器初始化函数
{
    TMOD = 0x20;               //定时器工作方式为方式 2,8 位自动重装
    TH1 = 0xfd;                //初始化计数器高八位
    TL1 = 0xfd;                //初始化计数器低八位
    TR1 = 1;                   //启动定时器 1
    SM0 = 0;                   //设定串口工作方式为方式 1
    SM1 = 1;                   //设定串口工作方式
    REN = 1;                   //打开串口中断接收允许
    EA = 1;                    //打开全局中断
    ES = 1;                    //打开串口中断允许位
```

```
    }
    void main()
    {
    String_Timer2_init();
    while(1)
    {
        if(flag ==1)
        {
            ES = 0;
            for(i =0;i <9;i ++)
            {
                SBUF =table0[i];
                while(!TI);
                TI =0;
            }
            SBUF = temp;
            while(!TI);
            TI =0;
            for(j =0;j <3;j ++)
            {
                SBUF =table1[j];
                while(!TI);
                TI =0;
            }
            ES =1;
            flag =0;
        }
    }
    }
    void string()interrupt 4            //串口中断服务程序(函数)
    {
    RI =0;
    temp = SBUF;
    flag =1;
    }
```

4.5　nRF24L01 通信技术

nRF24L01[①] 是挪威 Nordic 公司推出的单片无线收发器芯片，工作在 2.4 ~ 2.5 GHz 世界通用 ISM 频段。nRF24L01 采用片上系统（System on Chip，SoC）方法设计，只需少量外围元件便可组成射频收发电路。nRF24L01 支持多点间通信，最高传输速率超过 2 Mb/s，比蓝牙具有更高的传输速度。与蓝牙不同的是，nRF24L01 没有复杂的通信协议，它完全对用户透明，同种产品之间可以自由通信。另外该芯片具有极低的电流消耗，当工作在发射模式时电流消耗为 9 mA，接收模式时为 12.3 mA，掉电模式和待机模式下电流消耗更低。而且 nRF24L01 产品价格便宜。所以 nRF24L01 属于体积小、功耗低、外围元件少的低成本射频系统级芯片。

4.5.1　nRF24L01 芯片介绍

1. nRF24L01 的特性参数

（1）采用全球开放的 2.4 GHz 频段，有 125 个频道，可满足多频及跳频需要。

（2）速率（2 Mb/s）高于蓝牙，且具有高数据吞吐量。

（3）外围元件极少，只需一个晶振和一个电阻即可设计射频电路。

（4）发射功率和工作频率等所有工作参数可全部通过软件设置。

（5）电源电压范围为 1.9 ~ 3.6 V，功耗很低。

（6）电流消耗很小，-5 dBm 输出功率时的典型峰值电流为 10.5 mA。

（7）芯片内部设置有专门的稳压电路，因此，使用任何电源（包括 DC/DC 开关电源）均有很好的通信效果。

（8）每个芯片均可以通过软件设置最多 40 bit 地址，而且只有收到本机地址时才会输出数据（提供一个中断指示），同时编程也很方便。

（9）内置 CRC 检错硬件电路和协议。

（10）采用 DuoCeiver 技术可同时接收两个 nRF24L01 的数据。

（11）采用 ShockBurstTM 模式时，能适应极低的功率操作和不严格的 MCU 执行。

（12）带有集成增强型 8051 内核、9 路 10 bit ADC、UART 异步串口、SPI 串口和 PWM 输出。

（13）内置看门狗。

（14）无须外部 SAW 滤波器。

（15）可 100% RF 检验。

（16）带有数据时隙和数据时钟恢复功能。

（17）在空旷场地的有效通信距离：25 m（外置天线）、10 m（PCB 天线）。

2. nRF24L01 芯片引脚配置

nRF24L01 芯片的引脚配置如图 4.15 所示。

nRF24L01 芯片引脚功能定义如表 4.5 所示。

---

① 深圳市德普施科技有限公司 . nRF24L01 无线通信模块使用手册，2014

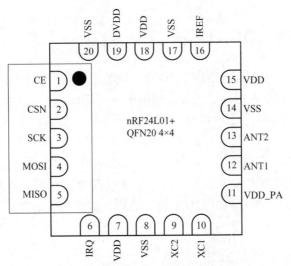

图 4.15　nRF24L01 芯片的引脚配置

表 4.5　nRF24L01 芯片引脚功能定义

引脚	名称	引脚功能	描述
1	CE	数字输入	RX 或 TX 模式选择
2	CSN	数字输入	SPI 片选信号
3	SCK	数字输入	SPI 时钟
4	MOSI	数字输入	从 SPI 数据输入脚
5	MISO	数字输出	从 SPI 数据输出脚
6	IRQ	数字输出	可屏蔽中断脚
7	VDD	电源	电源（+3.3 V）
8	VSS	电源	接地（0）
9	XC2	模拟输出	晶体振荡器 2 脚
10	XC1	模拟输入	晶体振荡器 1 脚/外部时钟输入脚
11	VDD_PA	电源输出	给 RF 的功率放大器提供的 +1.8 V 电源
12	ANT1	天线	天线接口 1
13	ANT2	天线	天线接口 2
14	VSS	电源	接地（0）
15	VDD	电源	电源（+3.3 V）
16	IREF	模拟输入	参考电流
17	VSS	电源	接地（0）
18	VDD	电源	电源（+3.3 V）
19	DVDD	电源输出	去耦电路电源正极端
20	VSS	电源	接地（0）

3. 芯片功能寄存器内容及说明（见表 4.6）

表 4.6　寄存器内容及说明

地址 （十六进制）	寄存器	位	复位值	类型	说明
00	CONFIG	—	—	—	配置寄存器
	Reserved	7	0	R/W	默认为 0
	MASK_RX_DR	6	0	R/W	可屏蔽中断 RX_RD 1：中断产生时对 IRQ 无影响 0：RX_RD 中断产生时，IRQ 引脚为低
	MASK_TX_DS	5	0	R/W	可屏蔽中断 TX_RD 1：中断产生时对 IRQ 无影响 0：TX_RD 中断产生时，IRQ 引脚为低
	MASK_MAX_RT	4	0	R/W	可屏蔽中断 MAX_RT 1：中断产生时对 IRQ 无影响 0：MAX_RT 中断产生时，IRQ 引脚为低
	EN_CRC	3	1	R/W	CRC 使能。如果 EN_AA 中任意一位为高，则 EN_CRC 为高
	CRCO	2	0	R/W	CRC 校验值： 0：1 字节 1：2 字节
	PWR_UP	1	0	R/W	0：掉电 1：上电
	PRIM_RX	0	0	R/W	0：发射模式 1：接收模式
01	EN_AA Enhanced ShockBurst™	—	—	—	使能 "自动应答" 功能
	Reserved	7~6	00	R/W	默认为 00
	ENAA_P5	5	1	R/W	数据通道 5 自动应答使能位
	ENAA_P4	4	1	R/W	数据通道 4 自动应答使能位
	ENAA_P3	3	1	R/W	数据通道 3 自动应答使能位
	ENAA_P2	2	1	R/W	数据通道 2 自动应答使能位
	ENAA_P1	1	1	R/W	数据通道 1 自动应答使能位

地址 （十六进制）	寄存器	位	复位值	类型	说明
	ENAA_P0	0	1	R/W	数据通道 0 自动应答使能位
02	EN_RXADDR	—	—	—	接收地址允许
	Reserved	7~6	00	R/W	默认为 00
	ERX_P5	5	0	R/W	数据通道 5 接收数据使能位
	ERX_P4	4	0	R/W	数据通道 4 接收数据使能位
	ERX_P3	3	0	R/W	数据通道 3 接收数据使能位
	ERX_P2	2	0	R/W	数据通道 2 接收数据使能位
	ERX_P1	1	1	R/W	数据通道 1 接收数据使能位
	ERX_P0	0	1	R/W	数据通道 0 接收数据使能位
03	SETUP_AW	—	—	—	设置地址宽度（所有数据通道）
	Reserved	7~2	000000	R/W	默认为 00000
	AW	1~0	11	R/W	接收/发射地址宽度： 00：无效 01：3 字节 10：4 字节 11：5 字节
04	SETUP_RETR	—	—	—	自动重发
	ARD	7~4	0000	R/W	自动重发延时时间： 0000：250 μs 0001：500 μs …… 1111：4 000 μs
	ARC	3~0	0011	R/W	自动重发计数： 0000：禁止自动重发 0001：自动重发 1 次 …… 1111：自动重发 15 次
05	RF_CH	—	—	—	射频通道
	Reserved	7	0	R/W	默认为 0
	RF_CH	6~0	0000010	R/W	设置工作通道频率

续表

地址 （十六进制）	寄存器	位	复位值	类型	说明
06	RF_SETUP	—	—	—	射频寄存器
	默认为 000　Reserved	7 ~ 5	000	R/W	
	PLL_LOCK	4	0	R/W	锁相环使能，测试下使用
	RF_DR	3	1	R/W	数据传输率： 0：1 Mb/s 1：2 Mb/s
	RF_PWR	2 ~ 1	11	R/W	发射功率： 00：-18 dBm 01：-12 dBm 10：-6 dBm 11：0
	LNA_HCURR	0	1	R/W	低噪声放大器增益
07	STATUS	—	—		状态寄存器
	Reserved	7	0	R/W	默认值为 0
	RX_DR	6	0	R/W	接收数据中断位。当收到有效数据包后置 1 写 "1" 清除中断
	TX_DS	5	0	R/W	发送数据中断位。如果工作在自动应答模式下，只有当接收到应答信号后置 1 写 "1" 清除中断
	MAX_RT	4	0	R/W	重发次数溢出中断 写 "1" 清除中断 如果 MAX_RT 中断产生，则必须清除后才能继续通信
	RX_P_NO	3 ~ 1	111	R	接收数据通道号： 000 - 101：数据通道号 110：未使用 111：RX FIFO 寄存器为空
	TX_FULL	0	0	R	TX FIFO 寄存器满标志位
08	OBSERVE_TX	—	—	—	发送检测寄存器

地址 （十六进制）	寄存器	位	复位值	类型	说明
08	PLOS_CNT	7 ~ 4	0	R	数据包丢失计数器。当写 RF_CH 寄存器时，此寄存器复位。当丢失 15 个数据包后，此寄存器重启
	ARC_CNT	3 ~ 0	0	R	重发计数器。当发送新数据包时，此寄存器复位
09	CD	—	—	—	载波检测
	Reserved	7 ~ 1	000000	R	—
	CD	0	0	R	—
0A	RX_ADDR_P0	39 ~ 0	E7E7E7E7E7	R/W	数据通道 0 接收地址。最大长度为 5 个字节
0B	RX_ADDR_P1	39 ~ 0	C2C2C2C2C2	R/W	数据通道 1 接收地址。最大长度为 5 个字节
0C	RX_ADDR_P2	7 ~ 0	C3	R/W	数据通道 2 接收地址。最低字节可设置，高字节必须与 RX_ADDR_P1 [39：8] 相等
0D	RX_ADDR_P3	7 : 0	C4	R/W	数据通道 3 接收地址。最低字节可设置，高字节必须与 RX_ADDR_P1 [39：8] 相等
0E	RX_ADDR_P4	7 ~ 0	C5	R/W	数据通道 4 接收地址。最低字节可设置，高字节必须与 RX_ADDR_P1 [39：8] 相等
0F	RX_ADDR_P5	7 ~ 0	C6	R/W	数据通道 5 接收地址。最低字节可设置，高字节必须与 RX_ADDR_P1 [39：8] 相等
10	TX_ADDR	39 ~ 0	E7E7E7E7E7	R/W	发送地址。在 ShockBurst^{TM} 模式，设置 RX_ADDR_P0 与此地址相等来接收应答信号
11	RX_PW_P0	—	—	—	
	Reserved	7 ~ 6	00	R/W	默认为 00

地址（十六进制）	寄存器	位	复位值	类型	说明
11	RX_PW_P0	5～0	0	R/W	数据通道 0 接收数据有效宽度： 0：无效 1：1 个字节 …… 32：32 个字节
12	RX_PW_P1	—	—	—	—
	Reserved	7～6	00	R/W	默认为 00
	RX_PW_P1	5～0	0	R/W	数据通道 1 接收数据有效宽度： 0：无效 1：1 个字节 …… 32：32 个字节
13	RX_PW_P2	—	—	—	—
	Reserved	7～6	00	R/W	默认为 00
	RX_PW_P2	5～0	0	R/W	数据通道 2 接收数据有效宽度： 0：无效 1：1 个字节 …… 32：32 个字节
14	RX_PW_P3	—	—	—	—
	Reserved	7～6	00	R/W	默认为 00
	RX_PW_P3	5～0	0	R/W	数据通道 3 接收数据有效宽度： 0：无效 1：1 个字节 …… 32：32 个字节
15	RX_PW_P4	—	—	—	—
	Reserved	7～6	00	R/W	默认为 00
	RX_PW_P4	5～0	0	R/W	数据通道 4 接收数据有效宽度： 0：无效 1：1 个字节 …… 32：32 个字节

地址 （十六进制）	寄存器	位	复位值	类型	说明
16	RX_PW_P5	—	—	—	
	Reserved	7~6	00	R/W	默认为 00
	RX_PW_P5	5~0	0	R/W	数据通道 5 接收数据有效宽度： 0：无效 1：1 个字节 …… 32：32 个字节
17	FIFO_STATUS	—	—	—	FIFO 状态寄存器
	Reserved	7	0	R/W	默认为 0
	TX_REUSE	6	0	R	若 TX_REUSE = 1，则当 CE 置高时，不断发送上一数据包。TX_REUSE 通过 SPI 指令 REUSE_TX_PL 设置；通过 W_TX_PALOAD 或 FLUSH_TX 复位
	TX_FULL	5	0	R	TX_FIFO 寄存器满标志： 1：寄存器满 0：寄存器未满，有可用空间
	TX_EMPTY	4	1	R	TX_FIFO 寄存器空标志： 1：寄存器空 0：寄存器非空
	Reserved	3~2	00	R/W	默认为 00
	RX_FULL	1	0	R	RX FIFO 寄存器满标志： 1：寄存器满 0：寄存器未满，有可用空间
	RX_EMPTY	0	1	R	RX FIFO 寄存器空标志： 1：寄存器空 0：寄存器非空
N/A	TX_PLD	255~0	X	W	—
N/A	RX_PLD	255~0	X	R	—

4. 芯片工作原理

nRF24L01 无线收发器芯片内部结构包括频率发生器、增强型 SchockBurst™ 模式控制器、功率放大器、晶体振荡器、调制器和解调器。其内部结构如图 4.16 所示。输出功率、频道选择和协议可以通过 SPI 接口进行设置。

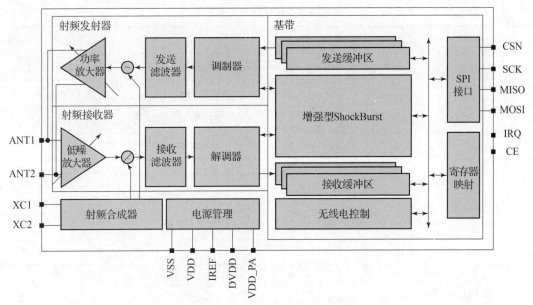

图 4.16　nRF24L01 芯片内部结构

发射数据时，首先将 nRF24L01 配置为发射模式，接着把地址寄存器 TX_ADDR 和数据寄存器 TX_PLD 按照时序由 SPI 口写入 nRF24L01 缓存区，TX_PLD 必须在 CSN 为低电平时连续写入，而 TX_ADDR 在发射时写入一次即可，然后 CE 置为高电平并保持至少 10 μs，延迟 130 μs 后发射数据；若自动应答开启，那么 nRF24L01 在发射数据后立即进入接收模式，接收应答信号。如果收到应答，则认为此次通信成功，TX_DS 发送数据中断位置高，同时TX_PLD 从发送堆栈中清除；若未收到应答，则自动重新发射该数据（自动重发已开启），若重发次数（ARC_CNT）达到上限，MAX_RT 重发次数溢出中断位置高，TX_PLD 不会被清除；MAX_RT 或 TX_DS 置高时，使 IRQ 中断变低，以便通知 MCU。最后发射成功时，若 CE 为低，则 nRF24L01 进入待机模式 1；若发送堆栈中有数据且 CE 为高，则进入下一次发射；若发送堆栈中无数据且 CE 为高，则进入待机模式 2。

接收数据时，首先将 nRF24L01 配置为接收模式，接着延迟 130 μs 进入接收状态等待数据的到来。当接收方检测到有效的地址和 CRC 时，就将数据包存储在接收堆栈中，同时接收数据中断标志位 RX_DR 置高，IRQ 变低，以便通知 MCU 去取数据。若此时自动应答开启，接收方则同时进入发射状态回传应答信号。最后接收成功时，若 CE 变低，则 nRF24L01 进入空闲模式 1。

4.5.2　nRF24L01 无线通信模块简介

1. 模块结构

为方便用户使用，对 nRF24L01 无线通信芯片进行最小系统配置，包括晶振、电阻、电容的配备，组成 nRF24L01 无线通信模块，外形结构如图 4.17 所示。下面以该模块为主介绍其具体使用方法。

图 4.17　nRF24L01无线通信模块

2. 模块的引脚说明

模块的引脚说明如表4.7所示。

表 4.7　模块的引脚说明

引脚	符号	功能	方向
1	GND	电源地	—
2	IRQ	中断输出	O
3	MISO	SPI 输出	O
4	MOSI	SPI 输入	I
5	SCK	SPI 时钟	I
6	CSN	芯片片选信号	I
7	CE	工作模式选择	I
8	3.3 V	电源	—

3. 模块的电气特性

模块的电气特性如表4.8所示。

表 4.8　模块的电气特性

参数	数值	单位
供电电压	3.3	V
最大发射功率	0	dBm
最大数据传输率	2	Mb/s
电流消耗（发射模式，0 dBm）	11.3	mA
电流消耗（接收模式，2 Mb/s）	12.3	mA
电流消耗（掉电模式）	900	nA
温度范围	−40～85	℃

4. 工作模式控制

工作模式由 CE 和 PWR_UP、PRIM_RX 寄存器共同控制，如表4.9所示。

表 4.9　工作模式控制

模式	PWR_UP	PRIM_RX	CE	FIFO 寄存器状态
接收模式	1	1	1	—
发射模式	1	0	1	数据存储在 FIFO 寄存器中，发射所有数据

模式	PWR_UP	PRIM_RX	CE	FIFO 寄存器状态
发射模式	1	0	1→0	数据存储在 FIFO 寄存器中，发射一个数据
待机模式Ⅱ	1	0	1	TX FIFO 为空
待机模式Ⅰ	1	—	0	无正在传输的数据
掉电模式	0	—	—	—

注：①进入此模式后，只要 CSN 置高，在 FIFO 中的数据就会立即发射出去，直到所有数据发射完毕，之后进入待机模式Ⅱ。

②正常的发射模式，CE 端的高电平应至少保持 10 μs。nRF24L01 将发射一个数据包，之后进入待机模式Ⅰ。

5. RF 通道频率

RF 通道频率是指 nRF24L01 所使用的中心频率，该频率为 2.400 ~ 2.525 GHz，以 1 MHz 区分一个频点，故有 125 个频点可使用。

由工作通道频率寄存器 RF_CH 的值确定，公式为：$F_0 = 2\ 400 + RF\_CH$（MHz）。

4.5.3 nRF24L01 模块应用举例

1. 硬件电路设计

nRF24L01 芯片的接口信号线包括 CE、CSN、SCK、MOSI、MISO、IRQ，通过这 6 根信号线实现与单片机的连接通信，图 4.18 所示为 nRF24L01 模块与 AT89S51 单片机的接口电路示意图。

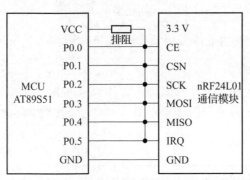

图 4.18 nRF24L01 模块与 AT89S51 单片机的接口电路示意图

注意图 4.18 为示意连接，可根据实际需求进行更改。使用 AT89S51 进行模块控制时，需要将 nRF24L01 通信模块每个端口（MOSI、MISO、SCK、CSN、CE、IRQ）接 4.7 kΩ 的排阻上拉到 VCC，以增强其驱动能力。若使用 3.3 V 电压供电，请串联 2.2 kΩ 电阻。

接口各信号线的功能如下。

CE：nRF24L01 的模式选择线，在 CSN 为低电平时，CE 和 CONFIG 寄存器一起选择 nRF24L01 的模式。

CSN：nRF24L01 的片选信号线，CSN 为低电平时，nRF24L01 进入工作状态。

SCK：SPI 时钟，nRF24L01 使用 SPI 方式与单片机通信。

MOSI：主设备输出从设备输入数据线。

MISO：主设备输入从设备输出数据线。

IRQ：中断信号，nRF24L01 的某些状态发生变化时，通过此信号通知单片机。

单片机通过上述 6 根信号线与 nRF24L01 连接，以控制 nRF24L01 进行无线发送和接收。发送模块作为主设备，接收模块作为从设备。本例以 AT89S51 单片机为例，介绍基于 nRF24L01 的单片机无线通信过程，其具体的硬件电路图如图 4.19 所示。

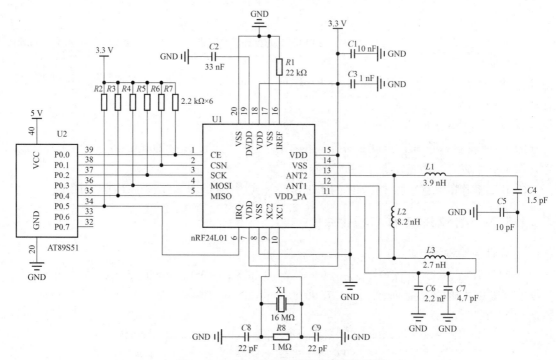

图 4.19 nRF24L01 与单片机连接电路图

2. SPI 时序与寄存器配置

nRF24L01 与单片机采用 SPI 方式通信，首先需要了解 SPI 通信的时序图。如图 4.20、图 4.21 所示为 SPI 通信时的读写时序图。其中，Cn 代表 SPI 指令位，Sn 代表状态寄存器位，Dn 代表数据位。

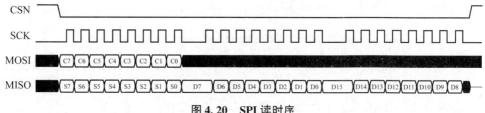

图 4.20 SPI 读时序

要实现 nRF24L01 的通信，首先要使 CSN 信号线由高电平跳变为低电平状态，然后在 SCK 时钟信号的上升沿到来时在 MOSI 信号线上传输 1 位 SPI 指令，在 MISO 信号线上传输 1 位状态寄存器的值，经过 SCK 信号线 8 个时钟信号后完成 SPI 指令与状态寄存器值的传输。

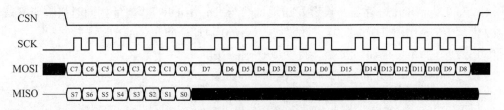

图 4.21　SPI 写时序

之后在 SPI 读信号时 MOSI 将不再发送有效数据，MISO 开始传输有效数据，数据的低位在前，高位在后；同样在 SPI 写信号时，MOSI 发送有效数据，低位在前，高位在后，MISO 不发送有效数据。

通过 SPI 接口，可激活在数据寄存器 FIFO 中的数据；或者通过 SPI 命令（1 个字节长度）访问寄存器。

在待机或掉电模式下，单片机通过 SPI 接口配置模块；在发送或接收模式下，单片机通过 SPI 接口接收或发送数据。

所有的 SPI 指令均在当 CSN 由高到低开始跳变时执行；在 MOSI 写命令的同时，MISO 实时返回 nRF24L01 的状态值；SPI 指令由命令字节（见表 4.10）和数据字节两部分组成。

表 4.10　SPI 命令字节表

指令名称	指令格式 （二进制）	字节数	操作说明
READ_REG	000A AAAA	1～5	读寄存器。AAAAA 表示寄存器地址
WRITE_REG	001A AAAA	1～5	写寄存器。AAAAA 表示寄存器地址，只能在掉电或待机模式下操作
RD_RX_PLOAD	0110 0001	1～32	在接收模式下读 1～32 字节 RX 有效数据。从字节 0 开始，数据读完后，FIFO 寄存器清空
WR_TX_PLOAD	1010 0000	1～32	在发射模式下写 1～31 字节 TX 有效数据。从字节 0 开始
FLUSH_TX	1110 0001	0	在发射模式下，清空 TX FIFO 寄存器
FLUSH_RX	1110 0010	0	在接收模式下，清空 RX FIFO 寄存器。在传输应答信号时不应执行此操作，否则不能传输完整的应答信号
REUSE_TX_PL	1110 0011	0	应用于发射端。重新使用上一次发射的有效数据，当 CE = 1 时，数据将不断重新发射。在发射数据包过程中，应禁止数据包重用功能
NOP	1111 1111	0	空操作。可用于读状态寄存器

TX（发送）模式下的寄存器初始化过程：

（1）写 TX_ADDR 寄存器，设置发送地址，与 RX_ADDR_P0 地址相同时接收应答信号。

（2）写 RX_ADDR_P0 寄存器，设置接收通道 0 地址，与 TX_ADDR 比较。

（3）写 EN_AA 寄存器，使能"自动应答"功能。

（4）写 EN_RXADDR 寄存器，使能接收地址允许。

（5）写 SETUP_RETR 寄存器，设置自动重发，并设置重发次数。

（6）写 RF_CH 寄存器，选择射频通道与射频频率。

（7）写 RF_SETUP 寄存器，设置发送参数，包括无线传输速率、发射功率、低噪声放大器增益。

（8）写 RX_PW_P0，选择数据通道 0 接收数据的有效宽度。

（9）写 CONFIG 寄存器，设置基本参数，切换到发送模式。

RX（接收）模式的寄存器初始化过程：

（1）写 RX_ADDR_P0 寄存器，设置接收通道 0 地址。

（2）写 EN_AA 寄存器，使能"自动应答"功能。

（3）写 EN_RXADDR 寄存器，使能接收地址允许。

（4）写 RF_CH 寄存器，选择射频通道与射频频率。

（5）写 RX_PW_P0，选择数据通道 0 接收数据的有效宽度。

（6）写 CONFIG 寄存器，设置基本参数并切换到接收模式。

3. 示例程序

发送模块为主设备，接收模块为从设备。主设备通过 SPI 方式向从设备发送"abcdefg"数据，从设备接收之后发送至串口，可在 PC 端串口调试助手中显示接收到的"abcdefg"。

发送模块程序：

```
SPI 命令和寄存器配置头文件 API.h
#ifndef_BYTE_DEF_
#define_BYTE_DEF_
typedef unsigned char BYTE;
#endif


//SPI 命令
#define READ_REG        0x00    //读第 0 个寄存器
#define WRITE_REG       0x20    //写第 0 个寄存器
#define WR_TX_PLOAD     0xA0    //在发送模式下使用,写有效数据
#define FLUSH_TX        0xE1    //在发送模式下使用,清 TX FIFO 寄存器
#define REUSE_TX_PL     0xE3    //发送方使用,重复发送最后的数据
#define NOP             0xFF    //空操作,用于读状态寄存器 STATUS 的值


//nRF24L01 寄存器地址
#define CONFIG          0x00    //配置寄存器
#define EN_AA           0x01    //自动应答设置寄存器
```

```
#define EN_RXADDR          0x02    //接收地址设置寄存器
#define SETUP_AW           0x03    //地址宽度设置寄存器
#define SETUP_RETR         0x04    //自动重复发送设置寄存器
#define RF_CH              0x05    //RF 通道寄存器
#define RF_SETUP           0x06    //RF 设置寄存器
#define STATUS             0x07    //状态寄存器
#define OBSERVE_TX         0x08    //发送观测寄存器
#define CD                 0x09    //载波检测寄存器
#define RX_ADDR_P0         0x0A    //接收地址数据通道 0
#define RX_ADDR_P1         0x0B
#define RX_ADDR_P2         0x0C
#define RX_ADDR_P3         0x0D
#define RX_ADDR_P4         0x0E
#define RX_ADDR_P5         0x0F
#define TX_ADDR            0x10    //发送地址,发送方使用
#define RX_PW_P0           0x11    //通道 0 接收的有效数据字节长度(1~32 字节)
#define RX_PW_P1           0x12
#define RX_PW_P2           0x13
#define RX_PW_P3           0x14
#define RX_PW_P4           0x15
#define RX_PW_P5           0x16
#define FIFO_STATUS        0x17    //FIFO 状态寄存器
SPI 操作头文件(与单片机的接口设置在此头文件中)
#define   uchar unsigned char
#define   TX_ADR_WIDTH     5      //地址长度为 5 个字节
#define   TX_PLOAD_WIDTH   20     //数据长度为 20 个字节
uchar const TX_ADDRESS[TX_ADR_WIDTH] = {0xE7,0xE7,0xE7,0xE7,0xE7};
char   tx_buf[TX_PLOAD_WIDTH];//接收缓冲区
uchar        flag;                 //标志位

#define   CE     P0_0             //芯片使能
#define   CSN    P0_1             //片选信号
#define   SCK    P0_2             //串行时钟信号
#define   MOSI   P0_3             //主发从收
#define   MISO   P0_4             //主收从发
#define   IRQ    P0_5             //中断查询
```

```
uchar      bdata sta;
sbit       TX_DS = sta^5;
sbit       MAX_RT = sta^4;

uchar SPI_RW(uchar byte)
//写一个字节到 nRF24L01,并返回此时 nRF24L01 的状态及数据
{
    uchar bit_ctr;
    for(bit_ctr = 0;bit_ctr < 8;bit_ctr ++ )    //先写字节的高位,再写低位
    {
        MOSI = (byte & 0x80);                    //MOSI 取 byte 最高位
        byte = (byte << 1);                      //byte 左移一位
        SCK = 1;                                 //SCK 从高到低时开始写入
        byte |= MISO;
//获取 MISO 位,在 MOSI 写命令的同时,MISO 返回 nRF24L01 的状态及数据
        SCK = 0;
    }
    return(byte);
}
uchar SPI_RW_Reg(BYTE reg,BYTE value) //将字节 value 写入寄存器 reg
{
    uchar status;
    CSN = 0;                         //CSN 为 0 时才能进行 SPI 读写
    status = SPI_RW(reg);            //选择寄存器 reg
    SPI_RW(value);                   //写字节 value 到该寄存器
    CSN = 1;//终止 SPI 读写
    return(status);
}
BYTE SPI_Read(BYTE reg)              //读寄存器 reg 状态字
{
    BYTE reg_val;
    CSN = 0;                         //CSN 为 0 时才能进行 SPI 读写
    SPI_RW(reg);                     //选择寄存器 reg
    reg_val = SPI_RW(0);             //写 0,仅仅为了读寄存器状态
    CSN = 1;                         //终止 SPI 读写
    return(reg_val);
}
```

```
    uchar SPI_Write_Buf(BYTE reg,BYTE *pBuf,BYTE bytes)//将数据写入寄存
器,如 TX 数据,RX/TX 地址等
    {
        uchar status,byte_ctr;
        CSN = 0;                            //CSN 为 0 时才能进行 SPI 读写
        status = SPI_RW(reg);               //选择寄存器 reg 并返回其状态字
        for(byte_ctr = 0;byte_ctr < bytes;byte_ctr ++ )
            SPI_RW( *pBuf ++ );             //写数据到寄存器
        CSN = 1;                            //终止 SPI 读写
        return(status);                     //返回状态值
    }
    //发送模式初始化:设置发送地址,设置发送的数据,设置接收方地址、RF 通道、速率等
    void TX_Mode(void)
    {
        SPI_RW_Reg(WRITE_REG + RX_PW_P0,TX_PLOAD_WIDTH);
        SPI_RW_Reg(WRITE_REG + CONFIG,0x0e);
        SPI_Write_Buf(WRITE_REG + TX_ADDR,TX_ADDRESS,TX_ADR_WIDTH);
        SPI_Write_Buf(WRITE_REG + RX_ADDR_P0,TX_ADDRESS,TX_ADR_
WIDTH);
        SPI_Write_Buf(WR_TX_PLOAD,tx_buf,TX_PLOAD_WIDTH);
        SPI_RW_Reg(WRITE_REG + EN_AA,0x01);
        SPI_RW_Reg(WRITE_REG + EN_RXADDR,0x01);
        SPI_RW_Reg(WRITE_REG + SETUP_RETR,0x1a);
        SPI_RW_Reg(WRITE_REG + RF_CH,40);
        SPI_RW_Reg(WRITE_REG + RF_SETUP,0x0f);
        //速率为 2 Mb/s,发送功率为 0,低噪声放大器增益为 1
    }
    void init_io(void)
    {
        CE = 0;                      //待机
        CSN = 1;                     //SPI 禁止读写
        SCK = 0;
    }
    void Inituart(void)     //设置串口工作模式
    {
        TMOD |= 0x20;                //定时器 1 工作在方式 2,8 位自动重装模式
        TL1 = 0xfd;                  //波特率为 9 600
```

```
        TH1 = 0xfd;
        SCON = 0x50;                    //模式1,8 位数据
        TR1 = 1;                        //启动定时器1
        TI = 1;
}
void init_int0(void)                    //外部中断设置
{
        EA = 1;                         //允许全局中断
        ES = 1;                         //开串行口中断
        EX0 = 1;                        //允许外部中断0
}
void delay_ms(unsigned int x)           //毫秒级延时
{
        unsigned int i,j;
        i = 0;
        for(i = 0;i < x;i ++)
            {
                j = 108;
                while(j -- );
            }
}
发送模块主函数(向接收模块发射数据"abcdefg",中断方式)
void main(void)
{
        int i;
        init_io();                  //I/O 端口设置
        Inituart();                 //串口设置
        init_int0();                //外部中断0 设置
        for(i = 0;i < 7;i ++)           //待发数据 tx_buf,发送数据为"abcdefg"
                tx_buf[i] = 'a' + i;
                CE = 0;                 //Standby -1 模式
                TX_Mode();              //发送设置
                CE = 1;                 //启动发送模式
                delay_ms(20);
                CE = 0;                 //Standby -1 模式
                delay_ms(1 000);
```

```
    while(1)
    {
        sta = SPI_Read(STATUS);                //读状态寄存器 STATUS
    if(TX_DS)                                  //发送数据中断,接收到应答信号
后中断
    {
                                               //写有效数据,通过 SPI 方式发
送给从设备
        SPI_Write_Buf(WR_TX_PLOAD,tx_buf,TX_PLOAD_WIDTH);
        flag = 1;                              //标志位置高
    }
    //如果 TX_DS = 1,则发送数据,之后清除标志位;
    //如果 TX_DS 或 MAX_RT 为 1,则仅清除中断标志位
    if(MAX_RT)                                 //重发中断达到最大数
        SPI_RW_Reg(FLUSH_TX,0);                //清除 TX FIFO 寄存器
    SPI_RW_Reg(WRITE_REG + STATUS,sta);//清除 TX_DS 和 MAX_RT 中断标
志位
    }
}
```

//接收模块接收发送模块发送来的"abcdefg",并通过串口调试助手显示
接收模块程序:
SPI 命令和寄存器配置头文件 API.h

```
#ifndef_BYTE_DEF_
#define_BYTE_DEF_
typedef unsigned char BYTE;
#endif

//SPI 命令
#define READ_REG        0x00   //读第 0 个寄存器
#define WRITE_REG       0x20   //写第 0 个寄存器
#define RD_RX_PLOAD     0x61   //在接收模式下使用,读有效数据
#define FLUSH_RX        0xE2   //在接收模式下使用,清 RX FIFO 寄存器
#define NOP             0xFF   //空操作,用于读状态寄存器 STATUS 的值

//nRF24L01 寄存器地址
#define CONFIG          0x00   //配置寄存器
```

```
#define EN_AA          0x01    //自动应答设置寄存器
#define EN_RXADDR      0x02    //接收地址设置寄存器
#define SETUP_AW       0x03    //地址宽度设置寄存器
#define SETUP_RETR     0x04    //自动重复发送设置寄存器
#define RF_CH          0x05    //RF 通道寄存器
#define RF_SETUP       0x06    //RF 设置寄存器
#define STATUS         0x07    //状态寄存器
#define OBSERVE_TX     0x08    //发送观测寄存器
#define CD             0x09    //载波检测寄存器
#define RX_ADDR_P0     0x0A    //接收地址数据通道0
#define RX_ADDR_P1     0x0B
#define RX_ADDR_P2     0x0C
#define RX_ADDR_P3     0x0D
#define RX_ADDR_P4     0x0E
#define RX_ADDR_P5     0x0F
#define TX_ADDR        0x10    //发送地址,发送方使用
#define RX_PW_P0       0x11    //通道0接收的有效数据字节长度(1~32 字节)
#define RX_PW_P1       0x12
#define RX_PW_P2       0x13
#define RX_PW_P3       0x14
#define RX_PW_P4       0x15
#define RX_PW_P5       0x16
#define FIFO_STATUS    0x17    //FIFO 状态寄存器
SPI 操作头文件(与单片机的接口设置在此头文件中)
#define  uchar unsigned char
#define  RX_ADR_WIDTH    5     //地址长度为5 个字节
#define  RX_PLOAD_WIDTH  20    //数据长度为20 个字节
uchar const RX_ADDRESS[RX_ADR_WIDTH] = {0xE7,0xE7,0xE7,0xE7,0xE7};
char  rx_buf[RX_PLOAD_WIDTH];//接收缓冲区
int test[12];
#define  CE    P0_0           //芯片使能
#define  CSN   P0_1           //片选信号
#define  SCK   P0_2           //串行时钟信号
#define  MOSI  P0_3           //主发从收
#define  MISO  P0_4           //主收从发
#define  IRQ   P0_5           //中断查询
```

```
uchar   bdata sta;
sbit    RX_DR     = sta^6;                        //接收数据中断
sbit    MAX_RT    = sta^4;                        //重发次数溢出中断


uchar SPI_RW(uchar byte) //写一个字节到 nRF24L01,返回 nRF24L01 当前状态
及数据
{
    uchar bit_ctr;
    for(bit_ctr = 0;bit_ctr < 8;bit_ctr ++ ) //先写字节的高位,再写低位
    {
        MOSI = (byte & 0x80);                    //MOSI 取 byte 最高位
        byte = (byte << 1);                      //byte 左移一位
        SCK = 1;                                 //SCK 从高到低时开始写入
        byte |= MISO;
//获取 MISO 位,在 MOSI 写命令的同时,MISO 返回 nRF24L01 的状态及数据
        SCK = 0;
    }
    return(byte);
}
uchar SPI_RW_Reg(BYTE reg,BYTE value)         //将字节 value 写入寄存器 reg
{
    uchar status;
    CSN = 0;                                      //CSN 为 0 时才能进行 SPI 读写
    status = SPI_RW(reg);                         //选择寄存器 reg
    SPI_RW(value);                                //写字节 value 到该寄存器
    CSN = 1;                                       //终止 SPI 读写
    return(status);
}
BYTE SPI_Read(BYTE reg)                       //读寄存器 reg 状态字
{
    BYTE reg_val;
    CSN = 0;                                       //CSN 为 0 时才能进行 SPI 读写
    SPI_RW(reg);                                   //选择寄存器 reg
    reg_val = SPI_RW(0);                           //写 0,什么操作也不进行,仅仅为了
读寄存器状态
    CSN = 1;                                        //终止 SPI 读写
    return(reg_val);
```

```
    }
    uchar SPI_Read_Buf(BYTE reg,BYTE *pBuf,BYTE bytes)
    //从寄存器 reg 读出数据,典型应用是读 RX 数据或 RX/TXF 地址
    {
        uchar status,byte_ctr;
        CSN=0;                          //CSN 为 0 时才能进行 SPI 读写
        status=SPI_RW(reg);             //选择寄存器 reg 并返回其状态字
        for(byte_ctr=0;byte_ctr<bytes;byte_ctr++)
            pBuf[byte_ctr]=SPI_RW(0)    //从寄存器读数据
        CSN=1;                          //终止 SPI 读写
        return(status);                 //返回状态值
    }
    uchar SPI_Write_Buf(BYTE reg,BYTE *pBuf,BYTE bytes)//将数据写入寄存
器,如 TX 数据,RX/TX 地址等
    {
        uchar status,byte_ctr;
        CSN=0;                          //CSN 为 0 时才能进行 SPI 读写
        status=SPI_RW(reg);             //选择寄存器 reg 并返回其状态字
        for(byte_ctr=0;byte_ctr<bytes;byte_ctr++)
            SPI_RW(*pBuf++);            //写数据到寄存器
        CSN=1;                          //终止 SPI 读写
        return(status);                 //返回状态值
    }
    //接收模式初始化:设置 RX 地址、RX 数据宽度、RF 通道、速率、低噪声放大器增益
    //设置完之后,将 CE 置高,准备好接收数据
    void RX_Mode(void)
    {
        SPI_RW_Reg(WRITE_REG+RX_PW_P0,RX_PLOAD_WIDTH);
        SPI_Write_Buf(WRITE_REG+TX_ADDR,RX_ADDRESS,RX_ADR_WIDTH);
        //写 TX_Address 到 nRF24L01
        SPI_RW_Reg(WRITE_REG+SETUP_RETR,0x1a);
        //自动重发延时:500 μs+86 μs;重发次数:10 次
        SPI_Write_Buf(WRITE_REG+RX_ADDR_P0,RX_ADDRESS,RX_ADR_
WIDTH);
        //将地址 RX_ADDRESS 写入寄存器 0 的数据通道 0
        SPI_RW_Reg(WRITE_REG+EN_AA,0x01);
        //ENAA_P0=1,数据通道 0 自动应答
```

```
    SPI_RW_Reg(WRITE_REG + EN_RXADDR,0x01);      //ERX_P0 =1,使能
    SPI_RW_Reg(WRITE_REG + RF_CH,40);             //40 个通信频段
    SPI_RW_Reg(WRITE_REG + RX_PW_P0,RX_PLOAD_WIDTH);
    //数据通道 0 的 RX 数据长度为 RX_PLOAD_WIDTH,要与发送的一致
    SPI_RW_Reg(WRITE_REG + RF_SETUP,0x0F);
    SPI_RW_Reg(WRITE_REG + CONFIG,0x0f);
    //PRIM_RX =1,接收方;PWR_UP =1;CRC 检验字为 2 字节;
}
void show_status(void)                            //显示状态寄存器的值
{
    test[0] = SPI_Read(EN_AA);                    //0x01
    test[1] = SPI_Read(EN_RXADDR);                //0x01
    test[2] = SPI_Read(SETUP_AW);                 //0x03,5 个字节
    test[3] = SPI_Read(SETUP_RETR);               //0x1a
    test[4] = SPI_Read(RF_CH);                    //0x28
    test[5] = SPI_Read(RF_SETUP);                 //0x0f
    test[6] = SPI_Read(RX_ADDR_P2);
    test[7] = SPI_Read(RX_ADDR_P3);
    test[8] = SPI_Read(RX_ADDR_P4);
    test[9] = SPI_Read(RX_ADDR_P5);
    test[10] = SPI_Read(RX_PW_P0);                //0x14
    test[11] = SPI_Read(STATUS);
}
void init_io(void)
{
    CE = 0;                                       //待机
    CSN = 1;                                       //SPI 禁止读写
    SCK = 0;
}
void Inituart(void) //设置串口工作模式
{
    TMOD |= 0x20;                                 //定时器 1 工作在方式 2,8 位
自动重装模式
    TL1 = 0xfd;                                   //波特率为 9 600
    TH1 = 0xfd;
    SCON = 0x50;                                  //模式 1,8 位数据
    TR1 = 1;                                      //启动定时器 1
    TI = 1;
```

```
}
void init_int0(void) //外部中断设置
{
    EA = 1;                              //允许全局中断
    ES = 1;                              //开串行口中断
    EX0 = 1;                             //允许外部中断 0
}
void delay_ms(unsigned int x)        //毫秒级延时
{
    unsigned int i,j;
    i = 0;
    for(i = 0;i < x;i ++)
    {
        j = 108;
        while(j --);
    }
}
```

接收模块主函数(接收并在串口输出,同时输出状态寄存器的值,使用查询方式)

```
void main(void)
{
    int i;
    init_io();                           //I/O 端口设置
    Inituart();                          //串口设置
    init_int0();                         //外部中断 0 设置
    CE = 0;                              //Standby -1 模式
    RX_Mode();                           //设置接收模式
    CE = 1;                              //准备接收数据
    while(1)
    {
        sta = SPI_Read(STATUS);
        if(RX_DR)                        //接收到数据
        {
            SPI_Read_Buf(RD_RX_PLOAD,rx_buf,RX_PLOAD_WIDTH);
            //读取接收的数据,放在 rx_buf 数组中
            for(i = 0;i < 7;i ++)
                printf("% c ",rx_buf[i]);   //通过串口发送接收到
的数据
```

```
            printf("\n");
            show_status();                    //输出状态寄存器的值,可不
用此操作

            for(i =0;i <12;i ++)
                    printf("% x  ",test[i]);
            printf("\n");
            delay_ms(10);
        }
        //如果 RX_DR =1,则接收数据,之后清除标志位;
        //如果 RX_DR 或 MAX_RT 为 1,则仅清除中断标志位
        if(MAX_RT)                            //重发中断达到最大数
            SPI_RW_Reg(FLUSH_RX,0);           //清除 RX FIFO 寄存器
        SPI_RW_Reg(READ_REG +STATUS,sta);
        //清除 RX_DR 和 MAX_RT 中断标志位

    }
}
```

习 题 4

1. 试述通信方式有哪些, 医学仪器中常用的通信方式有哪些。

2. 实现无线通信的方式有哪些? 各有什么优缺点? 适用于哪些医学仪器?

3. 什么是同步通信和异步通信? 它们各有何优缺点?

4. RS –232C 的逻辑 1 和逻辑 0 的电平范围是多少? 如何实现与 TTL 电平的转换?

5. 何谓单工、半双工、全双工的通信方式? 举例说明它们适用的场合。

6. 什么是比特率? 什么是波特率? 举例说明它们的区别和联系。

7. 什么是奇校验? 什么是偶校验? 对于 1010110 这个数据分别采用奇校验和偶校验, 则其校验位应该是多少?

8. 试设计一个 USB 通信接口芯片与 MCS51 单片机的接口电路, 并编写出相应的程序。

9. 在移动条件下, 生理信号检测会面临哪些问题? 提出在设计中应采取的措施和方法。

10. 医学生理信号数据格式应对哪些内容做出规定? 当前应用较为广泛的有哪些?

第 5 章

智能仪器的数据处理

智能仪器的主要特性是以微处理器为核心进行工作的，因而智能仪器具有强大的控制和数据处理功能，使测量仪器在实现自动化、改善性能、增强功能以及提高精度和可靠性方面发生了较大的变革。本章侧重讨论一般智能仪器所具有的典型处理功能。

5.1 硬件故障的自检

所谓自检，就是利用事先编制好的检测程序对仪器的主要部件进行自动检测，并对故障进行定位。自检功能给智能仪器的使用和维修带来了很大的方便。

5.1.1 自检方式

智能仪器的自检方式有以下三种类型。

（1）开机自检。开机自检在仪器电源接通或复位之后进行，自检中如果没有发现问题，就自动进入测量程序，在以后的测量中不再进行自检；如果发现问题，则及时报警，以避免仪器带"病"工作。开机自检是对仪器正式投入运行之前所进行的全面检查。

（2）周期性自检。周期性自检是指在仪器运行过程中，间断插入的自检操作，这种自检方式可以保证仪器在使用过程中一直处于正常状态。周期性自检不影响仪器的正常工作，只有当出现故障给予报警时，用户才会察觉。

（3）键控自检。有些仪器在面板上设有"自检"按键，当用户对仪器的可信度产生怀疑时，便通过该按键来启动一次自检过程。

在自检过程中，如果检测仪器出现某种故障，应该以适当的形式发出指示。智能仪器一般借用本身的显示器，以文字或数字的形式显示"出错代码"，出错代码通常以"Error X"字样表示，其中"X"为故障代号，操作人员根据"出错代码"，查阅仪器手册便可确定故障内容。仪器除了给出故障代号外，往往还给出指示灯的闪烁或者音响报警信号，以提醒操作人员注意。

智能仪器的自检项目与仪器的功能、特性等因素有关。一般来说，自检内容包括 ROM、RAM、总线、显示器、键盘以及测量电路等部件的检测。仪器能够进行自检的项目越多，使用和维修就越方便，但相应的硬件和软件也越复杂。

5.1.2　自检算法

1. ROM 或 EPROM 的检测

由于 ROM 中存储着仪器的控制软件，因而对 ROM 的检测是至关重要的。ROM 故障的测量算法常采用"校验和"方法，具体做法是：在将程序机器码写入 ROM 时，保留一个单元（一般是最后一个单元），此单元不写程序机器码而是写"校验字"，"校验字"应能满足 ROM 中所有单元的每一列都具有奇数个 1。自检程序的内容是：对每一列数进行异或运算，如果 ROM 无故障，各列的运算结果应都为"1"，即校验和等于 FFH。这种算法如表5.1 所示。

表 5.1　校验和算法

ROM 地址	ROM 中的内容								
0	1	1	0	1	0	0	1	0	—
1	1	0	0	1	1	0	0	1	—
2	0	0	1	1	1	1	0	0	—
3	1	1	1	1	0	0	1	1	—
4	1	0	0	0	0	0	0	1	—
5	0	0	0	1	1	1	1	0	—
6	1	0	1	0	1	0	1	0	—
7	0	1	0	0	1	1	1	0	校验字
	1	1	1	1	1	1	1	1	校验和

实现校验和的程序较简单，关键是明确 ROM 的首址和尾址，另外，程序要规定一个寄存器记下错误标志，以备输出诊断报告时调用。

理论上，这种方法不能发现同一位上的偶数个错误，但是这种错误的概率很小，一般情况可以不予考虑。若要考虑，需采用更复杂的校验方法。

2. RAM 的检测

数据存储器 RAM 是否正常的测量算法是通过检验其"读/写功能"的有效性来体现的。通常选用特征字 55H（01010101B）和 AAH（10101010B），分别对 RAM 的每一个单元进行先后读写的操作，其自检流程如图 5.1 所示。

判断读/写内容是否相符的常用方法是"异或法"，即把 RAM 单元的内容求反并与原码进行"异或"运算，如果结果为 FFH，则表明该 RAM 单元读写功能正常，否则说明该单元有故障。最后再恢复原单元内容。上述检验属于破坏性检验，一般用于开机自检。若 RAM 中已存有数据，要求在不破坏 RAM 中原有内容的前提下进行检验相对麻烦一些。

3. 显示与键盘的检测

智能仪器显示器、键盘等 I/O 设备的检测往往采用与操作者合作的方式进行。检测程序的内容为：先进行一系列预定的 I/O 操作，然后操作者对这些 I/O 操作的结果进行验收，如

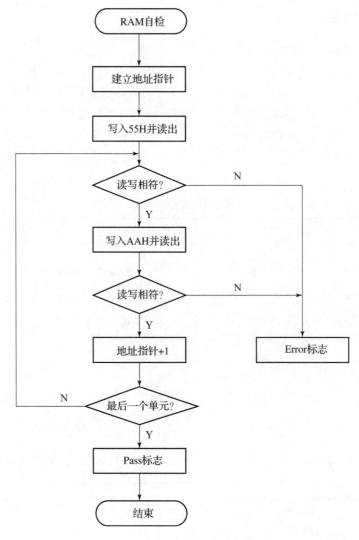

图 5.1　RAM 自检流程

果结果与预先的设定一致，就认为功能正常，否则应对有关 I/O 设备和通道进行检修。

键盘检测的方法是，CPU 每取得一个按键闭合的信号，就反馈一个信息。如果按下某单个按键后无反馈信息，往往是该键接触不良的原因；如果按某一排键均无反馈信号，则一定与其对应的电路或扫描信号有关。

显示器的检测一般有两种方式：第一种方式是让各显示器全部发亮即显示出"888…"，当显示器各发光段均能正常发光时，操作人员只要按任意键，显示器应全部熄灭片刻，然后脱离自检方式进入其他操作；第二种方式是让显示器显示某些特征字，几秒钟后自动进入其他操作。

5.1.3　自检软件

上面介绍的各自检项目一般应分别编成子程序，以便需要时调用。设各段子程序的入口地址为 TST n（$n = 0$，1，2，…），对应的故障代号为 TNUM（0，1，2，…）。编程时，由序号通过表 5.2 所示的测试指针表（TSTPT）来寻找某一项自检子程序入口，若检测有故障发生，便显示其故障代号 TNUM。对于周期性自检，由于它是在测量间隙进行的，为了不影响仪器的正常工作，有些周期性自检项目不宜安排，如显示器周期性自检、键盘周期性自检、破坏性 RAM 周期性自检等。而开机自检和键盘自检则不存在这个问题。

表 5.2　测试指针

测试指针	入口地址	故障代号	偏移量
TSTPT	TST 0 TST 1 TST 2 TST 3 …	0 1 2 3 …	偏移量 = TNUM

一个典型的含有自检在内的智能仪器的操作流程如图 5.2 所示。其中开机自检被安排在仪器初始化之前进行，检测项目尽量多选。周期性自检 STEST 被安排在两次测量循环之间进行，由于允许两次测量循环之间的时间间隙有限，所以一般只插入一项自检内容，多次测量之后才能完成仪器的全部自检项目。图 5.3 给出了能完成上述任务的周期性自检程序的操作流程。

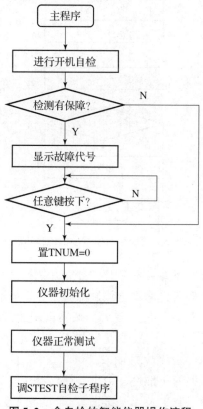

图 5.2　含自检的智能仪器操作流程

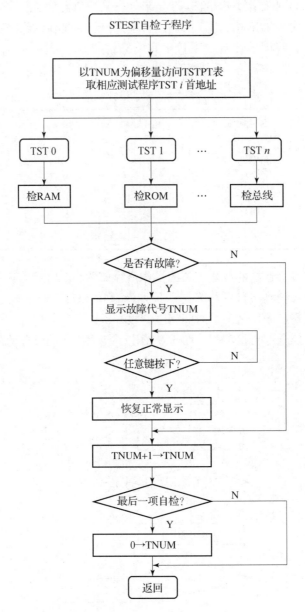

图 5.3　周期性自检程序的操作流程

　　根据指针 TNUM 进入 TSTPT 表取得子程序 TST n 并执行之，如果发现有故障，就进入故障显示操作。故障显示操作一般首先熄灭全部显示器，然后显示故障代号 TNUM，提醒操作人员仪器已有故障。当操作人员按下任意键后，仪器就退出故障显示（有些仪器设计在故障显示一定时间之后自动退出）。无论故障发生与否，每进行一项自检，就使 TNUM 加 1，以便在下一次测量间隙中进行另一项检测。

　　上述自检软件的编程方法具有一般性，由于各类仪器功能及性能差别很大，一台智能仪器实际自检算法的制定应结合各自的特点来考虑。

5.2　智能仪器的误差处理

智能仪器的主要优点之一是能利用微处理器的数据处理能力减小测量误差，提高仪器测量精确度。测量误差按其性质和特性可分为随机误差、系统误差和粗大误差三类。下面分别介绍其处理方法。

5.2.1　随机误差的处理方法

随机误差是由于测量过程中一系列随机因素的影响而造成的。就一次测量而言，随机误差无一定规律；当测量次数足够多时，测量结果中的随机误差服从统计规律，而且大多数按正态分布。因此，消除随机误差最为常用的方法是取多次测量结果的算术平均值，即

$$\overline{x} = \frac{1}{N}\sum_{i=1}^{N} x_i \tag{5.1}$$

式中，N 为测量次数，显然，N 越大，$\overline{x}$ 就越接近真值，但所需要的测量时间也就越长。为此，智能仪器常常设定专用功能键来输入具体的测量次数 N。此外，有的测量仪器还采用根据实际情况自动变动 N 值的方法。

5.2.2　系统误差的处理方法

系统误差是指在相同条件下多次测量同一量，误差的绝对值和符号保持恒定或在条件改变时按某种确定的规律而变化的误差。系统误差的处理不像随机误差那样有一些普遍适用的处理方法，而只能针对具体情况采取相应的措施。本节介绍几种最常用的修正方法。

1. 利用误差模型修正系统误差

先通过分析建立系统的误差模型，再由误差模型求出误差修正公式。误差修正公式一般含有若干个误差因子，修正时，先通过校正技术把这些误差因子求出来，然后利用修正公式来修正测量结果，从而削弱了系统误差的影响。

不同的仪器或系统误差模型的建立方法也不一样，无统一方法可循，这里仅举一个比较典型的例子进行讨论。图 5.4 所示的误差模型在电子仪器中具有相当的普遍意义。图中 x 是输入电压（被测量），y 是带有误差的输出电压（测量结果），ε 是影响量（如零点漂移或干扰），i 是偏差量（如直流放大器的偏置电流），K 是影响特性（如放大器增益变化）。从输出端引一反馈量到输入端以便改善系统的稳定性。在无误差的理想情况下，有 $\varepsilon = 0$，$i = 0$，$K = 1$，于是存在关系

$$y = \frac{R1 + R2}{R1}x \tag{5.2}$$

在有误差的情况下，则有

$$y = K(x + \varepsilon + y') \tag{5.3}$$

由此可以推出

$$\frac{y - y'}{R1} + i = \frac{y'}{R2} \tag{5.4}$$

$$x = \left(\frac{1}{K} - \frac{R1R2}{R1+R2}\right)y - \varepsilon - \frac{R1R2}{R1+R2}i \tag{5.5}$$

再改写成以下简式：

$$x = b_1 y + b_0 \tag{5.6}$$

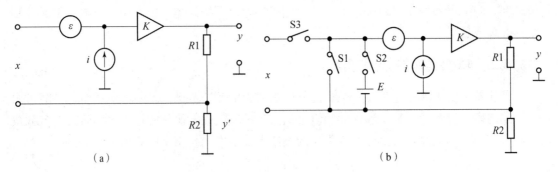

图 5.4　利用误差模型修正系统误差

（a）误差模型；（b）校正电路

式（5.6）即误差修正公式，其中 b_1 和 b_0 即误差因子。如果能求出 b_1 和 b_0 的数值，即可由误差修正公式获得无误差的 x 值，从而修正了系统误差。

误差因子的求取是通过校正技术来完成的，误差修正公式（5.6）中含有两个误差因子 b_1 和 b_0，因而需要做两次校正。设建立的校正电路如图 5.4（b）所示，图中 E 为标准电池，校正步骤如下。

（1）零点校正：先令输入端短路，即令 S1 闭合，此时有 $x = 0$，于是得到输出为 y_0，按照式（5.6）可得方程如下：

$$0 = b_1 y_0 + b_0 \tag{5.7}$$

（2）增益校正：令输入端接上标准电压，即令 S2 闭合，此时有 $x = E$，于是得到输出为 y_1，同样可得方程如下：

$$E = b_1 y_1 + b_0 \tag{5.8}$$

联立求解方程（5.7）和方程（5.8），即可求得误差因子：

$$b_1 = \frac{E}{y_1 - y_0} \tag{5.9}$$

$$b_0 = \frac{E}{1 - \dfrac{y_1}{y_0}} \tag{5.10}$$

（3）实际测量：令 S3 闭合，此时得到输出为 y（结果），于是被测量的真值为

$$x = b_1 y + b_0 = \frac{E(y - y_0)}{y_1 - y_0} \tag{5.11}$$

智能仪器每次测量过程均按上述三步来进行。由于上述过程是自动进行的，且每次测量过程很快，这样，即使各误差因子随时间有缓慢的变化，也可消除其影响，实现近似于实时的误差修正。

2. 利用校正数据表修正系统误差

当对系统误差的来源及仪器工作原理缺乏充分的认识而不能建立误差模型时，可以通过

建立校正数据表的方法来修正系统误差。步骤如下。

1）获取校正数据

在仪器的输入端逐次加入一个个一致的标准电压 x_1，x_2，$\cdots$，x_n，并实测出对应的测量结果 y_1，y_2，$\cdots$，y_n，则 x_i（$i=1$，2，$\cdots$，n）即测量值 y_i（$i=1$，2，$\cdots$，n）对应的校正数据。

2）查表

将 x_i（$i=1$，2，$\cdots$，n）这些校正数据以大小顺序存入一段存储器中，处理时，根据实测的 y_i（$i=1$，2，$\cdots$，n）值查表，即可得到对应的经过修正的测量值。

表格的形式对于查表十分重要。在 y_i 按等差数列取值时，查找特别方便。这时可以用 y_i 作为地址偏移量，将 y_i 对应的校正数据存入相应的存储单元中，就可以直接从表格中取出待查找的数据。

3）差值处理

若实际测量的 y 值介于某个标准点 y_i 和 y_{i+1} 之间，为了减小误差，还可以在查表的基础上做内插计算来进行修正。

采用内插技术可以减少校准点，从而减少内存空间。最简单的内插是线性内插，当 $y_i < y < y_{i+1}$ 时，取

$$x = x_1 + \frac{x_{i+1} - x}{y_{i+1} - y}(y - y_i) \tag{5.12}$$

由于这种内插方法用两点间一条直线来代替原曲线，因而精度有限。如果要求更高的精度，可以采取增加校准点的方法，或者采取更精确的内插方法，如 n 阶多项式内插、三角内插、牛顿内插等。

3. 通过拟合曲线拟合来修正系统误差

曲线拟合是指从 n 对测定数据（x_i，y_i）中，求得一个函数 $f(x)$ 来作为实际函数的近似表达式。曲线拟合实质就是找出一个简单的、便于计算及处理的近似表达式来代替实际的非线性关系。因此曲线拟合对测量结果进行修正的方法是，首先定出 $f(x)$ 的具体形式，然后再通过对实测值进行选定函数的数值计算，求出精确的测量结果。

曲线拟合方法可分为连续函数拟合法和分段曲线拟合法两种。

1）连续函数拟合法

用连续函数进行拟合一般采用多项式拟合（当然不排除采用解析函数，如 e^x、$\ln x$ 和三角函数等），多项式的阶数应根据仪器所允许的误差来确定。一般情况下，拟合多项式的阶数越高，逼近的精度也就越高。但阶数的增高将使计算繁冗，运算时间也迅速增加，因此，拟合多项式的阶数一般采用二、三阶。

现以热电偶的电势与温度之间的关系式为例，讨论连续函数拟合的方法。

热电偶的温度与输出热电势之间的关系一般用下列三阶多项式来逼近：

$$R = a + bx_p + cx_p^2 + dx_p^3 \tag{5.13}$$

变换成嵌套形式得

$$R = \left[(dx_p + c)x_p + b\right]x_p + a \tag{5.14}$$

式中，x 是读数（温度值）；x_p 由下式导出：

$$x_p = x + a' + b'T_0 + c'T_0^2 \tag{5.15}$$

式中，x 为被校正量，即热电偶输出的电压值；T_0 为使用者预置的热电偶环境（冷端）温度。热电偶冷端一般放在一个恒温槽中，如放在冰水中以保持受控冷端温度恒定在 0 ℃。系数 a、b、c、d、a'、b'、c' 是与热电偶材料有关的校正参数。

首先求出参数 a、b、c、d、a'、b'、c'，并顺序地存放在首址为 BUFF 的一段缓冲区内，然后根据测得的 x 值通过运算求出对应的 R（温度值）。多项式算法通常采用式（5.14）所示的嵌套形式。对于一个 n 阶多项式，一般需要进行 $\frac{1}{2}n(n+1)$ 次乘法，如果采用嵌套形式，只需要进行 n 次乘法，从而使运算速度加快。

2）分段曲线拟合法

分段曲线拟合法，即把非线性曲线的整个区间划分成若干段，将每一段用直线或抛物线去逼近。只要分点足够多，就完全可以满足精度要求，从而回避了高阶运算，使问题化繁为简。分段基点的选取可按实际情况决定，既可采用等距分段法，也可采用非等距分段法。非等距分段法是根据函数曲线形状的变化率来确定插值之间的距离，非等距插值基点的选取比较麻烦，但在相等精度条件下，非等距插值基点的数目将小于等距插值基点的数目，从而节省了内存，减少了计算机的开销。

在处理方法的选取上，通过提高连续函数拟合法多项式的阶数来提高精度不如采用分段曲线拟合法更为合适。分段曲线拟合法的不足之处是光滑度不太高，这对某些应用是有缺陷的。

（1）分段直线拟合。

分段直线拟合法是用一条折线来代替原来实际的曲线，这是一种最简单的分段拟合方法。设某传感器的输入/输出特性如图 5.5 所示，图中，x 为测量数据，y 为实际被测变量，分三段直线来逼近该传感器的非线性曲线。由于曲线低端比高端陡峭，所以采用不等距分段法。由此可写出各段的线性插值公式为

$$y = \begin{cases} y_3, & x \geqslant x_3 \\ y_2 + K_3(x - x_2), & x_2 \leqslant x < x_3 \\ y_1 + K_2(x - x_1), & x_1 \leqslant x < x_2 \\ K_1 x, & 0 \leqslant x < x_1 \end{cases} \quad (5.16)$$

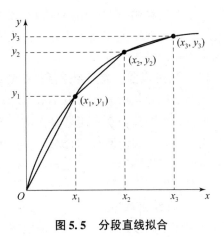

图 5.5 分段直线拟合

式中，$K_3 = \dfrac{y_3 - y_2}{x_3 - x_2}$，$K_2 = \dfrac{y_2 - y_1}{x_2 - x_1}$，$K_1 = \dfrac{y_1}{x_1}$，为各段的斜率。

编程时应将系数 K_1、K_2、K_3 以及数据 x_1、x_2、x_3、y_1、y_2、y_3 分别存放在指定的 ROM 中。智能仪器在进行校正时，先根据测量值的大小找到所在的直线段，从存储器中取出该直线段的系数，然后按式（5.16）计算即可获得实际被测值 y。具体实现程序流程如图 5.6 所示。

（2）分段抛物线拟合。

若输入/输出特性很弯曲，而被测精度又要求比较高，可考虑采用多段抛物线来分段拟合。

把图 5.7 所示曲线划分成 Ⅰ、Ⅱ、Ⅲ、Ⅳ 4 段，每段分别用一个二阶抛物线方程 $y =$

$a_i x^2 + b_i x + c_i$（$i = 1$，2，3，4）来描绘。其中抛物线方程的系数 a_i、b_i、c_i 可通过下述方法获得。每段找出三点 x_{i-2}、x_{i-1}、x_i（含两分段点），如在线段 I 中找出点 x_0、x_{11}、x_1 及对应的 y 值 y_0、y_{11}、y_1，在线段 II 中找出点 x_1、x_{21}、x_2 及对应的 y 值 y_1、y_{21}、y_2 等。然后解下列联立方程：

$$\begin{cases} y_{i-1} = a_i x_{i-1}^2 + b_i x_{i-1} + c_i \\ y_{i1} = a_i x_{i1}^2 + b_i x_{i1} + c_i \\ y_i = a_i x_i^2 + b_i x_i + c_i \end{cases} \quad (5.17)$$

求出系数 a_i、b_i、c_i（$i = 1$，2，3，4）。编程时应将系数 a_i、b_i、c_i 以及 x_0、x_1、x_2、x_3、x_4 值一起存放在指定的 ROM 中。进行校正时，先根据测量值 x 的大小找到所在分段，再从存储器中取出对应段的系数 a_i、b_i、c_i，最后运用公式 $y = a_i x^2 + b_i x + c_i$ 去计算就可求得 y 值。具体流程如图 5.8 所示。

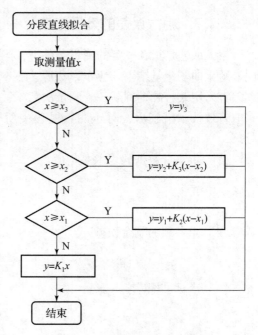

图 5.6　分段直线拟合程序流程

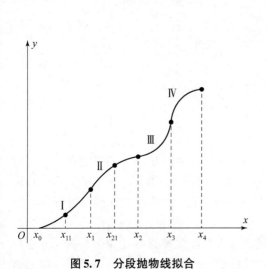

图 5.7　分段抛物线拟合

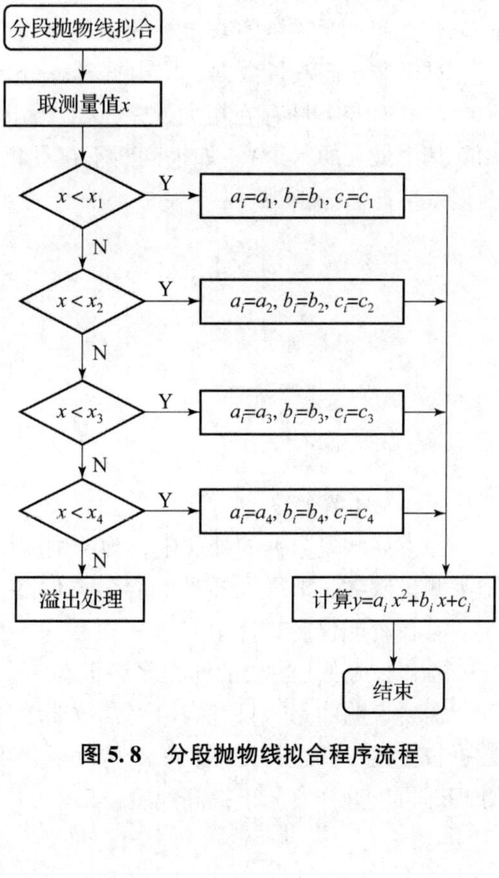

图 5.8　分段抛物线拟合程序流程

5.2.3 粗大误差的处理方法

粗大误差是指在一定的测量条件下，测量值明显地偏离实际值所形成的误差。粗大误差明显地歪曲了测量结果，应予以剔除。在测量次数比较多时（$N \geq 20$），测量结果中的粗大误差宜采用莱特准则判断；若测量次数不够多，宜采用格拉布斯准则。当对仪器的系统误差采取有效技术措施后，对于测量过程中所引起的随机误差和粗大误差一般可按下列步骤处理。

（1）求测量数据的算术平均值：

$$\overline{X} = \frac{1}{N} \sum_{i=1}^{N} x_i \tag{5.18}$$

（2）求各项的剩余误差：

$$V_i = X_i - \overline{X} \tag{5.19}$$

（3）求标准偏差：

$$\sigma = \sqrt{\frac{1}{N-1} \sum_{i=1}^{N} V_i^2} \tag{5.20}$$

（4）判断粗大误差（坏值）：可以运用公式 $|v_i| > G\sigma_i$ 进行判断，其中 G 为系数。

在测量数据为正态分布的情况下，如果测量次数足够多，习惯上采用莱特准则判断，取 $G = 3$；如果测量次数不够多，宜采用格拉布斯准则判断，系数 G 需要通过查表求出。

对于非正态测量数据，应根据具体分布形状来确定剔除异常数据的界限。

（5）如果判断存在粗大误差，给予剔除，然后重复上述步骤（1）~（4）（每次只允许剔除其中最大的一个）。如果判断不存在粗大误差，则当前算术平均值、各项剩余误差及标准偏差估计值分别为

$$\overline{X}' = \frac{1}{N-a} \sum_{i=1}^{N-a} x_i \tag{5.21}$$

$$V_i' = X_i - \overline{X}' \tag{5.22}$$

$$\sigma' = \sqrt{\frac{1}{N-a-1} \sum_{i=1}^{N-a} (V_i')^2} \tag{5.23}$$

式中，a 为坏值个数。

在上述测量数据的处理中，为了削弱随机误差的影响，提高测量结果的可靠性，应尽量增加测量次数，即增大样品的容量。但随着测量数据增加，人工计算就显得相当繁琐和困难，若在智能仪器软件中安排一段程序，便可在测量进行的同时对测量数据进行处理。图5.9 给出了实现上述功能的程序流程。

需要说明的是，只有当被测参数要求比较精确，或者某项误差影响比较严重时，才需对数据按上述步骤进行处理。一般情况下，可直接将采样数据作为测量结果，或进行一般滤波处理即可，这样有利于提高速度。

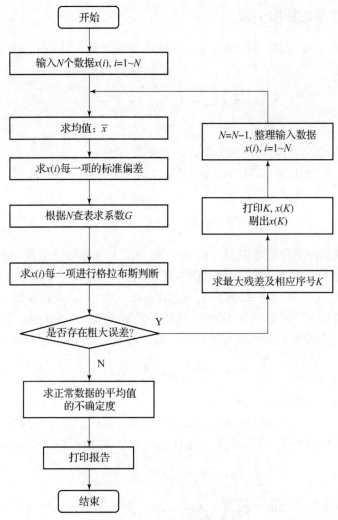

图 5.9　数据处理程序流程

5.3　测量数据的标度变换

不同被测信号的参数具有不同的量纲和数值，如温度的单位为℃，压力的单位为 Pa，流量的单位为 m²/h。智能仪器在检测这些参数时，同时直接采集的数据并不等于原来带有量纲的参数值，它仅仅能代表被测参数值的相对大小，因而必须把它转换成带有量纲的对应数值后才能显示。这种转换就是工程量变换，又称标度变换。

例如，在某个以微处理器为核心的温度测量系统中，首先采用热电偶把现场 0 ~ 1 200 ℃的温度转变为电压为 0 ~ 48 mV 的电信号，然后经通道放大器放大到 0 ~ 5 V，再由 8 位 A/D 转换器转换成 00H ~ FFH 的数字量，微处理器读入该数据后，必须把这个数据再转换成量纲为℃的温度值（例如，数据 FFH 转换为 1 200，单位为℃），才能送到显示器进行显示。

标度变换一般分为线性参数标度变换和非线性参数标度变换。智能仪器中的标度变换是由软件自动完成的。

5.3.1 线性参数标度变换

线性参数标度变换的前提是传感器输出的数值与被测参数间呈线性关系。线性参数标度变换的一般公式为

$$A_x = (A_m - A_0) \frac{N_x - N_0}{N_m - N_0} + A_0 \tag{5.24}$$

式中，A_0 为测量下限；A_m 为测量上限；A_x 为实际测量值（工程值）；N_0 为 A_0 对应的数字量，N_m 为 A_m 对应的数字量，N_x 为实际测量值 A_x 对应的数字量。

一般情况下，测量下限 A_0 对应的数字量 N_0 为 0，即 $N_0 = 0$，这样，式（5.24）可简化为

$$A_x = \frac{A_m - A_0}{N_m} N_x + A_0 \tag{5.25}$$

例如，某智能温度测量仪器采用 8 位 A/D 转换器，仪器的测量范围为 10 ~ 100 ℃，且实际温度值与 A/D 转换器输出的数据之间为线性关系。根据题意，对应式（5.25），$A_0 = 10$ ℃，$A_m = 100$ ℃，$N_m = \text{FFH} = 255$，$N_x = 28\text{H} = 40$。则当 A/D 转换器输出的数据为 00H 时，显示的温度值应为 10 ℃；当 A/D 转换器输出的数据为 FFH 时，显示的温度值应为 100 ℃；当 A/D 转换器输出的数据为任意值，如 28H 时，显示的温度值应为

$$\left(\frac{N_x}{N_m}\right)(A_m - A_0) + A_0 = \left(\frac{40}{255}\right)(100 - 10) + 10 = 24.1(\text{℃})$$

此时该温度测量仪器应显示 24.1 ℃。

智能型数字电压表一般设置有线性标度变换功能。这样，配合不同类型的传感器，便可实现对多种被测参数的测量。智能型数字电压表的线性参数标度变换功能常采用以下简单形式的变换公式：

$$R = Ax + B \tag{5.26}$$

式中，R 为实际显示的测量值，相当于式（5.25）中的 A_x；x 为数字电压表实际测量的数值，对应式（5.25）中的 N_x；A 为比例系数，对应式（5.25）中的 $(A_m - A_0)/N_m$；B 为测量下限，对应式（5.25）中的 A_0。这样，只需做一次乘法和一次加法就可以完成标度变换，使程序简化。当使用智能型数字电压表测量某传感器输出的电压值时，只要按照智能仪表的提示，输入对应传感器的参数 A 和 B，数字电压表便可直接显示带有被测参数的测量结果，操作也很方便。

5.3.2 非线性参数标度变换

如果传感器输出的数值与被测参数间呈非线性关系，上述线性标度变换公式就不再适用，而必须根据具体情况来确定标度变换公式。

例如，利用节流装置测量流量时，流量与节流装置两边的差压之间的关系为

$$G = K\sqrt{\Delta P} \tag{5.27}$$

式中，G 为流量；K 为刻度系数，与流量的性质及节流装置的尺寸有关；ΔP 为节流装置前后的差压。

式（5.27）表明，流体的流量与节流装置前后压力差的平方根成正比，因此，不能采

用上述线性参数标度变换的公式。为了得到测量流量时的标度变换公式，可根据两点线性公式建立以下直线方程：

$$\frac{G_x - G_0}{G_m - Q_0} = \frac{K\sqrt{N_x} - K\sqrt{N_0}}{K\sqrt{N_m} - K\sqrt{N_0}} \tag{5.28}$$

于是得到测量流量时的标度变换公式为

$$G_x = \frac{\sqrt{N_x} - \sqrt{N_0}}{\sqrt{N_m} - \sqrt{N_0}}(G_m - Q_0) + G_0 M \tag{5.29}$$

许多非线性传感器并不像上面讲的流量传感器那样，可以写出一个简单的公式，或者虽然能够写出公式，但计算相当困难。

传感器输出与被测参数间的非线性关系也可以理解为仪器的广义误差，因此，可参照系统误差的修正方法来进行标度。

5.4　信号处理常用的方法

我们所研究的信号，一般是指连续时间函数 $x(t)$，为了适应数字技术的发展，必须将连续函数 $x(t)$ 进行数字化，即将 $x(t)$ 在 $t_1 < t_2 < \cdots < t_n$ 上进行抽样，成为函数序列 $x(t_1)$，$x(t_2)$，$\cdots$，$x(t_n)$。此外，生物医学信号基本上都是随机信号，故所得抽样序列属于随机时间序列，我们可以利用信号理论中所学的很多方法来分析它。本节主要介绍生物医学信号处理中常用的方法：直方图分析和相关分析。

5.4.1　直方图分析

直方图或样本概率密度函数可帮助我们估计数据的分布性质，有助于判断研究对象的性能与特点，在生物医学信号处理中是一种非常快捷的有用工具。

直方图的计算方法如下：将随机变量 X 的一个区间范围（假设 $a < x < b$）分成 k 等份，于是整个 X 的范围可看成由 $k + 1$ 个小区间组成，并以此作出横坐标，整理所得的全部数据，记录其在每一个小区间出现的次数，作为纵坐标，并在各小区间上作出高度等于出现次数的长方形，这样就得到了直方图，如图 5.10 所示。

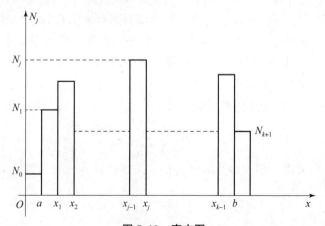

图 5.10　直方图

计算步骤：设序列 $X(i)$，$i=1$，2，$\cdots$，N。

N_0：$x<a$ 出现的次数；N_j：$x_{j-1} \leqslant x \leqslant x_j$ 出现的次数；N_k：$x_{k-1} \leqslant x \leqslant x_k$ 出现的次数；N_{k+1}：$x \geqslant b$ 出现的次数。

（1）若 $x(i)<a$，则使 N_0 加 1；

（2）若 $x(i)>b$，则使 N_{k+1} 加 1；

（3）若 $a \leqslant x(i) \leqslant b$，则计算：

$$j = \left[\frac{x(i)-a}{\Delta} \right] + 1 \tag{5.30}$$

式中，Δ 为小区间长度，$\Delta=(b-a)/k$，$\left[\dfrac{x(i)-a}{\Delta} \right]$ 表示按小于等于它的原则取整，得 j，并使 N_j 加 1。这样所得的结果为 $\{N_j\}$ 序列，并可画出直方图。

若把落在各个小区间的样本个数 N_j 分别除以样本总数 N，即得相应的频率，得出 $\{P_j\}$ 序列。

$$N_j = [x_{j-1} \leqslant x \leqslant x_j] \text{的样本频率(概率)} = \frac{N_j}{N}, \ j=0,1,2,\cdots,j+1 \tag{5.31}$$

以概率再除以小区间长度，即得该小区间上的概率密度 $\{W_j\}$ 序列。

$$w_j = \frac{N_j}{N\Delta} = \frac{N_j k}{N(b-a)} \tag{5.32}$$

它可看成是在每一小区间中点处分布函数的导数。

需要注意的是，对于一组给定的数据，样本密度函数不是唯一的，a、b 和 k 选择的不同对它有很大影响，选择这些参数的原则是：根据所考察的数据分布规律的假设以及采集数据的方法而定。

直方图分析技术在生物医学信号处理中常用来表示心电图（ECG）和脑电图（EEG）。各个波根据出现频率的分布，得出的分布图可以反映心电、脑电各个波振幅分布的情况，由此可了解心电、脑电活动强度是否均匀和稳定。

5.4.2　相关分析

描述随机信号的统计特性，只用均值、方差往往是不够的。相关函数可表征信号在不同时刻取值间的关联程度，因此可以从时域上揭示信号间有无内在联系。而且，频带越宽的信号其相关函数随时间衰减越快（如白噪声的功率谱是常数，有无限带宽，而它的自相关函数却是 δ 函数型），所以相关分析又是从带宽噪声中检测信号是否存在的有效手段。因此，相关分析是随机信号处理中最基本的方法之一。

我们已知，对序列 x，其自相关函数定义为

$$R_x = \lim_{N \to \infty} \left(\frac{1}{N} \sum_{n=0}^{N-1} x_n x_{n+m} \right) \tag{5.33}$$

对两序列 x、y，常用互相关函数表征自相互关系，其互相关函数定义为

$$R_{xy}(m) = \lim_{m \to \infty} \frac{1}{N} \sum_{n=0}^{N-1} x_n y_{n+m} \tag{5.34}$$

估计相关函数有以下两大类方法。

（1）非参数估计：对每一个延迟值 m 都估计一个 $R_x(m)$。

（2）参数估计：先假设自相关函数有一定的解析形式，然后把对 $R_x(m)$ 的估计转化成解析式参数的估计。

下面仅简单介绍对非参数估计的两种常用估算法。

（1）直接估计法。

直接用定义式由有限个样本点做估计，当数据总数为 N 时，自相关函数的估计式为

$$R_x(m) = \frac{1}{N} \sum_{n=0}^{N-|m|-1} x_n x_{n+m}, \qquad m = 0, \pm 1, 2, \cdots \tag{5.35}$$

互相关函数的估计式为

$$R_{xy}(m) = \frac{1}{N} \sum_{n=0}^{N-|m|-1} x_n x_{n+m}, \qquad m = 0, \pm 1, 2, \cdots \tag{5.36}$$

可以证明，这种估计是有偏的，但渐进无偏，而且延迟值 m 越接近 N 偏差越大。此外，还可证明式（5.35）的估计是一致估计。

当 N 值大时，用以上各式做估计所需计算量太大 $\left(约需 \dfrac{N^2}{2} 次乘法\right)$。当然我们可以采用查表法，但所需存储容量也太大。例如，当 x_n、y_n 都是 8 bit 字长时，乘法表需要 $2^{16} = 64$ KB 存储容量。

（2）快速傅里叶变换（FFT）估计。

此方法的原理如下。

①对两序列 x_n、y_n 做相关，相当于对序列 x_n、y_{-n}（序列 y_n 的反转）做卷积再除以 N；

②两序列在时域中的卷积可用两序列的傅里叶变换相乘再求傅里叶反变换。

当 N 值较大时采用此法可减少自相关估计的计算工作量。

5.4.3　相关分析的应用

1. 从噪声中检测信号

当观察序列 $\{x_n\}$ 中包含被噪声 $\{n_n\}$ 淹没的信号 $\{s_n\}$ 时，如果信号和噪声不相关，而且对信号的波形还有先验知识，则只要用 $\{s_n\}$ 和 $\{x_n\}$ 做互相关，就能检测出信号 $\{s_n\}$ 是否存在。

设 $x_n = s_n + n_n$，则

$$R_{sx}(m) = E(s_n x_{n+m}) = E\left[s_n(s_{n+m} + n_{n+m})\right] \tag{5.37}$$

因为 $E(s_n n_{n+m}) = 0$，所以 $R_{sx}(m) = R_s(m)$。

可见所得结果正是信号的自相关函数，因此根据处理结果可以判断信号是否存在。

如果没有信号 $\{s_n\}$ 的先验模板，只知道它是周期的，就可以对观察序列 $\{x_n\}$ 做自相关：

$$R_x(m) = E\left[(s_n + x_n)(s_{n+m} + n_{n+m})\right] = R_s(m) + R_n(m) \tag{5.38}$$

噪声的自相关函数一般在 m 加大时会迅速趋于零，而周期信号的自相关函数也是周期的。只要将 m 取得足够大，$R_n(m)$ 趋于零，于是 $R_x(m) = R_s(m)$。根据处理结果既可检测出信号是否存在，又可估计出信号的周期。

2. 估计两个相似信号间的时间延迟

设 $y_n = x_{n-n_0}$，则 $R_{xy}(m)$ 将在 $m = n_0$ 时达到极大（因为此时两波形重合），因此找到

互相关函数极大值时的延迟值 n_0，就是两波形间的延迟时间。

5.5 现代医学信号处理的常用方法

将生物医学信号从时域转换到频域或其他变换域进行分析，往往有很大好处，它使原来时域不明显的特征在频域或其他域中获得明显的表现。随机信号的功率谱反映它的频率成分以及各成分的相对强弱，能从频域上揭示信号的规律，是随机信号的重要特征，几乎所有的生物医学信号都有人通过谱分析对它进行研究。

5.5.1 功率谱的定义

功率谱是信号功率沿频率轴的分布。随机信号一般不具有周期性，是持续时间无限的功率信号，它的傅里叶变换不存在，因此它的频率特性通过自相关函数的傅氏变换来表征。

功率谱密度定义为

$$G_x(\omega) = \sum_{m=-\infty}^{\infty} R_x(m) e^{-jm\omega} \tag{5.39}$$

$$R_x(m) = \frac{1}{2\pi} \int_{-\pi}^{\pi} G_x(\omega) e^{jm\omega} d\omega \tag{5.40}$$

式中，ω 为归一化频率，与实际角频率的关系是

$$\omega_{实际} = \frac{2\pi}{T_s} \omega \quad (T_s \text{ 为采样间隔}) \tag{5.41}$$

可以证明，N 点离散信号的功率谱密度为

$$G_x(\omega) = \lim_{n \to \infty} \frac{|X(\omega)|^2}{N} \tag{5.42}$$

由式（5.42）可见，功率谱密度函数只反映信号的幅频特性，而反映不了信号的相位特性，因此，包含在信号中的相位特性信息就丢失了，这是功率谱分析的一大局限。为保留相位信息，需采用更为复杂的双谱分析、三谱分析技术。

经典的谱估计方法也是通过直接定义式用有限长数据来估计的，主要有两种途径：自相关法和周期图法。

5.5.2 谱估计的基本计算方法

1. 自相关法

自相关法建立在式（5.39）上，先用 N 点观察数据 $\{x_n\}$，$n = 0, 1, 2, \cdots, N-1$ 做自相关估计，再代入式（5.40），即得功率谱估计。

$$R_x(m) = \frac{1}{N} \sum_{n=0}^{N-|m|-1} x_n x_{n+m}, \quad m = 0, \pm 1, \pm 2, \cdots, \pm N$$

$$G_x(\omega) = \sum_{m=-M}^{M} R_x(m) e^{-jm\omega} \tag{5.43}$$

式中，M 是延迟值 m 的最大值，它最大取 $N-1$，通常为了保证 $R_x(m)$ 的估计质量，取 $M \ll N$。

2. 周期图法

周期图法建立在式（5.42）上，先把 N 点观察值 $\{x_n\}$，$n = 0$，1，2，$\cdots$，$N-1$ 做 N 点离散傅里叶变换（DFT）：

$$X(\omega) = \sum_{n=0}^{N-1} x_n \mathrm{e}^{-j\omega n} \tag{5.44}$$

再取其幅频特性的平方作为功率谱估计：

$$G_x(\omega) = \frac{1}{N}|X(\omega)|^2 \tag{5.45}$$

可以证明：当 $M = N-1$ 时，式（5.43）与式（5.45）是相等的。

5.5.3　谱估计应注意的问题及改进措施

谱估计要注意的问题主要有以下四种。

（1）数据长度。它取决于实际要求的频率分辨率，要求 $\dfrac{2\pi}{NT_s}$ 小于频率分辨率。

（2）数据补零。用数据尾部补零来增强数据点数，可使谱估计更加细密，无混叠。但此法并不能提高频率分辨率。

（3）泄漏。这是由于处理数据有限造成的。这时相当于对实际信号施加了一个矩形窗口，为了抑制泄漏，常选择性能更好的窗函数来代替矩形窗。同时应指出，在生物医学信号处理中，主要着眼于求取不同状态下的显著性差异，因此不重视窗函数的选择，以简化分析。

（4）方差。可以证明谱估计不是一致估计，但是渐进无偏的，无论怎样加长数据，方差也不趋于零。方差问题造成的另一个表现是谱估计中相邻频率上的估计值起伏剧烈，而且数据点 N 越大起伏越大。

可以采取下列措施改进谱估计质量。

（1）平均。把长时间数据分为若干段，每段做谱估计，再求这些谱估计的均值。如果各段数据相互独立，平均后方差将与分段数目成反比减小，但每段数据减少时，所做的估计偏差加大。

（2）加密平滑。主要通过施加性能好的窗函数以改善卷积结果。对自相关法，窗函数加在自相关估计上；对周期图法，窗函数直接施加在信号 X_n 上，然后对 $X_n W_n$ 做 DFT。

5.5.4　现代谱估计技术

FFT 算法自 1965 年出现后，至今应用仍然十分广泛，也仍是直接周期图谱估计常用的方法，其本质是通过开窗截取处理，来获得对无限长序列的谱密度估计，不可避免地要产生频率"泄漏现象"。尽管科学家在窗函数的选择和处理方法上做了许多研究，但都无法解决，因为问题产生的实质在于长数据序列做加窗处理，相当于窗口外的数据为零，窗口内的数据受到某种形式的修正，这些都使原始数据的信息受到损失。

为了解决上述问题，1976 年 J. P. Burg 提出了最大熵谱分析法，并很快在工程技术界引起反响，受到极大重视，经过科学家的不断完善，又形成和演变出许多新的算法，构成了"现代谱分析"技术。

1. 最大熵谱估计法

熵作为各种随机试验不确定性的度量，是由香农（Shannon）提出的。最大熵谱估计就是在极大熵准则下的谱估计，它是以"熵"的概念为基础进行谱分析的方法。

功率谱最大熵谱估计的准则是：要求估计的功率谱密度在满足约束条件式（5.46）的前提下，使谱熵 $\int_{-1/2}^{1/2} \ln G_x(f) \mathrm{d}f$ 达到极大。

$$\int_{-1/2}^{1/2} G_x(f) \mathrm{e}^{2\pi mf} \mathrm{d}f = R(m), \quad -M \leqslant m \leqslant M \tag{5.46}$$

可以满足这一准则要求的 $G_x(f)$ 具有如下形式：

$$G_x(f) = \frac{N_0}{\left| 1 + \sum_{k=1}^{M} a_k \mathrm{e}^{-2\pi kf} \right|^2} \tag{5.47}$$

式中，N_0 为白噪声功率谱。

2. 最小交叉熵谱估计法

最小交叉熵谱估计理论及算法是 1979 年由 J. E. Shore 提出的。它与最大熵谱估计法的差别在于它有功率谱先验估计的约束，即有先验估计是采用这种算法的前提（否则就等于最大熵法）。这个前提带来的好处是，其具有最高分辨率，并能克服最大熵谱估计法的某些缺陷。在实际应用中，可以用最大熵谱估计做最小交叉熵的先验谱，也可用自相关谱成周期图谱后再作为先验谱。Shore 最早提出的算法如下。

设随机信号可以表示为

$$X(t) = \sum_{k=1}^{N} \left[a_k \cos(\omega_k t) + b_k \sin(\omega_k t) \right] \tag{5.48}$$

每一频率分量的功率为 $\frac{1}{2}(a_k^2 + b_k^2)$。由自相关函数给出的约束条件为

$$R(\tau) = \sum_{k=-N}^{N} 2s_k \cos(\omega_k \tau) = \sum_{k=1}^{N} s_k \cos(\omega_k \tau) \tag{5.49}$$

利用最小交叉熵，得功率谱的估计值为

$$T_k = \frac{1}{\frac{1}{s_k} + \sum \beta_\gamma \cos(\omega_k t)} \tag{5.50}$$

式中，s_k 为先验估计值；β_γ 为受自相关函数约束的拉格朗日算子。

由于许多生物医学信号都具有非平稳性，因而具有短数据、高分辨特点的现代谱分析技术应用于生物医学信号处理中具有重要意义。现代谱估计技术发展很快，可查阅相关书籍。

谱分析是从频谱上揭示信号节律的有力工具，在生物医学信号处理中应用很广。在电生理信号中如脑电、心电、肌电等，在非电生理信号中如心音、血流、脉搏等中都有应用。

习 题 5

1. 生物医学信号常用的检测方法和常用的处理方法分别有哪些？

2. 怎样利用 QRS 检测算法来检测心跳？

3. 怎样使用相关方法来检测异常波形中的 QRS 复波？

4. 带通滤波器的 Q 值对 ECG 的 QRS 复波与噪声之比有什么影响？

5. 设计一个算法，使其能获得 ECG 上的基础点。

6. 最佳 QRS 带通滤波器的中心频率是多少？

（1）此最佳滤波器使什么功能达到最大？

（2）用于心率计的最佳 QRS 滤波器的中心频率是多少？

（3）假如这个滤波器有一个恰当的中心频率，并且 $Q = 20$，它能较好地工作吗？如果不能，为什么？

7. 功率谱如何定义？谱估计的任务是什么？经典谱估计和现代谱估计的主要区别有哪些？经典谱估计方法有哪些缺点？

第6章
智能医学仪器设计实例

参考国际标准化组织对医学仪器的定义，医学仪器（Medical Instrument）通常是指那些单纯或者组合应用于人体的仪器，包括所需的软件。其使用目的是：

（1）疾病的预防、诊断、治疗、监护或者缓解。

（2）损伤或者残疾的诊断、治疗、监护、缓解或者补偿。

（3）解剖或生理过程的研究、替代或者调节。

以上是对医学仪器较为严格的定义。简单地说，医学仪器是以医学临床和医学研究为目的的仪器，其作用对象主要是复杂的人体，所以医学仪器与其他仪器相比有其特殊性。本章首先叙述医学信息分类及典型生理参数与特点，接着介绍智能医学仪器的基本组成，以及医学仪器的现状与发展趋势，再以血压仪、中医脉象仪和孕激素检测仪的设计为例，详述智能医学仪器的设计。

6.1　人体生理信息概述

为了准确和快速地进行疾病诊断，就需要从人体获取信息，这个信息即从病人身上取出的样本。取样有两种方式：第一种是动态取样，通常是通过电极（Electrode）[或传感器（Transducer）]直接在人体上测量生理参数；第二种是静态取样，即从活体组织上切取组织标本，然后通过仪器进行分析。动态取样需要一个能对人体各组织瞬时变化产生响应的医学仪器系统。静态取样则表示某一特定时刻及规定条件下由医学仪器系统获得的样本，它既可能与任何其他时刻的条件有关，也可能无关。图6.1所示为人体及其可被检测的主要生理信息。

6.1.1　医学信息的分类

对于人体生理信息，按照检测结果的表达方式可以分为三类，包括文字信息、一维信息与多维信息。文字信息可以通过中文或英文直接加以描述，如病人的姓名、年龄、性别、既往病史等信息。一维信息是从人体得到的随时间变化的生理信号，如心电信号（Electrocardiogram，ECG）、脑电信号（Electroencephalogram，EEG）、肌电信号（Electromyography，EMG）等。多维信息为二维或三维医学图像信息，如X-CT，MRI、B超平面或立体图像信息。

另外，按照生理信息的性质大体可分为化学信息、物理信息和感受性信息三大类。化学

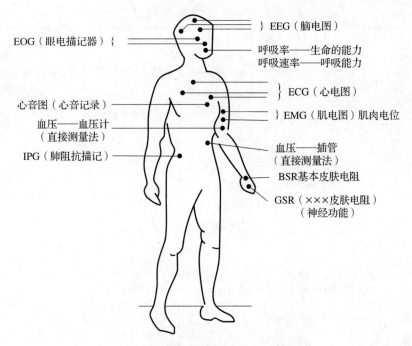

图 6.1　人体及其可被检测的主要生理信息

信息包括体内各种化学物质的成分和各种生化参量，通常用化学电极检测。物理信息可分为生物电信息和非电信息。对于心电、脑电、眼电等生物电信息需要用生物电极直接从生物体取出，而对于心率、血压和体温等非电信息则需要使用传感器转换成相应的电量。感受性信息包括视觉、听觉、痛觉、嗅觉，等等。

如果按照生理信息的测量方式，还可分为有创测量、微创测量和无创测量。

按照信号的产生方式可分为主动信号和被动信号。主动信号是由生理过程自发产生的，如心电和脑电等电生理信号，体温、血压、脉搏、呼吸等非电信号。被动信号是通过外界对人体施加某种信号，如 X 射线、超声波、同位素、磁场等，然后将生理状态信息通过这些信号的某些参数携带出来。

了解和掌握待测生理参数的幅值大小、频率范围、测量原理和方法，对于正确设计、选择和使用医学仪器是必要的。

6.1.2　人体生理信号的典型幅值和频率范围

表 6.1 所示为人体生理信号的典型幅值和频率范围。人体生理信号的频率带宽是指那些由生理现象所产生的所有频率。

表 6.1　人体生理信号的典型幅值和频率范围

人体生理信号	生理信号的主要幅值范围	生理信号的主要频率范围
心电图（ECG）	$50\ \mu V \sim 50\ mV$	美国心脏协会规定的 $0.05 \sim 100\ Hz$，$3\ dB$
脑电图（EEG）	$2 \sim 10\ \mu V$（头皮）	$1 \sim 100\ Hz$（头皮），$10 \sim 2\ kHz$（针电极）

续表

人体生理信号	生理信号的主要幅值范围	生理信号的主要频率范围
肌电图（EMG）	20 μV ~ 10 mV	10 ~ 10 kHz（玻璃电极）
眼电图（EOG）	10 μV ~ 4 mV	0.1 ~ 100 Hz
血压脉波	5 ~ 15 mV	—
血压（间接测量）	0 ~ 300 mmHg	0.1 ~ 500 Hz
血压（直接测量）	0 ~ 40 mmHg（静脉） 0 ~ 300 mmHg（动脉）	0.1 ~ 100 Hz
血流	1 ~ 300 mL/s	1 ~ 20 Hz
心音（PCG）	—	5 ~ 4 kHz
呼吸速率	500 mL 空气；10 ~ 20 次/min	0.15 ~ 1.5 Hz
呼吸流量速率	3 ~ 100 L/min	—
未处理的皮肤电阻	50 ~ 800 kΩ	—
胃电图（EGG）	10 μV ~ 80 mV	0 ~ 1 Hz
胃酸碱度	3 ~ 13（pH 值）	直流 ~ 1 Hz
P_{O_2}	30 ~ 100 mmHg	直流 ~ 2 Hz
P_{CO_2}	40 ~ 100 mmHg	直流 ~ 2 Hz
P_{CO}	0.1 ~ 0.4 mmHg	直流 ~ 2 Hz
P_{N_2}	1 ~ 3 mmHg	直流 ~ 2 Hz

假如生理信号相当缓慢或呈正弦曲线变化，如脑电图，则其形成的频带就相对较窄，所用传感器的带宽也相应较窄；而对于像压力监护中的那些中等带宽的频率，所用的传感器相应地就必须有中等宽度的频率响应。

人体生理信号的典型幅值和频率范围为放大器、滤波器以及生理信号采集系统的 A/D 转换器的设计提供了依据。就心电图机的心电放大器而言，成年人的 ECG 的输入幅值约为 5 mV，输入到 A/D 转换器的双峰值可以是 5 V，这样就要求放大器的放大倍数约为 1 000 倍；频带宽度应该是 0.05 ~ 100 Hz；A/D 转换器的采样频率应该大于 200 Hz。

6.1.3 人体生理信号的特点

掌握人体生理信号的特点，是智能医学仪器设计的前提。生物体是一个极其复杂的系统，在生命活动中的各种信息都同时存在并彼此相关，不可能在信号测量中为排除无关信号而令某些生命活动停止。因此，生物系统的复杂性决定了生物医学信号的复杂性，其复杂性主要表现为随机性和强噪声干扰及非线性上。生理信号具有以下特点。

1）随机性

生物医学信号几乎都是随机的，只能用统计分析的方法来研究。由于生物系统的特异性，生物医学信号因人而异。从系统角度看，其传递函数是时变的；从信号角度看，其统计特性随时间变化，即非平稳随机信号。因此，不能简单从一个样本函数中提取信息，而必须用足够多的样本做统计分析。

2）强噪声

由于生物系统的复杂性，信号中总混有其他非研究对象的信号、噪声、干扰，主要包括人体噪声、测量噪声、环境干扰等，给生物医学信号的提取和处理带来很大困难。这些噪声不仅不可能避免，而且有些很强。例如，在用体表电极提取人体的心电信号时，同时可以提取到肌电信号；在检测声光刺激下的诱发脑电时，自发脑电则为噪声；在经过母体检测胎儿心电信号时，母体心电则为噪声。这些体内噪声很强，甚至可能淹没被测信号。另外，各种生物都生活在一定的环境中，因此生物医学信号又极易受到外界环境的干扰，如环境电场、磁场和电磁场的干扰和外界刺激对所研究信号的干扰。总之，生物医学信号是强噪声下的微弱信号。

3）非线性

非线性的产生也与生物体机能有密切关系。与记忆有关的非线性，一般可以从感受所表现出来的调节与适应机能看到。特别是在神经核肌肉兴奋的不应期看到。至于与记忆无关的非线性则更多。非线性具有扩大生物机能的动态范围的作用，因此，生物医学信号非线性是显而易见的。

4）幅值小，频率低

其幅值从几微伏到几毫伏，其频率从 0.01 Hz 到 10 kHz。

生物医学信号的以上特点决定了这类信号提取和处理的困难性和复杂性。

6.2 智能医学仪器的基本组成和分类

"早期发现，精确治疗，个性化服务"是 21 世纪医学临床的努力方向，医疗数字化、信息化是最重要的技术保证，医疗仪器数字化、智能化是实现信息化的基础。特别是在科学技术高速发展的今天，医生对病人的诊断和治疗都极大地依赖于医学仪器所获取的各种信息，如果缺少智能仪器的帮助，疾病诊断和治疗都将是一个难题，其准确率和有效率就不可想象。

6.2.1 医学仪器系统的组成

医学仪器可以帮助医生扩展他的感官功能，在某种意义上可以说，它能为医生提供新的感官功能来收集信息。生物医学信号检测仪器是用于提取生物医学信号，根据应用目的对提取的信号进行处理，并将结果输出的系统。其种类和用途虽然很多，但其基本组成都包括信号提取、信号处理和信号输出三大部分，如图 6.2 所示。生理信号首先从人体的特定部位通过电极或传感器提取出来，并转换成电信号。这些信号通过信号处理（放大、滤波、抑制干扰等），然后传到处理器进行分析处理等操作。处理后的结果信息进入显示器、记录器和数据传输部分。显示器和记录器可以具体、形象地记录和显示诊断的结果。通信部分可以将信息通过 Internet 传输到远端。

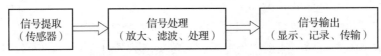

图 6.2　生物医学信号检测系统基本组成

信号提取部分的功能在于感知被测信息（一般为物理量或化学量），并使之转换成易于测量和处理的电信号。信号获取通常采用电极或传感器来实现，它是检测系统与生物体相耦合的界面，是检测系统的关键部分，对系统的性能和生物体的安全起决定性作用。生物医学传感器的种类很多，总体来说可以分为物理传感器、化学传感器和生物传感器。

1）物理传感器

利用物理性质和效应制成的传感器叫作物理传感器。目前国内对传感器的分类方法有两种，一是按传感器的工作原理分类，二是按被检测对象分类。按工作原理可分为应变式、电容式、压电式、磁电式、热电式和光电式传感器；按被检测对象可分为位移、压力、振动、流量、温度和光学等传感器。

2）化学传感器

化学传感器是把人体内某些化学成分、浓度等转换成与之有确切关系的电信号的器件。化学传感器近年来发展很快，大多是利用某些功能性膜对特定成分的选择作用把被测成分筛选出来，进而用电化学装置将其转化为电信号。一般是按照膜电极的响应机制、膜的组成和膜的结构进行分类，有离子选择性电极、气敏电极、湿敏电极、涂丝电极、聚合物荃质电极和离子选择性电极藻片等。

3）生物传感器

生物传感器是利用某些生物活性物质具有的选择性识别待测生物化学物质的能力而制成的传感器，是一种以固定化的生物体成分（酶、抗原、抗体、激素）或生物体本身（组织、细胞，等等）作为敏感元件的传感器。根据所用敏感物质的不同，分为酶传感器、免疫传感器、微生物传感器、组织传感器和细胞传感器等；根据所用的信号转换器的不同，又可将生物传感器分为电化学生物传感器、半导体生物传感器、测热型生物传感器、测光型生物传感器和测声型生物传感器等。为了更明确地反映传感器的敏感特性和转换特性，实用中常综合使用上述两种分类法，如酶传感器中常分酶电极、酶热敏电阻、酶光极等。

近年来，生物医学传感器发展迅速，但基本上按以下两个方向发展：

（1）传感器本身的研究和开发。

（2）与数字转换及计算机技术相结合的传感器的研究和开发。

其中，传感器本身的研究和开发又有两个分支：一个是传感器基础研究，包括研究发展传感器用的新技术和新原理；另一个是新的传感器产品的开发。

信号处理部分对获取的信号进行放大、存储、处理等工作，以达到所需要的结果。这部分的关键是处理方法，现普遍采用数字技术和计算机技术，各种信号处理方法已用于不同的生物医学信号处理中，使检测系统的性能越来越强，它对生物医学检测系统的功能起关键作用。

信号输出部分是将各种检测结果最终以一定形式显示给需要者。这部分的关键是要具备良好的人机对话和适宜的性能，以便于结果的方便应用，保证能准确地重复被测信息的特征和内容。

6.2.2　医学仪器系统的基本功能

人体各种不同的生理信息来源于人体特定部位，如从脑部可获得脑电、脑磁信号；在人体的胸前可以获得心电信号。这些人体的生理信息与相应的疾病有密切关系。不论是中医的"望、闻、问、切"，还是西医的听诊、测体温、量血压，都是从病人身上获取与诊治疾病密切相关的各种生理信息，然后与已为人们所掌握的经验进行比较做出判断，如此往复直至病状消失为止。

医学仪器系统的基本功能大致分为以下几种：

（1）采集信息。测量人的生理参数和人所处周围环境的自然现象，帮助人们探索自身和所处环境的知识。

（2）诊断和治疗。根据采集的信息，进行一定处理后，评价是否满足被测系统功能的要求，并对被测系统的故障进行治疗。一些仪器可以直接将电、声、光、热等形式的能量作用于人体以改变人体内部某些系统的参数；有些仪器甚至可以与人体组成闭环系统，依靠人的某种输出参数控制仪器输送给人体能量的性质和大小。

（3）监护。取得被测系统状态的连续或周期性信息，监视某些过程或操作。

（4）控制。根据系统一个或多个内部参数的变化来控制系统的操作。

所以说医学仪器能帮助医生诊断疾病，也广泛用来治疗人体各种机能失调等疾病；在常规的体检中，可用其评定身体健康状况。

医学仪器通常分为临床和研究两大类。临床仪器主要用于疾病的诊断、监护和治疗，此类仪器应便于使用、操作，结构应牢固可靠，以便医生获得足够可靠的信息，从而做出正确的临床判断。研究用仪器主要用于对生物医学基础理论的研究，要求仪器有较高的精度和分辨率，仪器的设计更复杂、更专业化。有一些仪器的作用介于两者之间，在临床医学和基础理论研究领域都能使用。

6.2.3　医学仪器的分类

医学仪器是人类与疾病进行斗争（包括预防、诊断、治疗、监护和康复）必不可少的重要设备。目前，市场上有 40 000 多种不同的医疗仪器。在中国，一所医院拥有医疗仪器或医疗设备的档次和数量已成为衡量医院档次高低的重要标志。

当前，医学仪器大致可以分为八大类：医学成像装置类、医学电子仪器类、医学分析仪器类、医用光学仪器类、人工器官仪器类、放射治疗仪器类、理疗与中医仪器类以及新型医疗仪器类。

1）医学成像装置

医学成像装置的特点是直观、形象，信息量丰富，便于观察和存储，已成为医院诊断水平和现代化的重要标志，3D 断层扫描图像使医生能了解病灶或肿瘤大小、形状及在人体内部相对的空间位置，提高了医生的诊断准确性和手术成功率，缩短了手术时间，也减轻了病人的痛苦。不仅在手术过程中起着重要作用，而且医学图像还能使治疗效果可视化，使医生能直接了解治疗的过程和疗效。医学成像装置的种类有：X 射线成像装置（X - CT）；核磁共振成像装置（MRI）；超声成像装置（US）；正电子断层扫描成像系统（PET）。

2）医学电子仪器

医学电子仪器的特点：技术上微电子化、智能化、组合化和遥测化；产品上自动化、小型化和多功能化。医学电子仪器主要有心脑电仪器和监护仪器。

3）医学分析仪器

医学分析仪器的特点：快速、微量、自动、准确和多功能化，即测定的时间要短，所用标本量要少，自动化的程度要高，分析和检验的结果误差要小，功能要丰富。医学分析仪器主要有以下两类：

（1）生化分析仪——化学分析仪器、血液分析仪器、免疫血清检测装置，细菌、病理等的检测装置。

（2）血液分析仪——除了计算 P_H、P_{O_2} 和 P_{CO_2} 外，还能计算出血红蛋白、血细胞比等。

4）医用光学仪器

此类仪器包括内窥镜、医用激光仪器、眼睛光学仪器和显微镜等。其中以前两种发展最快。

5）人工器官仪器

人工器官是用来部分或全部替代病损的自然器官、替代或修复自然器官的功能的器件或装置。其发展的方向是："暂时代替"向"长期"或"永久代替"发展；"体外应用"向"体内植入"进展；"装饰性"向"功能性"发展。

6）放射治疗仪器

放射治疗，仍是治疗癌症的一种主要手段。常用的有深部 X 射线治疗机，钴^{60}治疗机和医用电子直线加速器，遥控远距离放射治疗机，X 刀、伽马刀等，其他的一些新颖放射治疗装置，有 π 介子治疗机、中子治疗机、质子和重离子等粒子束流放射治疗机等。

7）理疗与中医仪器

此类仪器包括微波理疗仪、中频理疗仪、肌电生物反馈仪、特定电磁波治疗仪、中医脉象仪等。

8）新型医疗仪器

（1）医用机器人——一种微机的辅助技术。

（2）微型医学仪器——应用微型医学仪器可以完成传统的手术，或者取得更好的诊疗效果。如美国研制成的医用机械蛇，长 25 cm，带有许多环节，通过微机控制，能弯曲前进。装上微型摄影机就可将拍摄到的图像通过无线电波传输到显示屏上，装上激光就能施行手术。

上述八大类还远远不能概括医疗仪器领域的全貌，但从这里对医疗仪器和器械的分类与发展动向可以有一个大致的了解。

6.2.4　医学仪器的发展趋势

人类科学技术日新月异的发展，促进了医疗仪器的蓬勃发展，新型医学产品层出不穷，老产品持续更新。目前，在世界范围内，医学仪器正以大约每年 10% 的速度增长，大大超过了许多行业的增长速度。许多工业发达国家都把医学仪器列入高科技领域，投入大量的人力研制开发，造就了医学仪器研发生产的大好局面。

现代医学仪器发展的总趋势可用"直观、无创、高效、经济"8 个字来概括。直观就是能直接观察人体内部状况；无创指对人体无创伤；高效是指诊断准确率高，疗效显著；经济则指购置和使用费用低。只有这样的医学仪器才具有竞争力和生命力，才能迅速发展。随着分子医学的不断实践，新的预防和新的诊断、治疗方法层出不穷，它们将直接针对造成疾病的分子、细胞或生理缺陷。而精确无创的成像和诊断技术将是新医学方法的基础，智能仪器也要适应这种发展的需要。

6.3　便携式动态血压仪设计

血管内血液在血管壁单位面积上的垂直作用力称为血压。心脏收缩时所达到的最大压力称为收缩压，它把血液推进主动脉，并维持全身循环。心脏扩张时所达到的最低压力称为舒张压，它使血液能回流到右心房。若血压过高，则心室射血必然要对抗较大的血管阻力，使心脏负荷增大，心脏易于疲劳；若血压过低，则心室射出的血流量不能满足组织正常代谢的需要。因此，通过测量心脏的不同房室和外围血管系统的血压值，有助于医生判断心血管系统的整体功能。

人体血压测量常用的方法有直接测量和间接测量两类。血压直接测量方法可提供血压信号的连续波形，同时具有较高的精度，但是测量十分麻烦且对人有创，操作要在无菌的环境下进行。间接测量方法简单易行而且无创，使用方便；其缺点是精度较低，只限于对动脉压力的测量。

6.3.1　血压测量的原理及方法

无创血压测量方法有很多，包括柯氏音法、示波法、超声法、脉搏延时法、张力测定法等，其中最常用的方法为柯氏音法和示波法。示波法是无创检测法中唯一能测量动脉平均压的方法，同时其测量收缩压、舒张压的可靠性优于电子柯氏音法。以下详细介绍这两种方法。

1. 柯氏音法

柯氏音法是临床上常用的无创检测方法。其原理是利用充气袖带压迫动脉血管，随着袖带压力的下降，动脉血管呈完全阻闭→渐开→全开的变化过程，通过辨别血流受阻过程中的过流声音及相应的压力点来确定收缩压和舒张压，如图 6.3 所示。

电子柯氏音检测法的基本原理就是把传统的人工柯氏音法用电子技术来代替。袖带的充气、放气由仪器内的气泵来完成，放置于袖带下的柯氏音传感器代替医生的听诊器。检测过程是：气泵充气，经袖带在血管壁上加压，当压力增大到一定程度时，阻断了血管中的血液流动，放置于袖带下的柯氏音传感器检测不到血管的波动声；然后慢慢放气，当压力下降到某个值时，血流冲过阻断，血管中开始有血液流动，柯氏音传感器检测到脉搏声，此时所对应的压力值就是收缩压；气泵继续放气，当外压再度下降到某一值后，血管壁的形变将恢复到没有压力的状态，传感器检测的柯氏音从减音阶段到无声阶段，此时对应的压力值就是舒张压。柯氏音无创血压监护系统由以下几个部分组成：仪器内袖带充气系统、袖带、柯氏音传感器、音频放大器及自动增益调节电路、A/D 转换器、微处理器及显示部分。仪器内的袖带充气系统能以不同的速率和时间间隔控制袖带的充气和放气，也可由面板上的开关控制单次工作。压力传感器、声音放大器输入柯氏音和袖带压力。它提供两个输出：一个是与袖

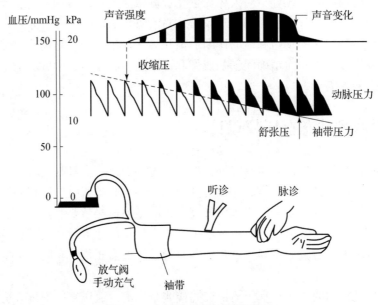

图 6.3　柯氏音法血压测量原理

带压力成正比的电压；另一个是柯氏音或脉搏信号。最后经过处理器运算后显示收缩压和舒张压。

柯氏音法存在的主要问题如下。

（1）测量值依赖人的听觉、视觉以及协调程度，有一定的主观性并难以标准化。

（2）血压测量容易受环境噪声干扰。

（3）平均压难以检测出来。

2. 示波法

20 世纪，法国生理学家 Mary 发现对手臂施压时会引起脉搏波振动幅度发生相应的变化，据此提出依据脉搏振动幅度对血压测量的方法，叫测振法或示波法。20 世纪 70 年代，随着微电子技术的发展，利用充气袖带和压力传感器的自动测量技术使示波法得到快速发展。示波法测量血压通过建立收缩压、舒张压、平均压与袖带动脉压力波的关系来判别血压。因为脉动压力波与血压有较为稳定的相关性，所以利用示波法原理测量血压，其结果比听诊法准确。

目前监护仪大多采用示波法测量无创血压。测量时自动对袖带充气，到一定的压力开始放气，当气压降到一定程度时，血流就能通过血管，波动的脉动血流产生振荡波，振荡波通过气管传播到机器里的压力传感器，压力传感器能实时监测袖带内的压力及波动。如图 6.4 所示，袖带逐渐放气，随着血管受挤压程度的降低，振动波越来越大。随着放气过程的继续，袖带与手臂的接触越来越松，压力传感器检测到的压力及波动也越来越小。这样，仪器测量到的是一条叠加了振荡脉冲的递减的压力曲线。如图 6.4 所示，曲线上脉动幅度最大的点所对应的袖带压力即动脉的平均压，然后根据经验值计算收缩压和舒张压。放气过程中实际连续记录的脉搏波的脉动成分呈现抛物线包络，如图 6.5 所示。示波法的关键在于找到放气过程中连续记录的脉动的包络及与动脉血压的关系。

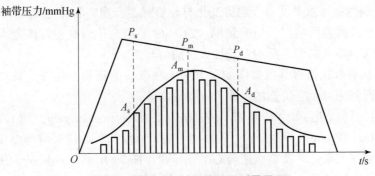

图 6.4　基于放气过程的血压测量原理

P_s—收缩压；P_d—舒张压；P_m—平均压

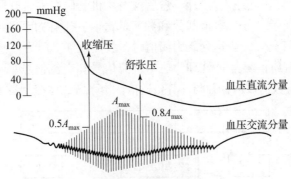

图 6.5　示波法原理

示波法的主要优点如下。

(1) 排除了操作者主观因素的影响，也不受环境噪声的干扰。

(2) 便于计算机自动处理，其振荡波对于动态血压监测具有重要意义。

(3) 可直接测量出动脉平均压。

示波法适用范围广，且脉搏信号频率较低，适于计算机处理，能较可靠地测出血压。利用示波法判定收缩压和舒张压的具体方法主要有两种：波形特征法和幅度系数法。波形特征法的基本原理是：利用脉搏波包络线的拐点测量血压，上升时拐点对应的静压力为收缩压，下降时拐点对应的静压力为舒张压。这种方法测量的个体适应性较差，测量精度不稳定，已逐渐被幅度系数法所替代。幅度系数法的基本原理是利用压力波最大幅值的比例关系来识别收缩压和舒张压。目前电子血压计和动态血压监测产品中，绝大部分基于幅度系数法，它已被医学界普遍接受，并在临床上得到广泛应用。

6.3.2　动态血压监测仪硬件总体设计

动态血压监测是一种连续 24 小时采用间接无创性测量方法，并按设定的时间间隔进行跟踪测量和记录血压的一种血压监测方法。其能够反映病人昼夜血压变化的总体状况和变化趋势，具有以下优点。

(1) 可提供 24 小时或更长时间的多个血压值，具有更好的重复性，因而可发现偶测血压不易发现的血压升高病人，尤其是对于夜间血压升高者，能够明确诊断高血压。

(2) 动态血压监测较少地受到心理行为和安慰剂的影响，有利于排除"白大衣高血压"。

（3）所反映的血压水平及昼夜趋势变化与心脑肾器官损害程度之间具有较好的相关性，可评价高血压病人的愈后情况。研究证明：24 小时平均血压值高、标准差大以及血压昼夜节律消失的病人，器官损害严重的可能性大，愈后较差。

（4）可提供谷峰比值等常规血压测量方法无法取得的资料，是评价抗高血压药物的降压效应及维持时间的一个有价值的指标，可指导临床治疗。

（5）其他：同时记录动态心电图（Dynamic Electrocardiogram，DCG）和动态血压（Ambulatory Blood Pressure，ABP），可观察冠心病、心绞痛、心律失常与血压升高或降低间的因果和时间顺序关系，以及高血压与心率变异性（Heart Rate Variability，HRV）变化、植物神经张力变化之间的关系等，有利于推测愈后，制定合理的治疗方案。

便携式动态血压监测仪具有以上优点，可以实时记录血压值，准确、实效地帮助医生诊断疾病，特别是在高血压病诊断、治疗、愈后及发病机制研究中具有重要意义。系统硬件总体设计框图如图 6.6 所示，分为模拟部分和数字部分。其工作过程为：微处理器控制气泵、阀门工作，对袖带进行充气，当达到压力阈值时，缓慢放气，压力传感器感受来自袖带的压力并输出血压信号。血压信号经过处理，输出直流信号和交流信号。两路信号经 A/D 转换、微处理器处理后，进行数值显示，并与计算机通信。本系统的微控制器采用 AT89C51 单片机。

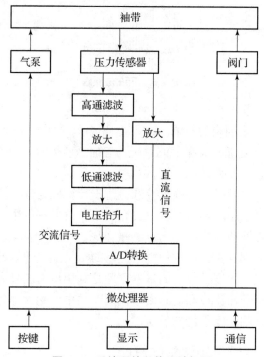

图 6.6 系统硬件总体设计框图

6.3.3 血压传感器的选择和驱动

血压的测量范围一般是 0～200 mmHg，本书选择飞思卡尔（Freescale）公司的压力传感器 MPX5050DP（内部示意图如图 6.7 所示），其内部含有温度补偿和放大器输出功能，可以直接与单片机接口相连，使用十分方便。MPX5050DP 压力传感器外观如图 6.8 所示，具有以下特点：

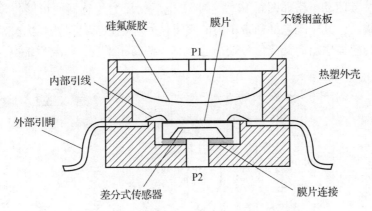

图 6.7　MPX5050DP 压力传感器内部示意图

（1）在 0～85 ℃时的最大误差为 2.5%。

（2）温度补偿范围：−40～125 ℃。

（3）压力测量范围：0～50 kPa（0～375 mmHg）。

（4）供电电压：5 V（4.75～5.25 V）。

（5）满量程输出：4.7 V。

（6）零位偏压电压：0.2 V。

（7）灵敏度：90 mV/kPa，反应时间为 1.0 ms。

（8）压力类型：差分值。

（9）电源电流：7.0 mA。

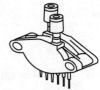

图 6.8　MPX5050DP 压力传感器外观

传感器输出与压力关系示意图如图 6.9 所示，在 0～50 kPa 范围内即 0～375 mmHg（1 kPa≈7.5 mmHg），信号输出与压力信号是严格的线性关系，这保证了结果的准确性。而人体的正常血压约为 120 mmHg/80 mmHg，即使是高血压患者的血压值也不超过这个范围，而且其误差率低、灵敏度高、功耗低、输出信号大。MPX5050DP 具备多种优点，完全满足

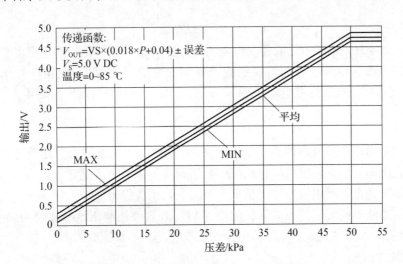

图 6.9　传感器输出与压力关系示意图

本次设计要求。其驱动电路如图 6.10 所示，上电后，压力传感器便可以将输入的压力信号转换为电信号输出，其中既包括袖带压力的直流信号，也包括袖带内压力交流分量和一些高频干扰信号。传感器输出的交流信号较小且含有一些高频干扰，需要后续电路放大、滤波。

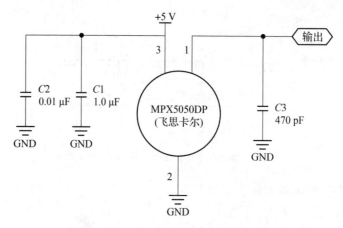

图 6.10　传感器驱动电路

6.3.4　血压信号模拟调理电路设计

1. 血压信号高通滤波电路设计

本设计所采用的运放是 ST 公司的 TL062，它是一种双运放、低噪声、低功耗的运算放大器，其价格便宜、使用方便。

1 Hz 高通滤波器电路如图 6.11 所示，其为二阶巴特沃兹滤波器，截止频率为 1 Hz，它可以滤除直流信号以便后续电路放大处理。如果不滤除直流信号直接进行放大处理，直流信号较大，很容易出现电压饱和，所以在放大之前一定要滤除直流信号。人体的血压交流信号在 1 Hz 左右，所以选择截止频率为 1 Hz。确定采用有限增益有源滤波器模型作为电路基础结构，电容选择 0.1 μF。根据以下公式：

$$f = \frac{1}{2\pi RC} \tag{6.1}$$

计算出 $R \approx 1.59$ MΩ，电路中选取标准电阻 $R1 = 1.6$ MΩ，所以实际截止频率会略低于标称值。查询相关表格，得到二阶巴特沃兹滤波器的总增益为 1.586。根据已知增益，对于图 6.11 所示滤波电路，选取标准电阻 $R3 = 10$ kΩ，$R4 = 5.6$ kΩ，则实际增益为

$$A = 1 + \frac{R4}{R3} = 1.56 \tag{6.2}$$

在电路的输出端，另外附加了一个无源 $R-C$ 网络，用来滤除由于运放芯片本身失调电压所带来的直流偏置。这样就可以将交流信号进行接下来的放大处理了。另外，在运放正负电源与地之间加两个去耦电容，以增加整个电路的抗干扰能力。

为了验证滤波器的实际滤波效果，使用 MATLAB 软件绘制出该滤波器的幅频特性曲线，如图 6.12 所示，由图可见该滤波器满足设计要求，达到了预期效果。

2. 交流放大部分

压力传感器输出的血压振荡波信号为毫伏级，不能满足信号采集电路的输入要求，所以

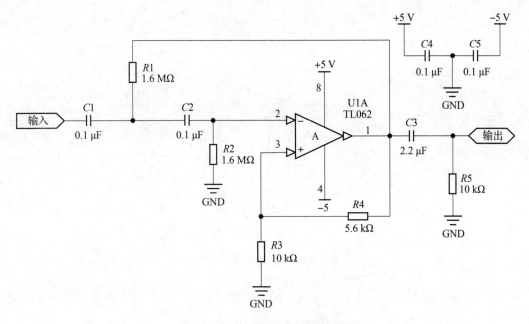

图 6.11　1 Hz 高通滤波器电路图

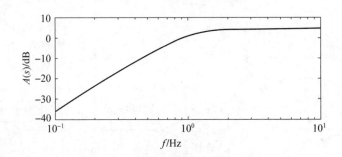

图 6.12　滤波器仿真结果示意图

需要对信号进行放大处理。考虑到信号的放大倍数较大，所以本次设计采用两级放大电路，如图 6.13 所示。第一级放大为同向比例放大器，放大倍数为 19；第二级放大为倍数可调的同向比例放大器，放大倍数可达 50。同样在每个运放电源与地之间都加了去耦电容，使整个电路的抗干扰能力进一步增强。

3.　直流放大部分

压力传感器输出血压直流信号较大，一般可达 1~2 V，为了方便后续进行 A/D 采集，也要进行适当的放大，采用放大倍数可调的同向比例放大器，放大倍数可达 6，并可以根据需要进行调整，以满足后续进行数据采集的需要。如图 6.14 所示，因为本次设计采用的 A/D 转换器为 ADC0809，参考电压为 5 V，为了防止过高电压对 A/D 转换器产生影响，在电路的后端加了一个 4.7 V 的限压二极管，以保护后续电路。

4.　40 Hz 低通滤波器

低通滤波器主要负责滤除高频率的干扰信号。如图 6.15 所示，该设计采用截止频率为 40 Hz 的二阶巴特沃兹低通滤波。其设计过程和 1 Hz 二阶高通滤波器相似。电路同样基于有

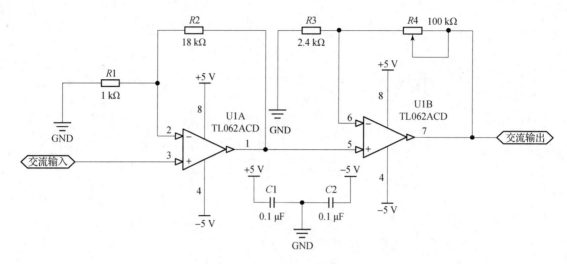

图 6. 13　交流信号放大电路

限增益有源滤波器电路结构，电容选择 0. 1 μF，电阻经计算并选择标准阻值定为 39 kΩ。电路总增益为 1. 56。

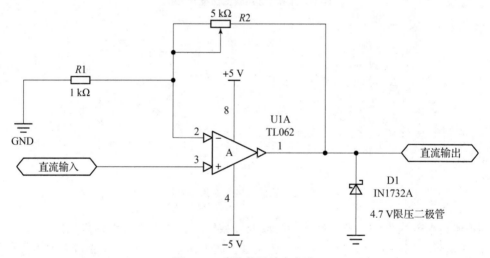

图 6. 14　直流信号放大电路

同样，在电路的输出端，另外附加了一个无源电阻－电容（*R* － *C*）网络，用来滤除由于运放芯片本身带来的高频干扰。另外，在运放正负电源与地之间加两个去耦电容，以增加整个电路的抗干扰能力。

为了验证滤波器的实际滤波效果，使用 MATLAB 软件绘制出该滤波器的幅频特性曲线，如图 6.16 所示，从图中可见该滤波器满足设计要求，达到了预期效果。

5. 电压抬升电路

血压交流信号经前面电路处理后，有一部分为负值，不能满足 A/D 转换器的输入要求，所以需要加一个电压抬升电路，如图 6.17 所示，将电压负值抬升为正值。本次设计为可调式电压抬升电路，为了保证电路的稳定性加了一个电压跟随器。同样在电路的后端加了一个 4. 7 V 的限压二极管，以保护后续电路。

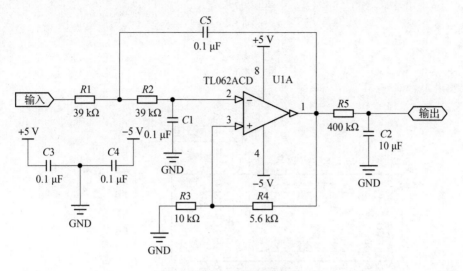

图 6.15 40 Hz 低通滤波器

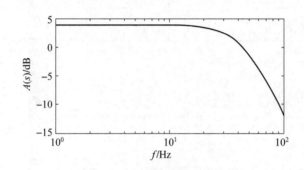

图 6.16 滤波器仿真结果示意图

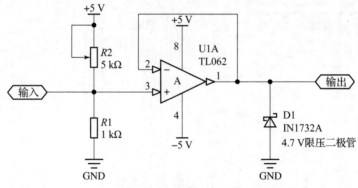

图 6.17 电压抬升电路

6.3.5 血压信号采集电路设计

A/D 转换与微处理器模块硬件电路如图 6.18 所示，直流信号、交流信号两路信号分别进入 ADC0809 的 0 通道和 1 通道，通过控制引脚 A 来选择通道，分别对交流信号和直流信号进行采集。

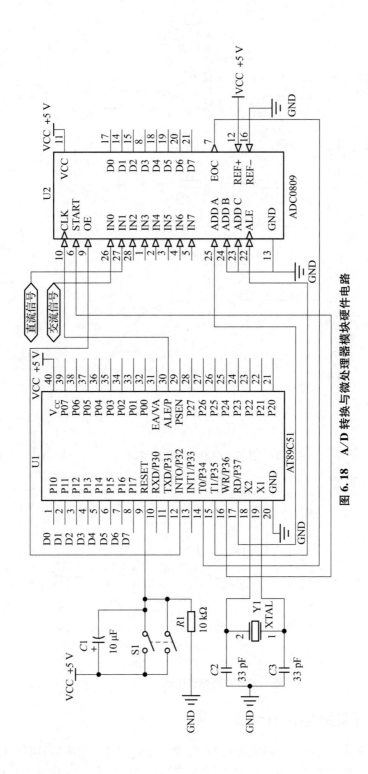

图 6.18 A/D 转换与微处理器模块硬件电路

6.3.6　动态血压仪显示电路设计

液晶屏是人机交互的重要部分，液晶显示器以其微功耗、体积小、显示内容丰富、超薄轻巧等诸多优点，在袖珍式仪表和低功耗应用系统中得到越来越广泛的应用。本次设计需要显示的主要内容为血压平均值、收缩压和舒张压。所以对显示器的要求不是很高，这里选用了液晶屏 LCD1602，其主要技术参数如下。

（1）显示容量：16×2 个字符。

（2）芯片工作电压：$4.5 \sim 5.5$ V。

（3）工作电流：2.0 mA（5.0 V）。

（4）模块最佳工作电压：5.0 V。

（5）字符尺寸：$2.95 \times 4.35(W \times H)$ mm。

该液晶显示电路如图 6.19 所示，微处理器将处理的数据显示到 LCD1602 液晶显示屏上，以方便观察实验结果。

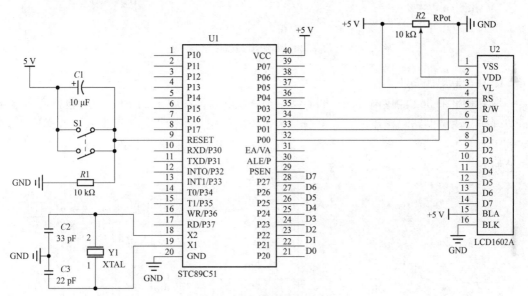

图 6.19　液晶显示电路

6.3.7　动态血压仪通信接口电路设计

系统串口通信电路如图 6.20 所示。本系统使用串口通信主要有三方面考虑：一是有利于系统调试时确定软件错误发生的位置；二是有利于向计算机发送 A/D 转换的数据，可以监测 A/D 转换结果是否符合本次设计的要求；三是为了实现血压仪所记录的数据能够进行传输，为数据的进一步处理以及波形分析提供数据。

6.3.8　动态血压仪电源模块设计

由于本次设计所选用的运算放大器 TL062 需要正负双电源供电，所以必须设计产生 ± 5 V 的电路，以满足 TL062 的要求。系统的气泵和气阀需要 3 V 电压供电，所以还要设计产生 3 V 的电路。

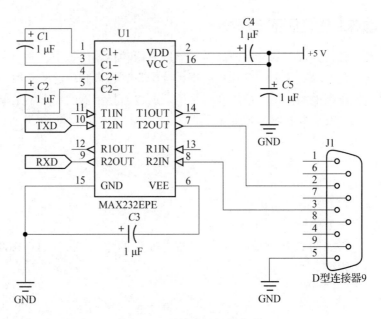

图 6.20 系统串口通信电路

1. ±5 V 电源

为了满足 TL062 的供电要求，设计了 ±5 V 双电源，如图 6.21 所示。它包括变压电路、整流电路、滤波电路和稳压电路 4 部分。为了方便使用，本次设计为可调式电源模块，其可调电压为 1.2 ~ 3.7 V，完全满足本次设计要求，使用的稳压器为 LM317 和 LM337。其主要参数如下。

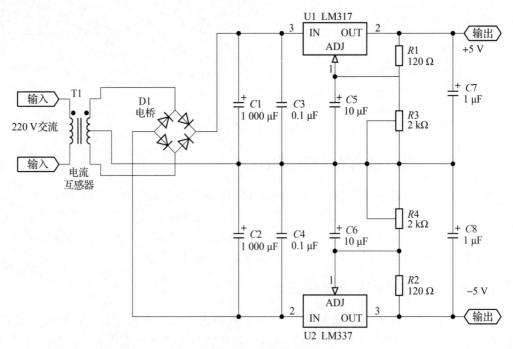

图 6.21 5 V 电源电路

（1）可调电压为 1.2 ~ 37 V。

（2）最大输出电流为 1.5 A。

（3）电压调整率为（0.01%）/W。

（4）负载调整率为 0.3%。

（5）热调整率为（0.002%）/W。

（6）77 dB 纹波抑制。

（7）输出短路保护。

（8）内部过热过载保护。

（9）输出短路保护。

2. 3 V 电源

系统中的气泵和气阀的供电电压为 3 V 左右，系统采用了 5 V 电源经过三个二极管降压后得到，电路如图 6.22 所示。

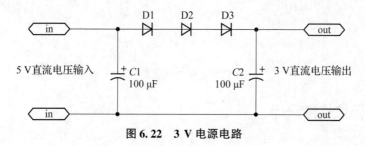

图 6.22　3 V 电源电路

6.3.9　气泵、气阀驱动硬件电路

1. 气泵驱动电路

系统中袖带的充气由气泵完成，其驱动电路如图 6.23 所示，单片机控制气泵的开启和关闭，为了防止气泵工作可能会对单片机产生影响，在单片机与气泵之间加了光耦来进行隔离，在气泵的两端加了续流二极管以保护气泵。其工作过程为：当单片机输出为高电平时，光耦工作，从而使达林顿管工作，气泵工作。

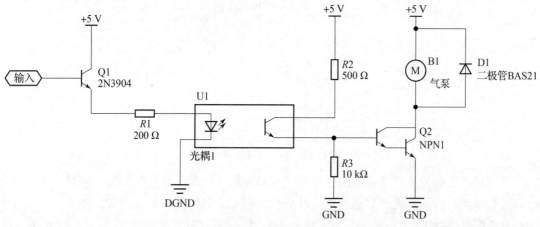

图 6.23　气泵驱动电路

2. 排气阀驱动电路

袖带的放气由排气阀控制，其驱动电路如图 6.24 所示，单片机控制排气阀的开启和关闭，与气泵的工作过程相似，当单片机输出为高电平时排气阀工作，而当单片机输出为低电平时排气阀停止工作，因此通过单片机可以很方便地控制排气阀的开启和关闭。

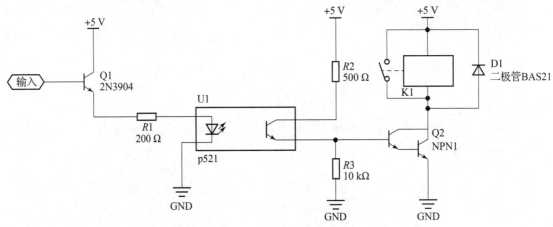

图 6.24 排气阀驱动电路

6.3.10 系统软件设计

系统软件总体设计如图 6.25 所示。

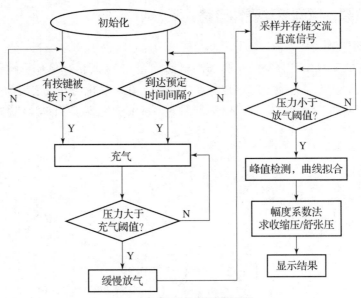

图 6.25 系统软件总体设计

系统软件部分的主要功能有通过单片机控制气泵、气阀的开启和关闭，先对交流、直流信号进行采集，再将采集的数据传送给计算机，对采集的数据进行处理和显示。其工作过程为：微处理器控制气泵、气阀开启和关闭，当达到预定时间或有按键被按下时，微处理器控制气泵、气阀工作，对袖带充气，从而实现对血压的动态监测。当袖带内的压力达到最高阈值时，微处理器控制气泵、气阀工作，使袖带缓慢放气。同时采集血压信号并将其存储或与计算机通信，当压力达到最小阈值时停止信号采集，微处理器对采集的数据进行处理，检测交流信号的峰值，并将峰值通过最小二乘法拟合，然后计算收缩压和舒张压，并将结果进行显示。

1. A/D 转换与串口通信软件设计

A/D 转换部分将模拟信号转换为便于单片机处理的数字信号，信号采集的关键是要正确设计采样频率。根据采样定理，采样频率至少要大于被采样信号频率的两倍，而在实际操作过程中，为了保证结果不失真，一般要保证采样频率为信号频率的 10 倍以上。为了利于系统调试时确定软件错误发生的位置，应向计算机发送 A/D 转换的数据，从而监测 A/D 转换结果是否正确。通过串口将采集的数据发送给计算机，在计算机上，应用 Excel 软件将数据进行处理，采集的血压信号的显示结果如图 6.26 ~ 图 6.28 所示。设计中每个波形的采样点大约为 40 个。在串口通信中一定要设定好波特率，否则就会出现发送错误，本次设计所用的波特率为 4 800。

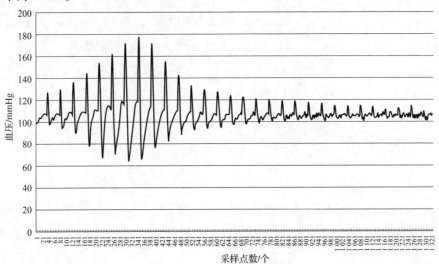

图 6.26　交流信号采集结果

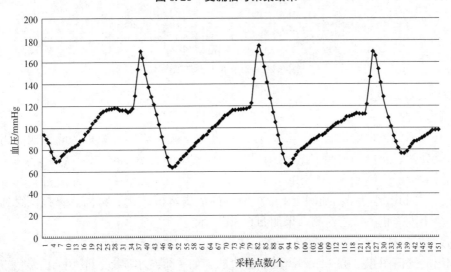

图 6.27　交流波形采样结果

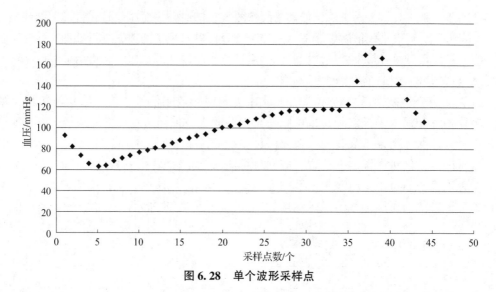

图 6.28　单个波形采样点

直流信号采样结果如图 6.29 所示，随着袖带放气，压力值不断降低。

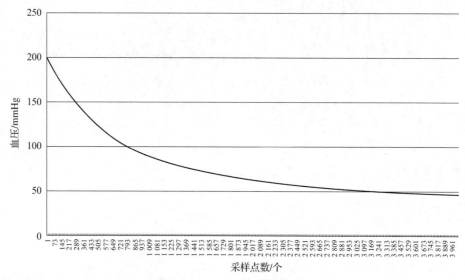

图 6.29　直流信号采样结果

2. 数据处理与运算

1）峰值检测

A/D 转换后的数据要进行进一步处理，要将采集的交流信号数据的峰值检测出来，以便系统后续处理。交流信号峰值检测的思想是对采集的交流信号数据 A_C[ ] 进行计算，BL = A_C[i+1] - A_C[i]，如果 BL 大于 0，max_y[k] = A_C[i+1]；max_x[k] = i+1；再向下寻找，直到 BL 小于 0，则确定上一个暂定的值为峰值。然后再向后寻找，直到将所有的峰值检测出来为止。峰值检测结果如图 6.30 所示。

2）最小二乘法

检测出的峰值图像是由一系列离散点组成的，如果想减小误差，最好求出峰值点的包络曲线，然后再应用示波法原理求收缩压、舒张压。通过样条插值、拉格朗日插值、最小平方

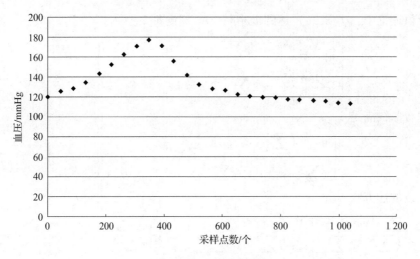

图 6.30　峰值检测结果

逼近、拉格朗日逼近、多项式拟合等大量的算法和实验数据比较，最小二乘法所得数据与需要的实际数据最接近，因此本书在拟合算法上采用最小二乘法。下面首先介绍最小二乘法拟合曲线的原理。

如果某一函数 $f(x)$ 在若干个点 x_k（$k = 0$，1，2，$\cdots$，n）处的函数值 $y(k)$ 已经求得，便可以根据插值原理来建立一个次数不超过 n 的插值多项式 $p_n(x)$ 作为函数 $f(x)$ 的近似。多项式是一种既简单又便于计算和分析的函数，可以用它来计算函数 $f(x)$ 在插值区间内异于节点 x_k 处的函数近似值，也可以计算函数 $f(x)$ 在相应区间上的积分近似值。但是，如果函数 $f(x)$ 的解析表达式未知，而在诸 x_k 处的函数值 y_k 是用实验观测的方法得到的，情况则有所不同，因为这样得到的函数值 y_k 带有一定程度的误差 e_k，它们具有随机的性质，这就需要在计算过程中设法消除误差的干扰所造成的不利影响。

例如，假设数据点 (x_k, y_k) 的分布情况近似于一条直线，在精度要求不太高时，可以用线性函数 $ax + b$ 作为未知函数的近似。然而，即使未知函数确实为线性，但由于数据点为观测得到的，它们也不会正好都在一条直线上。从直观上看，要确定线性函数的两个系数 a 和 b，只需要两组数据就够了。实际则不然，为了消除数据误差的干扰，要求多取一些数据，并利用最小二乘法的原理来确定这两个系数。显然，曲线拟合问题与函数插值问题不同，在曲线拟合问题上不要求曲线通过所有已知点，只要求得到的近似函数能反映数据的基本关系。因此，曲线拟合的过程比插值过程得到的结果更能反映客观实际。在某种意义上，曲线拟合更具有实用价值，因为实际问题中所提供的观测数据往往是很多的，如果用插值法势必要得到次数很高的插值多项式，导致计算上的很多麻烦。在对给出的观测数据 (x_k, y_k)（$k = 0$，1，2，$\cdots$，n）作拟合曲线时，一般总是希望使各观测数据与拟合曲线差的平方和最小，这样就能使拟合曲线更接近于真实函数。这个原理就称为最小二乘原理。用最小二乘原理作为衡量"曲线拟合优劣"的准则称为曲线拟合的最小二乘法。

1）线性拟合

给定一组数据 (x_i, y_i)，$i = 1$，2，$\cdots$，m，作拟合直线 $p(x) = a + bx$，均方误差为

$$Q(a,b) = \sum_{i=1}^{m} \left[p(x_i) - y_i \right]^2 = \sum_{i=1}^{m} (a + bx_i - y_i)^2 \tag{6.3}$$

在微积分极值理论中，$Q(a, b)$ 达到极小时，a、b 满足

$$\begin{cases} \dfrac{\partial Q(a,b)}{\partial a} = 2\sum_{i=1}^{m}(a + bx_i - y_i) = 0 \\ \dfrac{\partial Q(a,b)}{\partial b} = 2\sum_{i=1}^{m}(a + bx_i - y_i)x_i = 0 \end{cases} \tag{6.4}$$

整理得到拟合曲线满足

$$\begin{cases} ma + (\sum_{i=1}^{m}x_i)b = \sum_{i=1}^{m}y_i \\ (\sum_{i=1}^{m}x_i)a + (\sum_{i=1}^{m}x_i^2)b = \sum_{i=1}^{m}x_iy_i \end{cases} \tag{6.5}$$

称为拟合曲线的法方程。

用消元法或克拉默法则解出：

$$a = \left(\sum_{i=1}^{m}y_i\sum_{i=1}^{m}x_i^2 - \sum_{i=1}^{m}x_i\sum_{i=1}^{m}x_iy_i\right)\Big/\left[m\sum_{i=1}^{m}x_i^2 - \left(\sum_{i=1}^{m}x_i\right)^2\right] \tag{6.6}$$

而

$$b = \left(m\sum_{i=1}^{m}x_iy_i - \sum_{i=1}^{m}x_i\sum_{i=1}^{m}y_i\right)\Big/\left[m\sum_{i=1}^{m}x_i^2 - \left(\sum_{i=1}^{m}x_i\right)^2\right] \tag{6.7}$$

将 a、b 代入原公式即可作出拟合曲线 $p(x) = a + bx$。

2）二次拟合函数

给定一组数据 (x_i, y_i)，$i = 1, 2, \cdots, m$，作二次多项式函数拟合这组数据。

设

$$P(x) = a_0 + a_1x + a_2x^2 \tag{6.8}$$

拟合函数与数据序列的均方误差

$$Q(a_0, a_1, a_2) = \sum_{i=1}^{m}[P(x_i) - y_i]^2 = \sum_{i=1}^{m}(a_0 + a_1x_i + a_2x_i^2 - y_i)^2 \tag{6.9}$$

由多元函数的极值原理，$Q(a_0, a_1, a_2)$ 的极小值满足

$$\begin{cases} \dfrac{\partial Q}{\partial a_0} = 2\sum_{i=1}^{m}(a_0 + a_1x_i + a_2x_i^2 - y_i) = 0 \\ \dfrac{\partial Q}{\partial a_1} = 2\sum_{i=1}^{m}(a_0 + a_1x_i + a_2x_i^2 - y_i)x_i = 0 \\ \dfrac{\partial Q}{\partial a_2} = 2\sum_{i=1}^{m}(a_0 + a_1x_i + a_2x_i^2 - y_i)x_i^2 = 0 \end{cases} \tag{6.10}$$

整理得二次多项式函数拟合的方程：

$$\begin{pmatrix} m & \sum_{i=1}^{m}x_i & \sum_{i=1}^{m}x_i^2 \\ \sum_{i=1}^{m}x_i & \sum_{i=1}^{m}x_i^2 & \sum_{i=1}^{m}x_i^3 \\ \sum_{i=1}^{m}x_i^2 & \sum_{i=1}^{m}x_i^3 & \sum_{i=1}^{m}x_i^4 \end{pmatrix}\begin{pmatrix} a_0 \\ a_1 \\ a_2 \end{pmatrix} = \begin{pmatrix} \sum_{i=1}^{m}y_i \\ \sum_{i=1}^{m}x_iy_i \\ \sum_{i=1}^{m}x_i^2y_i \end{pmatrix} \tag{6.11}$$

解方程得到在均方误差意义下的拟合函数 $p(x)$，解得 a_0、a_1、a_2 代入

$$P(x) = a_0 + a_1x + a_2x^2 \tag{6.12}$$

即可得到二次拟合函数。同理也可以得到多次拟合函数。本次设计基于以上原理，所用到的拟合函数为六次拟合函数，根据拟合函数可以得到平均压，然后根据测振法原理计算收缩压和舒张压，最后通过液晶显示屏显示最后结果。

3. 便携式动态血压仪部分源程序

便携式动态血压仪部分源程序如下:

```c
#include <reg51.h>
#include <stdio.h>
#include <intrins.h>
#include <math.h>
#define uint unsigned int
#define uchar unsigned char
#ifndef _ADC0809_H_
#define _ADC0809_H_
#define uint    unsigned int
#define uchar   unsigned char
//  ********************************************** AD 引脚定义
#define ADC P1          //P1 口用于 A/D 转换
sbit   ALE   = P3^5;
sbit   OE    = P3^2;
sbit   START = P3^6;
sbit   EOC   = P3^4;
sbit   A     = P3^7;   //BC 脚接低电平 A 控制选择输入通道 0 或 1
uchar t0;               //中断变量(全局变量)
//  ********************************** AD0809 转换子程序
  uchar ADC0809()
    {
        uchar adc = 0;
        ALE = 1;_nop_();ALE = 0;          //地址锁存
        START = 1;_nop_();START = 0;      //启动转换
        wait:if(EOC ==0)goto wait;        //等待转换结束
        _nop_();OE = 1;_nop_();           //读数据
        adc = ADC;_nop_();
        return(adc);                      //返回转换值
    }
//  ********************************** 定时器 0 初始化
  void timer0_init()
    {
      TMOD = 0x01;   //定时器 0 模式 1,16 位计数器
      TH0 = 0xFC;    //定时 1 ms 65536 -1000 转换为十六进制,高位为 TH0,低
位为 TL0
```

```
        TL0 = 0x18;
        TR0 = 1;        //T0 运行控制位,TR0 = 1 时启动 T0
        ET0 = 1;        //定时/计数器 T0 中断允许位,为 1 时,允许中断
        EA = 1;         //CPU 总中断允许位,为 1 时,允许中断
    }
//    **************************************** AD 转换初始化子程序
  void chushihua()
    {ADC = 0xff;
     A = 0;// 0 通道输入
     START = 0;
     OE = 0;
     EOC = 1;
    }

//    **************************************** 串口通信初始化子程序
  void serial()
    {SCON = 0x50;//8 位通用串行数据,波特率可变,工作方式 1,REN = 1
     TMOD = 0X20;//设置定时器 1 为工作方式 2,8 位自己重装用于产生波特率
     TH1 = 0xF3; //波特率 2 400
     TL1 = 0xF3;
     PCON = 0x80;//SMOD 为 1 时加倍
                   所以波特率为 4 800
     TR1 = 1;//启动 T1
    }
//**************************************** 主程序

uchar main()
{
        uchar j,k,a,b;
        serial();//串口初始化
        chushihua();//AD 初始化 0 通道输入
        while(1)
        {
        if(t0 ==20)
            {
            t0 = 0;
```

```
        a = ADC0809();
        SBUF = a;
        A = 1;
        b =   ADC0809();
        SBUF = b;
        }
        while(! TI);//等待发送完成,TI 为 1 时发送完成
        TI = 0;//清除发送标志
    }
}


void Timer0(void)interrupt 1 using 0
{
    uchar a;
    TH0 = (65536 - 1000)/256;
    TL0 = (65536 - 1000)% 256;
    t0 ++;
}
//***************************** 峰值检测子程序
void fengzhi(unsigned int n)
  {uint i = 0,j = 0,bl,k = 0;//bl 为变量
        uchar zl[2000];                  //zl 为直流信号
  uchar jl[2000];         //jl 为交流信号
  uchar jlfz[100];        //jlfz 为交流峰值
  uchar zlfz[100];    //zlfz 为交流峰值所对应的直流信号
  for(j = 0;j < n;j ++)
    {
      for(i = k;i < 2000;i ++)//取峰值
        {bl = jl[i +1] - jl[i]
          if(bl > 0)
            {jlfz[j] = jl[i +1];
             zlfz[j] = zl[i +1];
            }
          else if(bl < 0)
            {jlfz[j] = jl[i];
                zlfz[j] = zl[i];
                break;
            }
```

```
            }
        k = i;
        }
    }
```

6.4　中医脉象仪

脉象是指血脉搏动所显现的部位（深浅）、速率（快慢）、形态（长短、大小）、强度（有力或无力）、节律（整齐与否）等组成的综合形象。现代医学认为脉象是心脏、血管、血液的质和量等因素共同作用、互相影响的表现。中国医学认为，心、脉是形成脉象的主要脏器，气、血是形成脉象的物质基础；与肺的呼吸系统、脾的生化、肝的疏泄、肾的温煦推动都有关，反映的是人体整体功能。因此，脉象是生命体中各种复杂周期波动的综合表现，可对人体许多疾病的性质和发展趋势提供重要信息。

脉象的客观化研究，是指运用现代科学技术，把脉象信号通过一定仪器客观地记录，然后对所描记的脉象图进行综合分析。随着现代科学技术的发展和应用，客观、准确地将脉象信号提取出来，进行相应的信号处理、分析，使其客观化、规范化，进而建立一定的指标进行分析判断，用于病因诊断、病情监护，以及中药、针灸、理疗康复保健措施的疗效评估等领域，对于继承和发扬中医脉学具有重要的现实意义。

6.4.1　脉图的基本知识

脉象大多是由三个峰、两个谷组成的：三个峰分别为主波、重博前波和重搏波，主波由升支和降支组成；两个谷分别为潮波前谷和降中峡，降中峡是降支上的一个切迹，在主动脉瓣关闭的瞬间出现，反映主动脉在心脏舒张期起点的压力。重博前波，又称潮波，出现在主波和降中峡之间，它是在心脏舒张期开始时出现。脉象图是由以上的波和峡构成的。脉象图的纵坐标是指感脉搏大小，横坐标为时间，表示脉象的幅度在一定的取脉压力下随时间的变化，其波形图的特征点如图 6.31 所示。

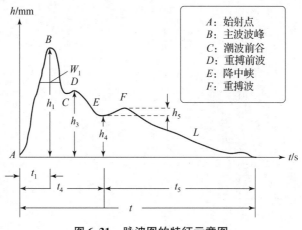

图 6.31　脉波图的特征示意图

从脉象图中可以得到以下几种主要特征参数。

（1）h_1：主波幅度，是从脉搏波基线到主波波峰顶端的高度。

（2）h_3：重搏前波幅度，是从脉搏波基线到重搏前波波峰顶端的高度。

（3）h_4：降中峡幅度，是从脉搏波图基线到降中峡谷底的高度。

（4）t_1：急性射血期时间，是从脉波图的起始点到主波峰点所需的时间。

（5）t：从脉波图的起始点到终止点所需的时间。

脉象图上的曲线、拐点等都有其生理意义，所以为了准确而有目的地研究脉象，应了解各种参数的生理意义，在其基础上进一步地认识脉象与人体生理之间的关联性。根据脉象的波形特点，时域上 7 个特征参数——h_1、h_3、h_4、h_3/h_1、h_4/h_1、t_1、t 的生理意义如表 6.2 所示。

表 6.2　脉象图参数的生理意义

参数	描述
h_1	h_1 与大动脉的顺应性、左心室的射血功能有关，当大动脉顺应性好、左心室射血功能强时，h_1 高大
h_3	h_3 会受动脉血管的弹性和外周阻力状况的影响。重搏前波时相的提前会使其幅值抬高，说明当动脉血管处于高张力、高阻力的状态时，脉搏反射波的传导速度会相应地增快
h_4	h_4 受动脉血管外周阻力的大小和主动脉瓣关闭的功能的影响。当血管外周阻力降低时，h_4 的高度也会随之降低，反之增加
t_1	表示急性射血期时，左心室所用的时间
t	相当于一个脉动周期
h_3/h_1	h_3/h_1 受血管壁的外周阻力和顺应性的影响
h_4/h_1	h_4/h_1 受外周阻力的影响，当外周阻力降低时，h_4/h_1 也会随之降低

人体大约有 28 种脉象，每种脉象代表的生理意义也有所区别，其中有正常的脉象，也有病脉，但由于年龄、气候等一些因素的影响，正常脉象与病脉之间需要因人而异、因地而分。临床常见的 6 种脉象为：平脉、弦脉、沉脉、细脉、滑脉、缓脉。

1）平脉

平脉是健康状态下的正常脉象。此脉象特点是：一息四至或五至，脉位居中，不疾不徐，从容和缓，柔和有力，节律匀整。平脉是在三波峰基础上表现其特点的，其脉象图如图 6.32 所示。

平脉是健康状态下对正常脉象的概括，其在特定状态下会发生一定的动态变化，不是一成不变的。例如，健康人在不同的年龄下会反映不同的脉象，年轻人会出现滑脉，而老年人的脉象则是弦脉居多，所以，在特定的年龄下，弦脉、滑脉都可以看成是健康状态下的平脉。

2）弦脉

弦脉是端直以长、如按琴弦的脉象。此脉象脉势较强，应指有力。此脉多见于寒冷、疼痛、紧张、肝病、高血压动脉硬化等病症，亦见于老年人心血管的退行性变化。其脉象图如图 6.33 所示。

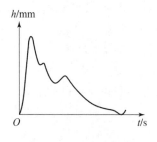

图 6.32　平脉脉象图

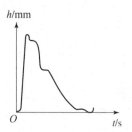

图 6.33　弦脉脉象图

弦脉一般呈宽大主波，其潮波位置上升，甚至与主波峰融合，重搏波波峰低平或消失。

3）沉脉

沉脉是指在深沉的部位显现的脉象搏动。沉脉的特点可概括为"举之不足，按之有余"，意思是轻取时感觉不到脉象的搏动，重按时才会得到脉象的搏动。沉脉提示病症在内脏或阳气沉浮的病理变化，亦见于形体肥胖者。沉脉的脉形不拘，其脉象图如图 6.34 所示。

4）细脉

细脉又称小脉，是指切脉时，手指感觉到的脉体如线般粗细，比寻常的脉象小。脉象特征是脉体虽然细小如线，但是在指下的感觉明显。此脉常见于气少血虚，劳损不足而出现的神怠嗜睡、盗汗等症。脉象图形态不拘一格，其脉象图如图 6.35 所示。

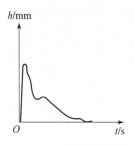

图 6.34　沉脉脉象图

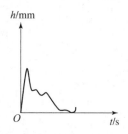

图 6.35　细脉脉象图

5）滑脉

滑脉是指手指按压时，感觉到的脉象的脉体流利。此脉多见于青壮年健康者，妊娠期，饮食后胃气充盛的生理状态或实热、痰饮、食积等病症，亦可见于阴虚内热的病理状态。滑脉脉形锋利，成双峰波，升支和降支斜率大，脉波起落流利圆滑，其脉象图如图 6.36 所示。

6）缓脉

缓脉指脉体处于和缓时的平脉。脉象特点是脉象比较和缓，但比迟脉稍快，每分钟60～70 次。缓脉的脉宽正常或稍大于正常，脉形成三峰波，脉率缓慢，其脉图如图 6.37 所示。

以上是 6 种脉象的基本知识及脉图特点，健康状态下，平脉、滑脉及缓脉都可出现，其为正常脉象，但大多数情况下，弦脉、沉脉、细脉、滑脉、缓脉为病理性脉象。

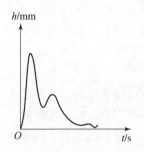

图6.36 滑脉脉象图

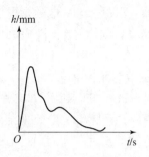

图6.37 缓脉脉象图

6.4.2 中医脉象仪系统总体设计

设计一款中医脉象仪，利用脉搏传感器提取脉象信号，根据脉象信号微弱、低频、带有噪声干扰等特性，通过放大、滤波等电路进行脉象信号处理，用触摸屏显示出实时波形与脉率值，通过 USB 接口传送到 PC，进行脉象信号类型识别。中医脉象仪系统组成框图如图6.38所示，系统由体征采集单元、中心控制单元和人机交互单元三部分组成。

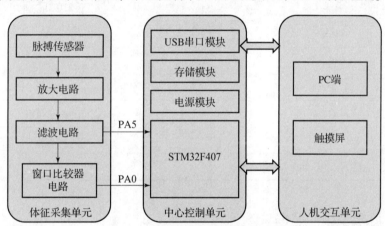

图6.38 中医脉象仪系统组成框图

1. 体征采集单元

体征采集单元主要完成对脉象信号的提取和模拟调理工作。首先采用 HKG - 07B 指夹式光电脉搏传感器采集透过手指光的信号强度，通过光信号的强弱得到人体的脉象信号。由于获得的脉象信号相对较弱，外加一些噪声干扰的影响，需要设计放大电路、滤波电路，对脉象信号进行模拟调理，在确保其不失真的前提下保持脉象信息的完整性。此外，为计算脉象信号的脉率值，设计了窗口比较器电路获取脉象信号的高低电平变化情况，使其与脉搏曲线实现同步显示，及时反映出脉象信号的诊断结果。

2. 中心控制单元

中心控制单元由主控芯片、USB 串口模块、存储模块、电源模块组成。选择硬件资源丰富的 STM32F407 嵌入式微控制器作为主控芯片，主要功能是提供接口资源、对数据进行采集与计算、对外围设备进行驱动控制等，在满足功能需求的同时功耗也较低。同时在主控芯片上搭载 UC/OS - Ⅲ实时操作系统，多线程、多任务状态下保证检测仪稳定运行。USB 串口模块主要实现程序的一键下载和调试功能。电源模块主要利用各种电压转换芯片组成供电电路将外部输入电源 7.4 V 电池盒电压转换成 3.3 V 和 ±5 V 电压，满足系统中不同的负载需求。存储模块由 SD 存储卡和 EEPROM 组成，主要用于对处理后的结果进行保存，方便后续查看。

3. 人机交互单元

人机交互单元一方面利用 IIC 总线和 I/O 口将中心控制单元的命令和数据传递给 4.3 in TFT 触摸屏模块，对脉象信号处理结果进行显示，并利用 STemWin 在触摸屏上编写简洁明了的人机交互界面。另一方面通过 USB 串口模块实现与 PC 端的通信，将转换之后的脉象信号数字量发送至 PC 端，在 PC 端通过 MATLAB 对数据进行处理，以达到对人体脉象的分类识别。

脉象仪整体设计性能指标如表 6.3 所示。

表 6.3 脉象仪整体设计性能指标

项目	性能
A/D 动态采集范围	0～3.3 V
采样率	250 Hz
满幅输出	3.3 V
时间常数	>3 s
上限截止频率	15.9 Hz
输入动态范围	0～150 mV
功耗	<0.3 W
连续工作时间	8 h

6.4.3 脉象仪硬件各模块设计

1. 微控制器介绍

嵌入式微控制器（Microcontroller Unit，MCU）是整个脉象仪的控制中心，根据脉象仪系统需求进行分析，所需嵌入式微控制器需要同时满足以下要求。

1）稳定且较高的时钟频率

检测仪由多个集成电路和电子器件组成，时钟信号必须保证各部分通信的同步性，因此需要核心时钟频率较高且稳定的 MCU。

2）高效的运算处理能力

脉象仪需要对脉象传感器采集的数据进行一系列算法处理，为减小运算代码量，提升运算速度，需要选择带有浮点数运算能力的 MCU。此外，检测仪中采用了 480×800 像素的彩色触摸屏，必须采用运算速度高效的 MCU 对其进行快速刷屏，以保证屏幕的流畅度。

3）丰富的通信接口

检测仪扩展了较多的外设，包括触摸屏、USB、SD 卡等，需要接口较多、中断资源丰富且互不干扰的 MCU。

基于上述需求，从功耗、主频、I/O 接口、价格等方面考虑，最终选择意法半导体公司（STMicroelectronics）生产的 STM32F407 芯片作为主控芯片。该芯片特性如下：

（1）该芯片基于 ARM Cortex M4 内核，主频高达 168 MHz，能够实现高达 210 DMIPS/1. 25 DMIPS/MHz（Dhrystone 2. 1）的性能，并且带有 FPU 和 DSP 指令集，能够实现快速运算。

（2）芯片具备高达 1 MB 的 Flash，还集成了（192 + 4）KB 的 SRAM，包括 64 KB 的 CCM（内核耦合存储器）数据 RAM，具有高达 32 位数据总线的灵活外部存储控制器：SRAM、PSRAM、NOR/NAND 存储器。

（3）芯片采用 1. 8 ~ 3. 6 V 供电，具有睡眠、停机和待机模式，VBAT 可为 RTC、备份寄存器及 4 KB 备份 SRAM 供电。

（4）3 个 12 位 2. 4 MSPS 的 ADC，2 个 12 位 DAC，2 个 16 路 DMA，具备 LCD 并行接口，兼容 8080/6800 模式。

（5）12 个 16 位定时器和 2 个频率高达 168 MHz 的 32 位定时器，每个定时器都带有 4 个输入捕获/输出比较/PWM，或脉冲计数器与正交（增量）编码器输入。

（6）112 个通用 I/O 端口，3 个 IIC 接口，6 个串口，3 个 42 Mb/s 的 SPI，2 个具有复用的全双工 IIS，1 个带日历功能的 RTC，1 个 SDIO 接口，1 个 FSMC 接口，2 个 CAN 总线接口。

（7）具备 SWD&JTAG 接口调试模式，8 ~ 14 位 54 MB/s 并行照相机接口。

以上特性完全满足脉象仪设计需求。

2. 微控制器电路

微控制器电路主要包括 STM32F407 芯片和外设对应接口设计。脉象仪主要运用了芯片内部的 A/D 转换、FSMC 接口、RTC 时钟、SDIO 接口、USART 串口通信等功能，各外设主要通过 I/O 端口与微控制器相连，外设所占用的芯片资源如表 6. 4 所示。

表 6. 4　外设所占用的芯片资源

外设	芯片资源	数量	外设	芯片资源	数量
EEPROM	IIC	1	PC 通信	USART1	1
触摸屏	FSMC	1	信号采集	ADC1	1
	IIC	1	电平捕获	TIM5	1
SD 卡	SDIO	1	LED	GPIO	3

图 6. 39 所示为 STM32F407 芯片引脚分配设计图，部分介绍如下：

（1）STM32F407 芯片的 41 脚（PA5）为 ADC1 的通道 5 接口，与外部滤波电路输出端 V_{out} 相连，用于将采集的电压信号进行转换。芯片 34 脚（PA0）为 TIM5 的通道 1 接口，与窗口比较器电路输出端相连，用于捕获电平脉宽。

（2）STM32F407 芯片的 101 脚（PA9）、102 脚（PA10）为 USART1 接口，与 CH340 相连接扩展为 USB 接口，用于 PC 端下载和调试程序。

（3）STM32F407 芯片的 98 脚（PC8）~ 113 脚（PC12）、116 脚（PD2）为 SD 卡接口。

图 6.39　STM32F407 引脚分配设计图

芯片 139 脚（PB8）、140 脚（PB9）为 EEPROM 接口。

（4）芯片的 7 脚（PC7）、25 脚（NRST）、46 脚（PB0）~ 50 脚（PF12）、58 脚（PE7）、59 脚（PE8）、60 脚（PE9）、63 脚（PE10）~ 68 脚（PE15）、76 脚（PB15）~ 79 脚（PD10）、85 脚（PD14）、86 脚（PD15）、114 脚（PD0）、115 脚（PD1）、118 脚（PD4）、127 脚（PG12）为触摸屏接口。

（5）芯片的 10 脚（PF0）~ 15 脚（PF5）、50 脚（PF12）、53 脚（PF13）~ 60 脚（PD6）、63 脚（PE10）~ 68 脚（PE15）、77 脚（PD8）~ 82 脚（PD13）、85 脚（PD14）~ 90 脚（PG5）、114 脚（PD0）、115 脚（PD1）、118 脚（PD4）、119 脚（PD5）、125 脚（PG10）、141 脚（PE0）、142 脚（PE1）为外扩 SRAM 接口。

电池电压 VBAT 供电电路、RESET 电路和时钟源电路是保证微控制器能够进行工作的基础。

（1）VBAT 供电电路如图 6.40 所示，电路中采用 CR1220 纽扣电池和外部电源（VCC 3.3 V）混合供电的方式。当有外部电源时，CR1220 不给 VBAT 供电，而在外部电源断开时，则由 CR1220 给其供电。这样，VBAT 总是有电的，以保证 RTC 的运行以及后备寄存器内数据不丢失。

（2）设置主控芯片为低电平复位，复位电路如图 6.41 所示，电路中通过 R34 和 C49 构成上电复位电路，即当复位键被按下时，芯片 RESET 引脚接地，电平拉低从而达到复位功能。同时触摸屏的复位引脚也与 RESET 引脚相连，用于重置触摸屏。

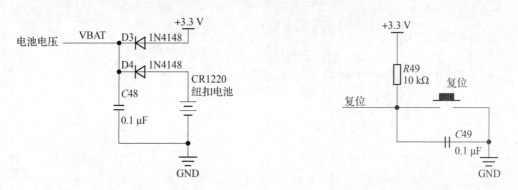

图 6.40　VBAT 供电电路　　　　　　　图 6.41　复位电路

（3）STM32F407 的时钟系统非常复杂，其中主要包括三个重要的时钟源，分别为高速内部时钟（HIS）、高速外部时钟（HSE）、锁相环倍频输出（PLL）。通过芯片 8 脚 PC14 和 9 脚 PC15 外接 32.768 kHz 的晶振，主要用于 RTC 时钟源，芯片 PH0 – OSC – IN 和 PH1 – OSC – OUT 引脚外接 8 MHz 的晶振，用于 PLL。

3. USB 串口模块

程序代码写入芯片时需要通信接口，一般设计中会采用 JTAG 或 SWD 接口电路，并配置相应的调试器，但这样会增加 MCU 的负载。考虑到脉象仪的便携性，系统借助 USB 串口实现一键下载代码到微控制器内，同时还可以通过 USB 数据线对检测仪供电或扩展外围设备，一点多用，符合检测仪的设计初衷。

因此系统中设计了 USB 转 TTL 电路，用于为计算机扩展异步串口。转换芯片选用了南京沁恒生产的 CH340G 芯片，工作电压支持 3.3 V 或 5 V 电源电压，内置独立的收发缓冲区，支持单工、半双工或者全双工异步串行通信。自动支持 USB 设备挂起以节约功耗。

USB 转 TTL 电路如图 6.42 所示，为保证通信正常，芯片的 XO 引脚必须外接晶振和振荡电容，VCC 与 V3 引脚外接 0.1 μF 的退耦电容用于消除电路中的中、高频寄生耦合。此外利用三极管的开关作用，自动控制 MCU 的 BOOT0 引脚和 RESET 引脚，通过 Q3 和 Q4 设置可下载状态。PC 端必须安装 FlyMcu 软件以及 CH340 驱动，使用时波特率设置为 76 800 b/s，添加编译后的 .HEX 文件，并设置 DTR 的低电平复位，RTS 高电平进 BootLoader，单击"执行"后芯片的 TXD、RXD 与 MCU 的 USART1_RXD、USART1_TXD 自动进行通信，完成数据的擦除与写入，使用十分方便。

4. 体征采集模块

脉象仪采用如图 6.43 所示的光电式指夹传感器 HKG – 07B 采集脉搏信号，HKG – 07B 的输出端口是耳机插口的形式，需要提供 5 V 的电压以驱动传感器正常运行。传感器工作电流为 20 mA，输出电压范围为 0.2 ~ 1 V，工作环境温度为 – 40 ~ 125 ℃，功率为 0.1 W。

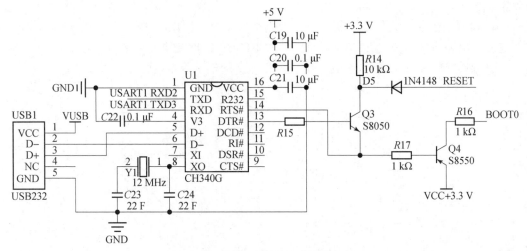

图 6. 42 USB 转 TTL 电路

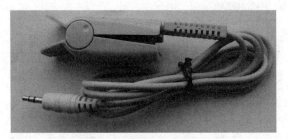

图 6. 43 脉搏传感器 HKG – 07B

由于脉搏信号十分微弱，实际采集的信号值在几百毫伏之间，而且有用信号容易被淹没在噪声之中，且采集后的信号不都位于 ADC 采集范围（0 ~ 3.3 V），因此需要对采集的脉搏信号进行相应的信号放大处理，将信号调整到 ADC 模块采集的有效范围内。脉搏信号放大电路如图 6.44 所示，电路中利用滑动变阻器 R20 和 OP07 精密仪表放大器组成一个可调的放大电路，用来放大微弱的脉搏信号，使其整个波形能够被单片机的 ADC 模块采集到。为了再次加强对低频信号的衰减力度，又增加了一个高通滤波电路，由 C44、R22 组成，这部分电路对信号进行滤波的同时，还完成了信号的直流提升，确保信号的负值成分抬升到 ADC 采集范围内。

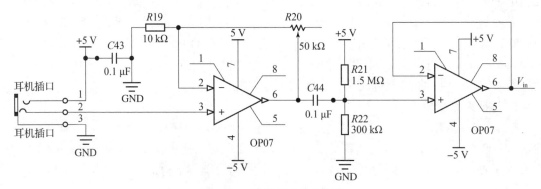

图 6. 44 脉搏信号放大电路

脉搏信号属于低频微弱信号，其频带范围为 1 ~ 16 Hz，而放大后的电压信号掺杂了许多无用信号，为作进一步的滤波处理，放大电路的 Vin 端直接串接一个 2 阶低通滤波器，滤除 15.9 Hz 以上的信号，用于去除电气元件本身造成的杂波干扰。二阶低通滤波放大调理电路如图 6.45 所示。

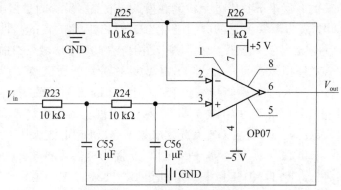

图 6.45　二阶低通滤波放大调理电路

二阶低通滤波电路采用 OP07 作为主控芯片，截止频率计算公式如下：

$$f_c = \frac{1}{2\pi R23\,C55} = \frac{1}{2 \times 3.14 \times 10\ 000 \times 0.000\ 001} \approx 15.9\,(\text{Hz}) \qquad (6.13)$$

经过放大滤波后的脉搏信号一方面通过单片机的 41 脚（PA5）由内部 ADC1 采集模拟信号，并将模拟信号转换为数字信号。另一方面，设计窗口比较器电路，如图 6.46 所示。通过窗口比较器设定阈值，将采集的脉搏信号高于阈值的部分转成高电平，低于阈值的部分转成低电平。利用单片机的 TIM5 定时器对高电平进行捕获，根据脉宽计算出脉率值。

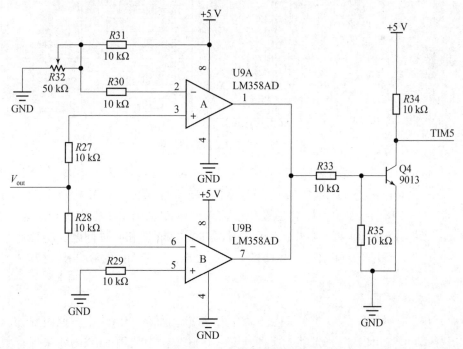

图 6.46　窗口比较器电路

5. 触摸屏模块

ATK – 4.3TFT_LCD 是市场上的一款主流有源显示屏，分辨率为 800×480，采用 16 位的双向数据传输接口。相较于无源 LCD，TFT_LCD 克服了非选通时的串扰问题，具有接口吞吐量高、刷新速度快等特点。其液晶屏表面又覆盖了一层交互式电容触摸板，即触摸屏本质上与液晶屏是分离的，触摸屏负责的是检测触摸点，液晶屏负责的是显示。脉象仪采用触摸屏驱动芯片 GT9147 来检测触摸时的电容变化，GT9147 芯片内置的高性能微弱信号检测电路，可很好地解决 LCD 干扰和共模干扰问题，并且支持 100 Hz 触点扫描频率。

设计中利用 FSMC 模拟 8080 时序，即 FSMC 总线作为片间通信接口，将 TFT_LCD 当作 SRAM 进行控制。将 LCD 的全部引脚挂载到 FSMC 上，相比于直接使用普通 GPIO 模拟速度快 1 倍左右。TFT_LCD 电路原理如图 6.47 所示，FSMC_NE4 为 LCD 的片选信号接口，FSMC_NWE 负责写入数据，FSMC_NOE 负责读取数据。LCD_BL 连接 PB15，负责控制 LCD 显示屏的背光。MOSI、CLK、T_CS、T_PEN 引脚外接为电容触摸屏的 T_MOSI、T_SCK、T_CS 和 T_PEN 引脚，其中 T_MOSI 和 T_SCK 通过 IIC 与 MCU 进行通信，T_MOSI 负责数据传输，T_SCK 负责数据读写时的应用时钟。T_CS 为片选信号线，T_PEN 用于中断输出信号。

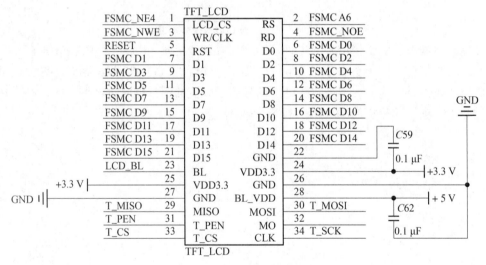

图 6.47　TFT_LCD 电路原理

此外，脉象仪的软件部分移植了 UC/OS – Ⅲ + STemVin 进行设计，多任务调用和人机交互界面显示较复杂，因此 STM32F407 本身自带的 195 K 字节的 SRAM 相对不太够用，所以外加了一片 512 KB 的 SRAM，以满足设计的需求。IS62WV51216 芯片属于全静态 SRAM，采用 16 位总线，每个地址两个字节，使用时不需要考虑刷新和时钟问题，功耗非常低。如图 6.48 所示，该芯片直接与 STM32F407 的 FSMC 相连，由 FSMC 的 BANK1 区域 3 对其进行控制。

6. 存储模块

一般系统工作时产生的数据变量会自动存入 MCU 内部的 SRAM 中，但内部 SRAM 在仪器掉电后数据也会随即丢失。为避免这种情况，在脉象仪中使用 EEPROM 来保存数据，保证 MCU 掉电后存储的数据不丢失，型号为 24C02。

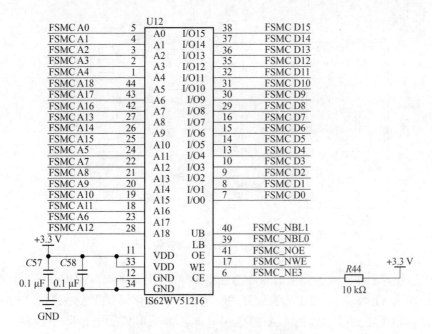

图 6.48 IS62WV51216 电路原理

24C02 的具体实现电路如图 6.49 所示。芯片的 A0 ~ A2 与 GND 相接，使 24C02 的地址位置 0。SCL、SDA 引脚通过 IIC 与 MCU 进行双向通信。由于 IIC 接口采用开漏机制（Open Drain），因此在 SCL、SDA 两引脚上通过上拉电阻 R42、R43 主动拉高 IIC 的信号线，一方面保证 IIC 端口能输出稳定的电平信号；另一方面，由于 IIC 接口主要负责对高低电平的检测，若没有上拉电阻而直接外界电源，当器件拉低时会对系统造成严重影响。

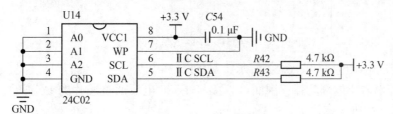

图 6.49 24C02 电路原理

除使用 EEPROM 进行实时存储外，脉象仪设计中外加了一个外部存储卡，用于保存检测后的历史数据，以备需要的时候进行查找。本书中选择了速度较快的 SD 卡模式，利用 STM32F407 内部的 SDIO 接口驱动，SDIO 通过 SDIO_CMD 传输相关的命令与响应，DATA0 ~ DATA3 脚通过 SDIO_D0 ~ D3 负责数据的传输，SDIO_SCK 提供 SD 卡工作时的时钟频率。此外该卡内部还支持热插拔功能，使用起来非常方便。SD 卡的具体实现电路如图 6.50 所示。

7. 电源模块

电源模块为整个电控系统提供所需的电压，包括 3.3 V 和 ±5 V 电压，满足系统中不同负载需求。系统由两节容量为 2 800 mA·h 的干电池串接而成的 7.4 V 电池盒供电，选择 AMS1117 - 5.0 芯片将 7.4 V 电压转换为 +5 V 电压（见图 6.51），供放大器、脉搏传感器等设备工作。再将 +5 V 电压转换成 +3.3 V 电压（见图 6.52），供单片机、IS62WV51216 芯

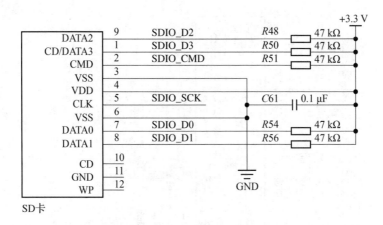

图 6.50 SD 卡电路原理

片、24C02 芯片等工作，或通过 ICL7660 芯片将 +5 V 电压转换成 −5 V 电压（见图 6.45）。

电池电源由 VBIN 输入，K1 为自锁开关，为整个设备做开关。AMS1117 − 5.0 是一个固定正向低压差稳压器，可以输出 1 A 的稳定电流，将 7.4 V 的电压降至设备需要的 5 V。7.4 − 5 V 电路如图 6.51 所示。

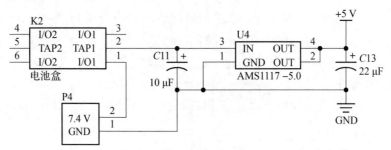

图 6.51 7.4 − 5 V 电路

3.3 V 稳压电源电路如图 6.52 所示，AMS1117 − 3.3 是一款带有过流保护电路的正电压稳压芯片，能够减小内部功耗，因而可直接将 +5 V 电压通过芯片的 IN 脚输入，内部转换后通过引脚 2、引脚 4 脚输出 +3.3 V 电压。

−5 V 稳压电源电路如图 6.53 所示，由于只需为有源放大电路提供电能，所以不需要太大的电流。采用 Maxim 推出的 ICL7660 作为极性反转芯片，将输入的 +5 V 电压进行极性反转得到 −5 V 电压。

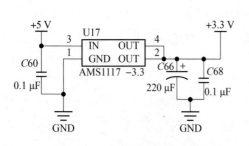

图 6.52 3.3 V 稳压电源电路

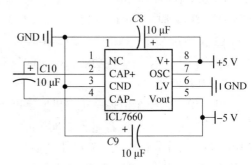

图 6.53 −5 V 稳压电源电路

6.4.4　脉象仪软件设计

1. 系统软件总体设计

脉象仪系统基于硬件模块设计又搭载了小型实时操作系统 UC/OS – Ⅲ，将软件部分分为多个任务模块，各任务模块间相互独立，供控制器调用。任务模块就是程序实体，在 RVMDK5.0 开发环境下使用 C 语言对其进行编写设计。

RVMDK 全称为 Real View Microcontroller Development Kit，是德国 KEIL 公司主推的一款应用在嵌入式处理器软件开发的产品。因对其进行了较好的优化，与别的开发平台相比，软件编译器的代码密度能高出 10%，程序执行速度也能高出大约 20%。程序结构框图如图 6.54 所示，系统软件全部运行在微控制器 STM32F407 中。

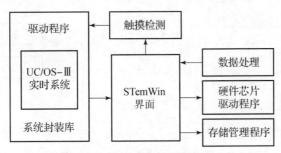

图 6.54　程序结构框图

系统软件流程如图 6.55 所示，仪器上电后，系统首先进行初始化设置，主要是对控制器相应的 GPIO 口进行初始化及时钟使能，配置好各部分寄存器参数。然后进入系统自检环节，主要是对单片机和外设状态进行自检，若发现故障，系统立即报错；若无故障，系统进入 STemWin 支持的人机交互界面等待操作指令。当进入检测状态时，数据采集处理完成后通过 LCD 触摸屏显示并对数据进行保存或打印，以方便后续查询；当脉象仪长时间无操作时，控制器对寄存器的 SLEEPONEXIT 位置 0 使 MCU 进入睡眠模式，降低功耗等待唤醒。

2. 系统实时时钟设置

根据设计需求，系统要能够通过单片机内部的实时时钟（RTC）获取当前时间。STM32F407 的 RTC 是一个独立的 BCD 定时器/计数器。RTC 的两个 32 位寄存器（TR 和 DR）包含二进码十进数格式（BCD）的秒、分钟、小时（12 或 24 小时制）、星期、日期、月份和年份。此外，还可提供二进制格式的亚秒值。STM32F407 的 RTC 可以自动将月份的天数补偿为 28、29（闰年）、30 和 31 天，并且还可以进行夏令时补偿。分流日期显示子程序流程如图 6.56 所示。

具体步骤如下。

（1）使能电源时钟，并使能 RTC 及 RTC 后备寄存器写访问。RTC 模块和时钟配置是在后备区域，即在系统复位或从待机模式唤醒后 RTC 的设置和时间维持不变，只要后备区域供电正常，那么 RTC 可以一直运行。但是在系统复位后，会自动禁止访问后备寄存器和 RTC，以防止对后备区域（BKP）的意外写操作。所以要在设置时间之前，先取消备份区域（BKP）写保护，对其使能。

（2）开启外部低速振荡器，选择 RTC 时钟，并使能。通过时钟控制器选择外部 32.768 kHz晶振作为时钟源（RTCCLK）。

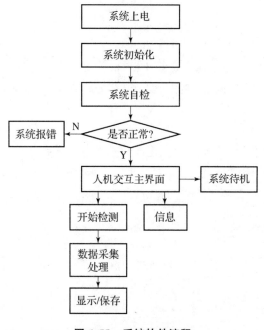

图 6.55　系统软件流程

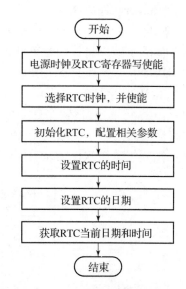

图 6.56　分流日期显示子程序流程

（3）初始化 RTC，设置 RTC 的分频，以及配置 RTC 相关参数。这里设置 RTC 的时间格式为 24 小时格式。RTC 时钟核心要求提供 1 Hz 的时钟，因而要设置 RTC 的可编程预分配器。根据 STM32F407 的内部时钟结构将异步预分频器设置为 128 分频，同步预分频器设置为 256 分频。同时设置亚秒寄存器 RTC_SS 的时钟，使亚秒时间的精度为 1/256 s，这样就可以得到更加精确的时间数据。

（4）设置 RTC 的时间。通过 RTC_TR 寄存器不同位，分别设置 RTC 时间参数的小时、分钟、秒钟以及 AM/PM 符号。

（5）设置 RTC 的日期。通过 RTC_DR 寄存器不同位，分别设置日期的星期几、月份、日期、年份。

（6）获取 RTC 当前日期和时间。实际就是读取 RTC_TR 寄存器和 RTC_DR 寄存器的时间和日期的值，获取当前 RTC 时间。

通过以上 6 个步骤，就完成了对 RTC 的配置，RTC 即可正常工作。

3. 信号采集软件设计

体征采集单元处理后的电信号由 STM32F407 单片机进行 A/D 采集和转换，STM32F407 内部自带三个 12 位逐次逼近型模拟数字转换器（ADC），将连续变量的模拟信号转换为离散的数字信号。STM32F407 内部 ADC 最大转换速率可达 2.4 MHz，其快速采集数据、快速处理数据的能力是一般 MCU 不具有的。本检测系统采用定时器触发的方式启动 ADC1，将滤波电路处理后的输出端电压 V_{OUT} 连接到微控制器的 PA5 引脚上，通过 ADC1 的通道 5 进行采集。ADC1 选择 4 分频，即 ADCCLK = 21 MHz，根据 ADC 的转换时间公式

$$T_{COVN} = 采样时间 + 12 \text{ 个周期} \tag{6.14}$$

为确保采样的精度满足设计要求，设计 480 个周期的采样时间，得到转换时间约为
$T_{COVN} = (480 + 12) 周期 = 492 \text{ 周期} = 23.43 \ \mu s$。

为得到足够的采样点，若定时器 T2_CC2 每隔 4 ms 启动触发一次 ADC1，则计算得到采样频率为 250 Hz。

此外，为保证 STM32F407 处理器的运行能力得到最大限度地发挥，各个模块都能及时得到 MCU 资源，采集部分采用 ADC1 结合 DMA2（数据流 0，通道 0）传输的方式。DMA 全称为 Direct Memory Access，即直接存储器访问，用来提供在外设和存储器之间或者存储器和存储器之间的高速数据传输，传输方式无须 MCU 直接控制传输，也没有中断处理方式那样保留现场和恢复现场过程，通过硬件 RAM 和 I/O 设备开辟一条直接传输数据的通道，使 MCU 的效率大大提高。

如图 6.57 所示，在发生一个事件后，ADC 发送一个请求信号到 DMA 控制器。DMA 控制器根据通道的优先权处理请求。当 DMA 控制器开始访问 ADC 时，DMA 控制器立即发送给 ADC 一个应答信号。当从 DMA 控制器得到应答信号时，ADC 立即释放它的请求。一旦 ADC 释放了这个请求，DMA 控制器同时撤销应答信号。如果发生更多的请求，外设可以启动下次处理。

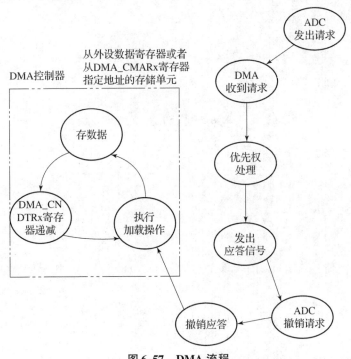

图 6.57　DMA 流程

STM32F407 处理器本身自带 DMA 控制器对 DMA 寄存器进行控制。系统将采集的数据以 7 个为一组直接发送至 SRAM 中的 AD_Buff[ ] 里面。使用时程序中必须提前开启 ADC 与 DMA 的传输通道，即在 ADC1 的初始化函数 Adc_Init( ) 中设置：

```
ADC_DMARequestAfterLastTransferCmd(ADC1,ENABLE);
ADC_DMACmd(ADC1,ENABLE);
```

在 DMA2 的初始化函数 void DMA_InitInit( ) 中设置：

```
DMA_DeInit(DMA2_Stream0);//开启 DMA2 的数据流 0
DMA_InitStructure.DMA_Channel = DMA_Channel_0;//开启 DMA2 通道 0
DMA_InitStructure.DMA_PeripheralBaseAddr(u32)&ADC1 -> DR;//外设
地址
DMA_InitStructure.DMA_Memory0BaseAddr = (u32)AD_Buff;//内存地址
```

数模转换后的脉象信号因环境温度变化引起电路元器件参数改变，导致输出叠加了与被测量无关的信号，这种由信号传感器的物理特征和环境因素引起的漂移会被系统误认为是真实的采集信号，如果不加以去除，则将影响到信号的精确及其后续的数据处理。因此，设计采用数字高通滤波器去除基线漂移，滑动平均滤波消除毛刺，最后得到平滑、稳定的脉象信号。

基线漂移属于低频信号，这些低频成分主要是传感器与皮肤接触不良所产生的运动伪差。利用二阶无限脉冲响应（Infinite Impulse Response，IIR）高通滤波器过滤掉脉搏信号中 0.5 Hz 以下的低频成分，IIR 差分方程为

$$y(n) = \sum_{i=0}^{M} a_i x(n-i) + \sum_{i=1}^{N} b_i y(n-i) \tag{6.15}$$

进行 Z 变换后，可得

$$Y(z) = \sum_{i=0}^{M} a_i z^{-i} X(z) + \sum_{i=1}^{N} b_i z^{-i} Y(z) \tag{6.16}$$

于是得到 IIR 数字滤波器的系统函数

$$H(z) = \frac{Y(z)}{X(z)} = \frac{\displaystyle\sum_{i=0}^{M} a_i z^{-i}}{1 - \displaystyle\sum_{i=1}^{N} b_i z^{-i}} = a_0 \frac{\displaystyle\prod_{i=1}^{M}(1 - c_i z^{-1})}{\displaystyle\prod_{i=1}^{N}(1 - d_i z^{-1})} \tag{6.17}$$

为设计方便，使用 MATLAB 软件的 FDAtool 工具箱设计 IIR 高通滤波器，得到响应函数

$$H(Z) = \frac{0.991\,153(1 - 2Z^{-1} + Z^{-2})}{1 - 1.982\,228Z^{-1} + 0.982\,385Z^{-2}} \tag{6.18}$$

导出公式中的参数，转换为 C 语言程序写入 MCU 中实现数字滤波。

为了进一步消除毛刺，在基线漂移滤波后又加入了滑动平均滤波算法。其原理是将连续获取的 7 个采样值看成一个队列，队列的长度固定为 7，每次采样到一个新数据放入队尾，并扔掉原来队首的一次数据（先进先出）。把队列中的 7 个数据进行算术平均运算，就可获得新的滤波结果。信号采集软件流程如图 6.58 所示。

4. 脉率计算

除对脉搏信号进行波形显示外，脉象仪还对采集的脉搏信号进行了脉率计算和脉象分析。脉搏信号经过窗口比较器处理后的高低电平信号如图 6.59 所示，相邻的高低电平组合对应一个脉搏周期，因此通过定时器 TIM5 的通道 1 对高电平信号进行捕获。

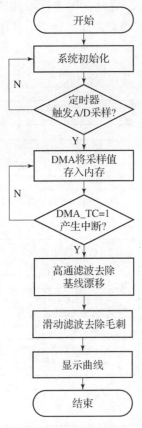

图 6.58　信号采集软件流程

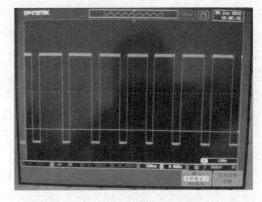

图 6.59　脉搏信号处理后的高低电平信号

脉搏频率是指每分钟内产生脉搏周期的个数，若对于捕获到的电平信号个数进行计算，每次查看脉搏频率及相应脉象都需要等待 1 min，因此设计中通过设置 1 MHz 的脉冲频率对捕获的高电平进行脉冲宽度计数，输入捕获脉宽测量原理如图 6.60 所示。

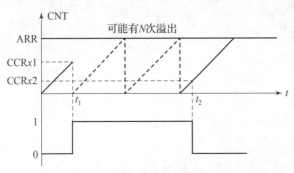

图 6.60　输入捕获脉宽测量原理

设置定时器工作在向上计数模式，图 6.60 中 $t_1 \sim t_2$ 时间，就是需要测量的高电平时间。测量方法如下：首先设置定时器通道 x 为上升沿捕获，这样，t_1 时刻就会捕获到当前的 CNT 值，记为 CCR$x1$，然后立即清零 CNT，并设置通道 x 为下降沿捕获，这样到 t_2 时刻又会发生捕获事件，得到此时的 CNT 值，记为 CCR$x2$。这样，根据定时器的计数频率就可以算出 $t_1 \sim t_2$ 的时间，从而得到高电平脉宽。在 $t_1 \sim t_2$ 之间，可能产生 N 次定时器溢出，这就需要对定时器溢出做处理，防止高电平太长，导致数据不准确。$t_1 \sim t_2$ 之间，CNT 计数的次数等于：$N * ARR + CCRx2$，有了这个计数次数，再乘以 CNT 的计数周期，即可得到 $t_2 - t_1$ 的时间长度，即高电平持续时间。

脉率计算流程如图 6.61 所示，要使用 TIM5，必须先开启 TIM5 的时钟。同时捕获 TIM5_CH1 上面的高电平脉宽，所以先配置 PA0 为带下拉的复用功能，同时，为了让 PA0 的复用功能选择连接到 TIM5，设置 PA0 的复用功能为 AF2，即连接到 TIM5 上。在开启了 TIM5 的时钟之后，需要通过库函数中的 TIM_TimeBaseInit 函数设置 ARR 和 PSC 两个寄存器的值来设置输入捕获的自动重装载值和计数频率。然后设置上升沿捕获，使用定时器的开中断函数 TIM_ITConfig 使能捕获和更新中断，并调用 NVIC_PriorityGroupConfig( ) 函数设置中断优先级，编写中断服务函数。最后，当 TIM5 成功捕获到两次上升沿，得到两次上升沿间隔时间，计算脉率值并显示相应脉象。

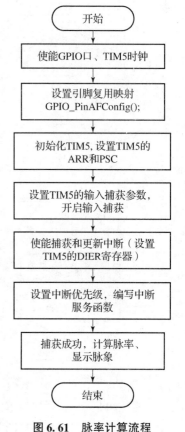

图 6.61　脉率计算流程

5. UC/OS – Ⅲ操作系统

裸机操作时任何单线程程序在多中断环境下都非常容易跑飞或死机，为保证脉象仪能够稳定运行，设计时在 STM32F4 的基础上移植了小型实时操作系统——UC/OS – Ⅲ。UC/OS – Ⅲ 是 Micrium 公司在 2009 年推出的一款新型实时操作系统，是 UC/OS – Ⅱ 的升级版。程序在设计时把要实现的功能划分为多个子任务，每个子任务负责实现其中的一部分，每个任务都可调度，同时也可以直接向任务发送信号或消息，保证检测结果的实时性。

使用 UC/OS – Ⅲ 首先要将该操作系统移植到微控制器上。UC/OS – Ⅲ 移植过程中主要包含的内容如图 6.62 所示。

（1）应用程序，用于定义和声明任务。

（2）CPU 相关文件。

（3）板级支持包，底层驱动。

（4）内核服务文件。

（5）CPU 移植文件。

（6）CPU 相关配置文件。

（7）底层函数库，用于常规操作的函数库。

（8）配置文件，用于功能剪裁。

UC/OS – Ⅲ移植步骤：

（1）创建 APP、BSP、UC/OS – Ⅲ等相关文件夹。

（2）向创建的文件夹中添加有关源码文件。

（3）向工程中添加分组。

（4）修改 bsp. c 和 bsp. h 文件。

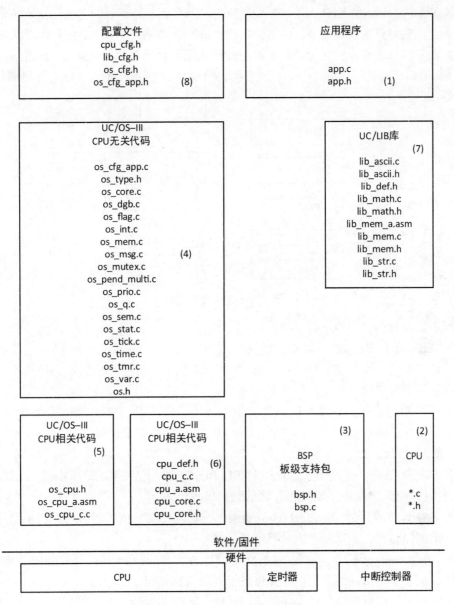

图 6.62 UC/OS – Ⅲ体系结构

（5）修改 os_cpu_a. asm 文件。

（6）修改 os_cpu_c. c 文件。

（7）修改 os_cfg_app. h 文件。

（8）修改 sys. h 文件。

UC/OS – Ⅲ移植过程中一定要注意以下事项。

（1）一定要将宏 SYSTEM_SUPPORT_UCOS 设置为1。

（2）应用 FPU 时必须修改文件 os_cpu_c. c 中的函数 OSTaskStkInit（）。

UC/OS – Ⅲ移植完成后就可以开始创建任务了。依据 UC/OS – Ⅲ多任务机制，初始化程序中必须建立空闲任务 OS_IdleTask（），时钟任务 OS_TickTask（）作为最高优先级，并且不可更改。系统总体功能划分为 Touch、采集控制、存储、脉率计算、emwinDemo 等 5 个独立子任务，优先级分别设置为 4、5、6、7、8，并分配堆栈大小。系统任务流程如图 6.63 所示，首先开启系统时钟，在主函数中对硬件模块进行初始化操作，调用 OSInit（&err）函数启动 UC/OS – Ⅲ，进入临界区，随后创建开始任务 OS_StartTask()，最后等待操作信号执行子任务。

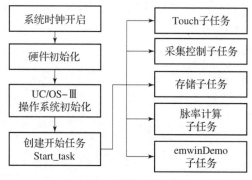

图 6.63　系统任务流程

系统子任务具体介绍如下：

（1）Touch 子任务：通过调用 GUI_TOUCH_Exec() 函数每隔 5 ms 刷新一次触摸屏状态，判断是否得到有效触点坐标 (x, y)，并将检测到的实际坐标值转换为逻辑坐标值，保证触摸任务的实时响应。

（2）采集控制子任务：通过定时器控制 ADC1 开始采样，并对采样点进行滤波处理，将处理后的采样点通过 GRAPH_DATA_YT_AddValue() 绘制成曲线在屏幕上显示出来，设置 10 ms 的延时保证绘点的稳定性。

（3）存储子任务：通过 IIC 总线控制 EEPROM，调用 AT24CXX_Write() 函数存储结果，调用 AT24CXX_Read() 函数将存储的结果显示出来。

（4）脉率计算子任务：通过 TIM5 的通道 1 捕获经过窗口比较器后的高电平信号，计算两次上升沿间隔时间，根据脉率值分类脉象信号。

（5）emwinDemo 子任务：通过 STemWin 设计的人机交互界面，用于触摸屏界面的 3D 美化设置，父、子窗口间的调用以及保证各子界面转换流畅。

为保证脉象仪能够带给用户便捷的使用体验，就需要设计稳定的程序与简洁明了的人机交互界面。STM32F407 本身的 GUI 函数可以满足如中英文字体、图片、图形、颜色等简单 LCD 界面的设计，但不能满足比较复杂、绚丽、功能更多的 UI 界面的设计。STemWin 是 ST 公司为 ST – MCU 芯片提供的免费的 GUI 开发库，其中包含了很多控件，可以通过使用这些控件来完成复杂的界面设计。本书界面设计中使用 GUIBuilder 加入 Framewin、Button、Edit、Text 等小控件，GUIBuilder 是一款界面设计软件，根据 STemWin 提供的函数接口将控件转化为可视的图形状态，方便对控件的位置和大小进行调整，生成相应的程序框架。

使用 STemWin 设计交互界面过程简单描述如下。

（1）在 UC/OS – Ⅲ 移植的基础上向工程添加以及修改相应 STemWin 文件。

（2）利用 GUIBuilder 软件对界面进行简单布局，导出 C 程序。

（3）初始化控件，对每个控件添加操作功能，配置相关参数。

（4）设定父子窗口之间的调用关系。

（5）使用模拟器调试界面。

（6）将程序烧录到微控制器内。

6. 触摸屏驱动

透射式电容触摸屏采用定位触摸感应，电极矩阵原理如图 6.64 所示，X 轴电极与 Y 轴电极排列组成电极矩阵，对每个单元的电容变化进行计算。检测原理基于绝对坐标系统，即每次定位坐标都是独立存在的，即使在同一点进行触摸，转换后的坐标数据依然不受影响。

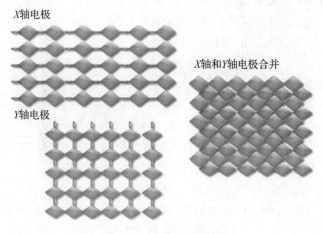

图 6.64　电极矩阵原理

基于上述原理，触摸屏坐标检测主要通过操作相关寄存器完成，主要有状态寄存器和坐标数据寄存器。

状态寄存器各位描述如表 6.5 所示，最高位用于表示 buffer 状态，如果有数据（坐标/按键），buffer 就会是 1，最低 4 位用于表示有效触点的个数，范围是 0～5，0 表示没有触摸，5 表示有 5 点触摸。需要注意的是，该寄存器在每次读取后，如果 bit7 有效，则必须写 0，清除这个位，否则不会输出下一次的数据。

表 6.5　状态寄存器各位描述

寄存器	bit7	bit6	bit5	bit4	bit3	bit2	bit1	bit0
0X814E	buffer 状态	大点	接近有效	按键	有效触点个数			

GT9147 芯片共有 30 个坐标寄存器，分成 5 组（5 个点），每组 6 个寄存器存储数据。如表 6.6 坐标寄存器组描述以触点 1 为例。工作时一般只用到触点的 x、y 坐标，所以只需要读取 0X8150～0X8153 的数据组合即可得到触点坐标。其他 4 组分别是由 0X8158、0X8160、0X8168 和 0X8170 等开头的 16 个寄存器组成，分别针对触点 2～4 的坐标。同样 GT9147 也支持寄存器地址自增，只需要发送寄存器组的首地址，然后连续读取即可，GT9147 会自动地址自增，从而提高读取速度。坐标寄存器组描述如表 6.6 所示。

表 6.6　坐标寄存器组描述

寄存器	bit7 ~ 0	寄存器	bit7 ~ 0
0X8150	触点 1_x 坐标低八位	0X8151	触点 1_x 坐标高八位
0X8152	触点 1_y 坐标低八位	0X8153	触点 1_y 坐标高八位
0X8154	触点 1 触摸尺寸低八位	0X8155	触点 1 触摸尺寸高八位

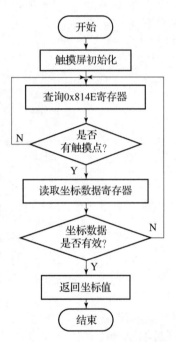

触摸屏驱动芯片 GT9147 采用 IIC 接口与微控制器通信。图 6.65 所示为触摸点坐标获取流程。使用时先对触摸屏进行初始化，将触摸屏设置为查询模式。然后触摸屏会不停地查询 0X814E 寄存器，判断是否有有效触点，如果有，则读取坐标数据寄存器，得到触点坐标。最后判断该坐标数据是否有效，若有效，返回坐标值给 MCU；若无效，等待下次触摸。

7. 数据存储

脉象仪中使用 STM32F407 的普通 I/O 口模拟 IIC 时序，并实现和 24C02 芯片之间的双向通信。IIC 是由数据线 SDA 和时钟 SCL 构成的串行总线，可发送和接收数据。在 CPU 与被控 IC 之间、IC 与 IC 之间进行双向传送，高速 IIC 总线一般可达 400 kb/s 以上。IIC 总线在传送数据过程中共有三种类型信号，它们分别是起始信号、停止信号和应答信号。IIC 总线时序图如图 6.66 所示。

起始信号：SCL 为高电平时，SDA 由高电平向低电平跳变，开始传送数据。起始信号是一种电平跳变时序信号，而不是一个电平信号。

图 6.65　触摸点坐标获取流程

停止信号：SCL 为高电平时，SDA 由低电平向高电平跳变，结束传送数据。停止信号也是一种电平跳变时序信号，而不是一个电平信号。

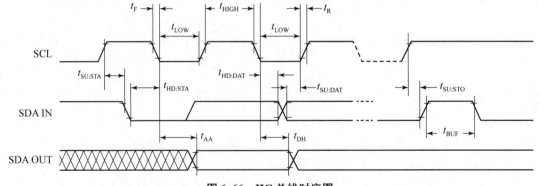

图 6.66　IIC 总线时序图

应答信号：接收数据的 IC 在接收到 8 bit 数据后，向发送数据的 IC 发出特定的低电平脉冲，规定为有效应答位（ACK 简称应答位），表示接收器已经成功接收了该字节。CPU 向受控单元发出一个信号后，等待受控单元发出一个应答信号，CPU 接收到应答信号后，根据实际情况作出是否继续传递信号的判断。若未收到应答信号，判断为受控单元出现故障。

24C02 芯片的 A0 ~ A2 引脚接地，即 A0 = A1 = A2 = 0，那么芯片在写入数据时内部 Device Address 为 0xA0，而芯片在读取数据时内部 Device Address 为 0xA1。

24C02 字节写时序如图 6.67 所示，首先设置起始信号 IIC_Start( ) 函数，并将设备地址（Device Address）设置为 0xA0，随后等待应答信号 IIC_Wait_Ack( )，若接收到应答信号，则 IIC_Send_Byte（WriteAddr%256）开始写入数据地址，再次接收到应答信号后通过 IIC_Send_Byte（DataToWrite）写入对应地址的 Data 值，最后一次接收到应答信号后产生一个停止条件 IIC_Stop( )，结束本次工作。

图 6.67　24C02 字节写时序

24C02 字节读时序如图 6.68 所示，首先设置开始信号 IIC_Start( ) 函数，并将 Device Address 设置为 0xA0，随后等待应答信号 IIC_Wait_Ack( )，若接收到应答信号，则通过 IIC_Send_Byte（WriteAddr%256）函数开始写入数据地址，这一部分称为哑写（Dummy Write），与 24C02 字节写时序前半部分的过程相同。随后等待应答信号，紧接着再次设置起始信号 IIC_Start( ) 函数，并将 Device Address 设置为 0xA1，再次接收到应答信号后通过 IIC_Read_Byte( ) 函数开始读取数据，最后产生一个停止条件 IIC_Stop( )，并返回读取的值。

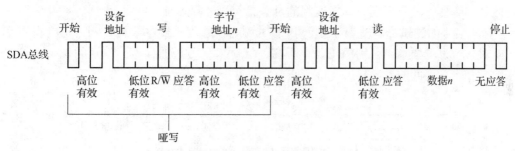

图 6.68　24C02 字节读时序

EEPROM 初始化流程如图 6.69 所示，程序运行时首先检测 24C02 芯片是否存在，若检测无效则系统报错："24C02 Check Failed!"。若检测正常，开始进行 IIC 初始化设置，包括 IIC 的 I/O 口初始化、IIC 起始信号、IIC 停止信号、ACK 信号等设置，接着通过 SDA_IN( ) 和 SDA_OUT( ) 函数分别设置 IIC_SDA 接口为输入和输出。IIC 部分设置完成后开始对 24C02 芯片配置相关寄存器参数，保证芯片正常工作。最后等待信号执行数据的读、写功能。

8. PC 端处理

在 PC 端，对采集的 200 例脉象信号进行了分类识别。在脉象实验中，脉象信号采集于医院中医科，采样频率为 1 000 Hz。首先对采集到的脉象信号进行双树复小波变换，然后根据提取的时域、频域特征参数，筛选出具有代表性的 200 例脉象样本，其中平脉 30 例、弦脉 34 例、沉脉 34 例、细脉 34 例、滑脉 34 例、缓脉 34 例。从这 200 例脉象信号中随机抽取 100 例作为训练样本，其余 100 例为测试样本，其中平脉、弦脉、沉脉、细脉、滑脉、缓脉都

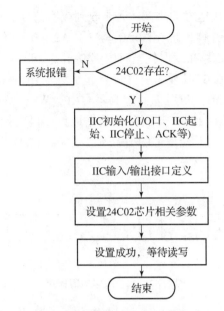

图 6.69　EEPROM 初始化流程

是按照 1:1 的比例抽取的。采用模糊神经网络对脉象信号进行分类，将模糊理论中的隶属度函数引入神经网络系统，通过神经网络学习修改隶属度函数的参数。将梯度下降法作为推理规则进行学习，对于特征点分别建立 4 层 BP 网络。其分类结果如表 6.7 所示。

表 6.7 是 200 例脉象信号在模糊神经网络识别下的结果。通过表 6.7 可知，对 100 例脉象信号的训练样本进行识别，其中误判的脉象信号样本数为 1 例，正确识别率为 99%；对 100 例脉象信号的测试样本进行识别，其中误判的脉象信号样本数为 8 例，正确识别率为 92%。对学习过的样本，识别的正确率很高，但对未学习过的样本，识别的正确率相对较低，缓脉和平脉之间的差异从所选特征值上看非常小，不易分辨。

表 6.7　脉象信号分类结果

数据种类 （数量）	训练样本						测试样本					
	平脉	弦脉	沉脉	细脉	滑脉	缓脉	平脉	弦脉	沉脉	细脉	滑脉	缓脉
平脉（30 例）	15	0	0	0	0	0	14	0	0	0	0	1
弦脉（34 例）	0	17	0	0	0	0	0	16	1	0	0	0
沉脉（34 例）	0	0	17	0	0	0	0	1	16	0	0	0
细脉（34 例）	0	0	0	17	0	0	0	0	0	16	1	0
滑脉（34 例）	0	0	0	0	17	0	1	0	0	0	15	1
缓脉（34 例）	1	0	0	0	0	16	1	0	0	0	1	15

综上，通过中医脉象仪的设计，完成了脉象信号的采集、信号处理、结果显示以及临床常见 6 种脉象信号的分类识别，显示结果如图 6.70 所示。

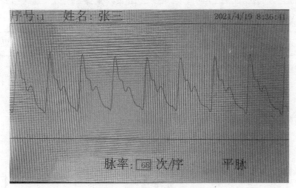

序号:1　姓名:张三　2021/4/19 8:36:41

脉率: 68 次/序　　平脉

图 6.70　主界面显示

6.5　孕激素检测仪

6.5.1　孕激素检测仪概述

据《医药论坛杂志》报道，我国每年新生儿数量保持在 1 600 万～2 000 万人，而我国孕妇在妊娠过程中自然流产人数占总妊娠人数的 10%～15%。在没有母体因素、环境因素影响的情况下（包括全身疾病、免疫因素、生殖器官异常以及其他外界因素），由黄体内分泌不足引起的流产占自然流产因素的 20%～58%，所以密集动态检测相关激素水平对于预防和治疗早期流产具有积极意义。近年来，由于我国二胎政策已经完全开放，在怀孕的女性中，高龄孕妇比例也逐渐增高。高龄女性存在妊娠率低，卵巢储备功能不健全，卵泡发育不佳等问题，对家庭、基层和大型医疗机构的生殖治疗水平有很大需求。因此，高龄、不孕不育和经常性流产的女性急需一套集孕前诊断、助孕和孕后监控及指导等多动态检测功能于一体的、面向妇女家庭健康管理的小型集成化激素多指标定量检测系统。

目前，孕妇生殖健康水平主要通过测定尿液中的孕激素来评估，由于激素分泌的快速变化，特别是在排卵前后通常每天变化 30%～50%，因此经常检测卵巢活动很有必要，最好是每天定量检测。女性生殖激素在月经周期中呈周期性变化，各种生殖激素对卵泡的发育、成熟、排卵及黄体生成起着极其重要的作用。其中，由女性垂体前叶分泌的促黄体生成素（LH）和促卵泡生成素（FSH）在调节女性正常月经、生殖功能中起关键作用；而由卵巢分泌的孕酮及其代谢物尿孕酮（P）可以影响子宫内膜的变化，使子宫内膜增生，同时使子宫内膜的细胞含有丰富的糖原，有利于孕卵着床。在女性生理周期中，对各种生殖激素如 LH、FSH 和 P 等多指标联用检测，不仅可以预测排卵时机、卵泡质量以及妊娠结果，还能对多囊卵巢综合征等多种不孕不育症进行早期诊断。

基于荧光免疫层析技术，以 STM32F407 微处理器作为中心控制单元，设计了孕激素定量检测仪系统，对人体尿液中孕激素 P、LH、FSH 等指标浓度进行检测。该系统设计框图如图 6.71 所示。

孕激素检测仪主要由人机交互系统、电控系统、光学系统等部分组成。人机交互系统提供条码扫描、结果打印和触摸显示等功能。电控系统由 CPU 控制模块、步进电机驱动电路、信号放大滤波电路、电源电路等部分组成。光学系统包括光源驱动电路、光电探测器等部分。

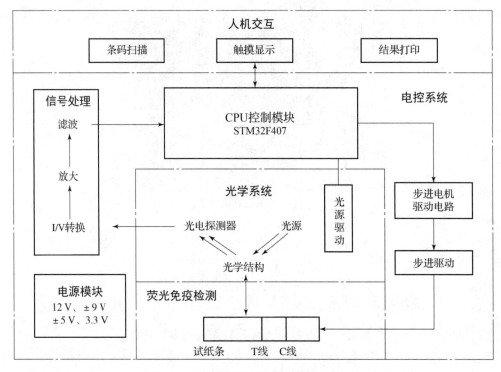

图 6.71 孕激素定量检测仪系统设计框图

系统运行时，首先由 CPU 驱动步进电机推动检测卡精准移动，将层析检测卡检测区域送至光学系统部分。该部分以 UVLED 作为光源，发射中心波长为 365 nm 的光信号。该信号通过共聚焦式的光学结构，入射到试纸条待检测区域，激发试纸条产生荧光信号。光电探测器检测该荧光信号，并将荧光信号转换为电流信号，然后经过放大、滤波处理后，送至 CPU 控制模块。CPU 对检测信号进行 AD 采集、待测物质浓度值计算，结果显示、保存及打印。孕激素检测仪系统综合指标如表 6.8 所示。

表 6.8 孕激素检测仪系统综合指标

性能指标	内容
样本类型	收集到的晨尿 10 μL
试纸条检测性能	LH：最低检出限 3 ng/mL P：最低检出限 1 mg/24 h FSH：最低检出限 0.5 ng/mL
动态检测范围	LH：3 ~ 200 ng/mL P：1 ~ 100 mg/24 h FSH：0.5 ~ 100 ng/mL
批间精密度	变异系数：CV < 10% 与化学发光检验方法相关性：R2 > 95%

6.5.2　孕激素检测仪光学系统设计

本系统采用共聚焦式光路结构,实现荧光信号的激发与检测同时共用同一光路。该光路结构更加简单、光能损失少、抗干扰性强。共聚焦式光路结构如图 6.72 所示。其工作原理如下:光源发光经过准直镜平行入射到滤光片,滤光片滤除杂散光,保证激发光的单色性,再经二向色镜反射通过下方聚焦镜会聚至试纸条,激发试纸条产生荧光信号。荧光经过下方聚焦镜,透过二向色镜进入上方滤光片和聚焦镜,最后会聚到光电探测器的接收窗口。为了保证荧光的传递效率、提高信噪比,在上方聚焦镜前垂直荧光传播方向放置滤光片,滤除杂散光。光电探测器将光信号转换为电信号进行模拟放大、滤波和模数转换,最后由单片机进行数字信号处理。

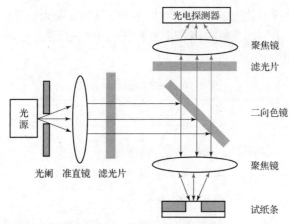

图 6.72　共聚焦式光路结构

1. 激发光源

考虑到试纸条采用 Eu 作为荧光标记物,该荧光标记物对波长 365 nm 的光吸收最强。因此激发光源的波长范围基本确定,另外光源的光照强度会直接影响激发的荧光强弱。

目前,常用的紫外光源主要包括钨灯、氙灯、汞灯、激光和紫外发光二极管,不同光源的优缺点不同,使用范围不同。通过各种紫外光源的对比,选择 UVLED 作为激发光源,该激发光源单色性不如激光,但其具有带宽窄、功耗低、连续性好、体积小等优点,便于仪器小型化使用。系统选用韩国半导体 SUV 公司生产的 UVLED,型号为 CUN66A1B,该光源产生以 365 nm 为中心的激发光,具体参数如表 6.9 所示,其实物如图 6.73 所示。

表 6.9　UVLED 主要参数

型号	CUN66A1B
正向电压	3.0 ~ 4.6 V
波长	365 ± 5 nm
正向电流	500 mA
光功率	690 ~ 1 100 mW
规格	3.5 mm × 3.5 mm

图 6.73　UVLED 实物图

2. 光电探测器

光电探测器将接收到的荧光信号转化为电流信号，其对荧光信号的检测性能直接影响检测结果的精度。目前，常用的光电探测器主要包括光电倍增管、光敏电阻、光电二极管等。光电探测器优缺点见表 6.10。

表 6.10　光电探测器优缺点

光电探测器	优点	缺点
光电倍增管	高增益、低噪声、高频率响应	体积、功耗大，线性特性较差
光敏电阻	光谱响应范围宽，灵敏度高	电流上升缓慢，不利于快速检测
光电二极管	灵敏度高，响应速度快，线性度好	信噪比较低

由表 6.10 可知，光电二极管具有检测灵敏度高、响应速度快以及检测线性度好等优点，广泛应用于微弱光线的检测。同时，硅光电二极管体积小，适用于仪器小型化、便携式设计，因此系统选用硅光电二极管作为荧光信号检测传感器。本系统采用 OSRAM 公司生产的型号为 BPW21 硅光电二极管，光学参数如表 6.11 所示。硅光电二极管实物如图 6.74 所示。

表 6.11　硅光电二极管主要参数

型号	BPW21
光谱灵敏度	10 nA/lx
峰值波长	550 nm
光谱响应范围	350 ~ 820 nm
有效面积	7.45 × 7.45 mm
半角	55°
封装	DIP
暗电流（典型值）	2 nA

3. 光学透镜

试纸条选用 Eu 离子作为荧光标记物，根据其光谱特性，激发光波长为 365 nm，产生的荧光波长为 615 nm。基于此选择光学透镜，并设计光路，实现光能的高效率传输，进而提高系统检测的准确性。

图 6.74　硅光电二极管实物图

1）滤光片

光路设计中，选用激发滤光片和荧光滤光片来滤除杂光对激发光及荧光信号的干扰。激发滤光片选用型号为 FB360 – 10，采集滤光片选用型号为 FB610 – 10，滤光片主要参数如表 6.12 所示。

表 6.12　滤光片主要参数

型号	中心波长/nm	半波宽度/nm	尺寸/mm
FB360 – 10	365	12	2
FB610 – 10	615	12	1

2）二向色镜

光路中二向色镜的设计，可实现对激发光进行反射，对产生的荧光进行透射，保证激发光与荧光共光路工作，有效减少检测空间。选用的二向色镜型号为 MDSP425R，该镜片对波长 410 nm 波段以下光线反射率大于 95%，对 440 nm 波段以上光线透射率大于 90%。

3）准直镜和聚焦镜

准直镜与聚焦镜的设计，主要改变光信号的传播方向，对光线进行准直和聚焦作用。准直镜对激发光光线准直，使光线平行进入检测光路，聚焦镜对光线进行聚焦，使光线能够集中于检测试纸条及光电探测器区域。准直镜和聚焦镜的具体参数如表 6.13 所示。

表 6.13　准直镜和聚焦镜的具体参数

名称	直径/mm	焦距/mm	中心厚度/mm	材质
准直镜	12.7	25	3.92	石英
聚焦镜	10.0	10	2.8	K9

4. 光学检测暗室设计

为减少外界杂光对检测光路系统的干扰，设计了光电一体化的光学检测暗室，使激发光源、光电探测器与光学系统在同一暗室，完成荧光的激发与检测，有效避免外界光线对检测系统的干扰。光学检测暗室采用 SOLIDWORKS 软件进行 3D 建模，根据透镜尺寸及工作距离设计，将激发光源、准直镜、二向色镜、聚焦镜、滤光片以及光电探测器固定于机械结构内，完成光学暗室的搭建。光学检测室内部结构示意如图 6.75 所示。

5. 检测卡槽底座设计

光学检测系统的设计采用固定光学检测光路，通过步进电机推动检测卡移动，卡槽的内部设计弹片结构，当检测卡小于检测卡槽宽度时，可通过弹片进行固定，减少因检测时检测卡移动不稳定产生抖动造成的干扰。检测卡槽底座模型如图 6.76 所示。

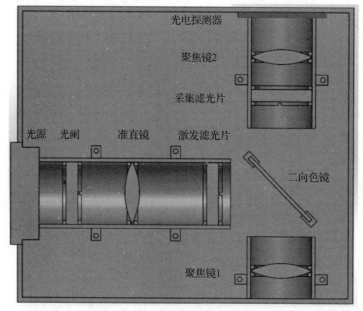

图 6.75　系统检测光路内部结构示意

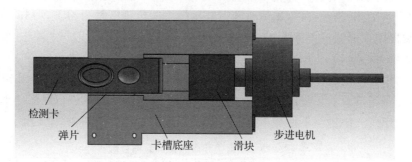

图 6.76　卡槽底座模型

　　系统检测时，将检测卡插入检测卡槽内，通过步进电机推动滑块系统，将检测卡检测条带匀速推动到光学检测区域，完成对检测卡待测物质的荧光信号激发与采集工作。该光学检测系统设计如图 6.77（a）所示，实物如图 6.77（b）所示。

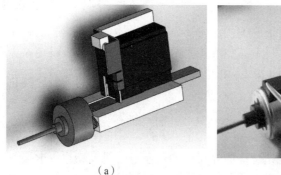

（a）　　　　　　　　　　　　　（b）

图 6.77　光学检测系统设计与实物图

（a）光学检测系统 3D 模型；（b）光学检测系统实物

6.5.3　孕激素检测仪电控系统设计

孕激素检测仪的电控系统框图如图 6.78 所示,该系统由微控制器电路、步进电机及驱动电路、光源及激光驱动电路、I/V 转换电路、放大滤波电路、存储模块电路、电源电路等部分组成。

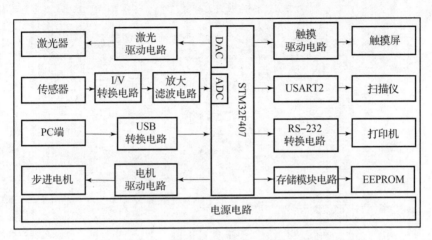

图 6.78　孕激素检测仪的电控系统框图

1. STM32F407 最小系统电路

在孕激素定量检测系统中,STM32F407 芯片控制着整个系统的运行,该芯片具有 144 个 I/O 口。各功能模块资源分配如下。

(1) 采用 PA9、PA10 的 USART1 功能,通过 CH340G 芯片构成 USB 转串口一键下载电路,实现程序的调试与下载。触摸屏通信采用跳线帽转换,实现与 USB 转换电路共用 USART1,进行指令发送与接收。

(2) 采用 PA2、PA3 的 USART2 功能,通过 SPS3232 芯片构成 TTL 与 RS-232 信号转换,驱动热敏打印机进行走纸打印。

(3) 采用 PG9、PG14 的 USART6 功能,连接扫描模块,TTL 电平信号驱动扫描模块工作。

(4) 采用 PA6、PA7 的 TIM3 功能,用于控制步进电机驱动步数以及 ADC 采样时间控制。

(5) 采用 PB6、PB7、PB8、PB9 作为 TIM4 的四路输出通道,产生 PWM 波驱动步进电机运行。

(6) 采用 PF7 用作 ADC3,对采集到的模拟信号进行 12 位模数转换。

(7) 采用 PF0、PF1 用作 I^2C 通信接口,向 24C02 芯片写入或读取检测数据。

STM32F407 最小系统电路及资源分配如图 6.79 所示。

2. 光源驱动电路

光源驱动电路采用 PT4115 芯片作为恒流驱动器,该芯片是一种电感、电流导通的压降恒流源,并具有调光功能,通过 DIM 引脚输入 PWM 波,可以实现 UVLED 光照强度的调节。PT4115 芯片恒流源驱动电路设计原理如图 6.80 所示。

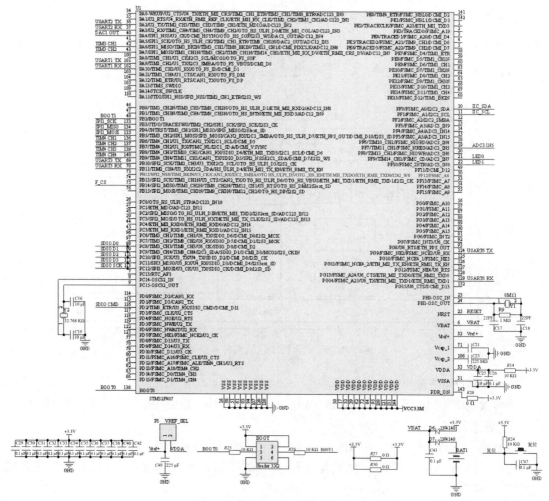

图 6.79　STM32F407 最小电路及资源分配

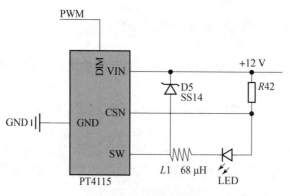

图 6.80　光源驱动电路

芯片 PT4115 的 VIN 引脚供电时，电感 L1、电阻 $R42$ 的初始电流为 0，芯片 PT4115 内部功率管打开，引脚 VIN 与地之间通过电感 L1、电阻 $R42$、光源 LED、功率管之间形成闭合回路，电流逐渐增大。随着电流的增大，当电阻 $R42$ 的两端电压 V_{R42} 升至 115 mV 时，芯片内部功率管再次断开，回路中电流逐渐减小，当 V_{R42} 减少至 85 mV 时，芯片 PT4115 重新开启功率管。电路中 LED 平均电流的计算如式（6.19）所示。UVLED 的平均电流取决于 VIN 和 CSN 之间的电阻 $R42$。

$$I_{OUT} = \frac{0.085 + 0.115}{2 \times R42} = 0.1/R42 \tag{6.19}$$

通过 DIM 引脚输入不同占空比的 PWM 波，实现输出电流值的调节，进而改变 UVLED 发光亮度，具体输出电流计算公式如下：

$$I_{OUT} = \frac{0.1 \times D}{R42} \tag{6.20}$$

式中，D 为 PWM 波的占空比。

3. 步进电机驱动电路

本系统采用 STM32F407 作为主控芯片，输出 PWM 波控制步进电机进行精准的移动，但芯片引脚最高输出 3.3 V 逻辑电平，达不到步进电机驱动电压及功率。系统选用 ST 公司生产的 L298N 芯片设计功率放大电路，用于驱动步进电机运行。该芯片采用标准 TTL 逻辑电平信号作为步进电机控制信号，具有转换效率高，发热量小等优点。

设计步进电机驱动电路时，信号由主控芯片的 PB6、PB7、PB8、PB9 引脚复用为 TIM4，输出四路 PWM 波信号，分别接入 L298N 芯片的 IN1、IN2、IN3、IN4 引脚，作为步进电机驱动信号。芯片工作时，ENA、ENB 引脚接入高电平，芯片使能，信号经芯片进行功率放大后通过 OUT1、OUT2、OUT3、OUT4 引脚输出信号，用于连接步进电机引脚，进行电机驱动，电路原理如图 6.81 所示。

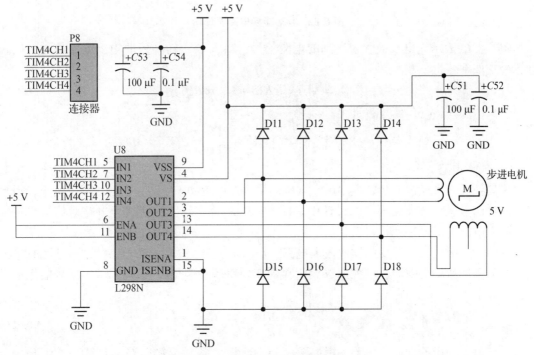

图 6.81 步进电机驱动电路

4. 信号调理采集模块

1) I/V 转换电路

I/V 转换电路的设计采用 AD825 芯片作为运算放大器，该芯片具有低噪声、出色的幅度和相位精度、抑制电源的高频噪声等特点从而被广泛应用于运放电路的设计中。转换电路中采用 T 型反馈网络结构，可实现较小阻值电阻对信号大倍数放大，避免大阻值电阻引入噪声干扰，I/V 转换电路原理图如图 6.82 所示。

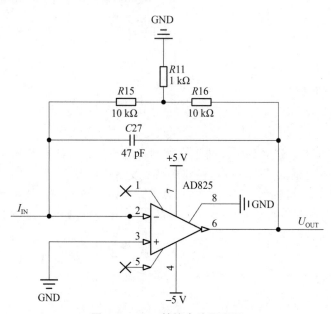

图 6.82 I/V 转换电路原理图

图中，I_{IN} 表示光电二极管采集到的电流信号，U_{OUT} 表示转换后的输出电压信号，U_{OUT} 计算公式如下：

$$U_{OUT} = -(I_{IN} \times R15 + I_{R16} \times R16) \tag{6.21}$$

计算得输出电压 U_{OUT} 公式计算如下：

$$U_{OUT} = -I_{IN} \times \left(R15 + R16 + R15 \times \frac{R16}{R11}\right) = -1.2 \times 10^5 I_{IN} \tag{6.22}$$

2) 放大电路

采集到的信号经过 I/V 转换之后，电压信号幅值可达到 mV 量级，信号幅值过小，需要进一步对信号进行放大处理。本设计中采用 LF353 芯片设计了二级放大电路对信号进行放大，放大电路如图 6.83 所示。

其中，一级放大采用反向比例放大电路，U_{IN} 作为信号输入，U_1 为一级放大后的信号，反馈电阻采用滑动变阻器，可根据放大倍数的需要对反馈阻值进行调整。U_1 信号值幅值计算公式如下：

$$U_1 = -\frac{R18}{R21} \times U_{IN} \tag{6.23}$$

二级放大采用差动放大电路，根据图 6.83 所示，二级放大输出 U_{OUT} 计算公式如下：

$$U_{OUT} = \frac{R19}{R17} \times (U_2 - U_1) \approx 2(U_2 - U_1) \tag{6.24}$$

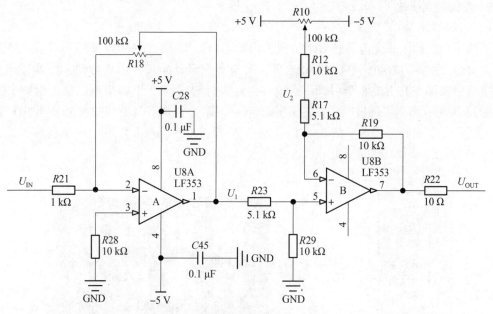

图 6.83 放大电路

此外，运算放大电路中增加由 $R10$、$R12$ 构成的直流偏置电路，通过调节滑动变阻器 $R10$ 的阻值，赋予 U_2 一个初始直流电压，避免需放大信号基值过小情况的发生。

3）滤波电路

低通滤波电路原理如图 6.84 所示。

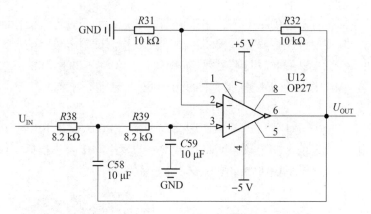

图 6.84 低通滤波电路原理

为降低噪声对系统信号的干扰，该系统采用 OP27 运放芯片，设计二阶低通有源滤波电路，截止频率为 2Hz，电路如图 6.84 所示。滤波电路截止频率计算公式如下：

$$f_c = \frac{1}{2\pi R38 \times C58} = \frac{2}{2 \times 3.14 \times 8\,200 \times 0.000\,01} \approx 2 \text{ Hz} \tag{6.25}$$

同时，滤波电路对检测信号具有放大作用，输出信号电压幅值计算式如下。

$$U_{OUT} = U_{IN} \times \left(1 + \frac{R32}{R31}\right) \approx 2U_{IN} \tag{6.26}$$

5. 人机交互模块

1）触摸屏模块

系统采用广州大彩光电科技有限公司生产的串口触摸屏设计系统人机交互界面。该触摸屏支持 RS–232 和 TTL 电平两种信号通信，具有界面设计丰富，通信方便，操作简单等优点。串口触摸屏一共引出 8 个引脚，在硬件电路设计时，1、2 引脚接地，第 4 引脚 DIN 接主控芯片 PA9 引脚，实现接收主控芯片指令信息，第 5 引脚 DOUT 与主控芯片 PA10 连接，用来发送指令，执行系统相应的功能，第 7、8 引脚与主控系统共电源。引脚连接方式如图 6.85（a）所示，触摸屏实物如图 6.85（b）所示。

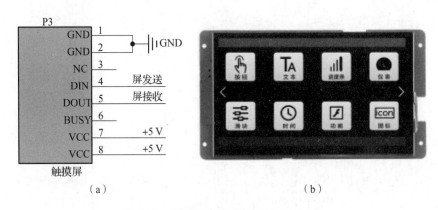

图 6.85 串口触摸屏接口设计及实物图

（a）触摸屏引脚连接方式；（b）触摸屏实物图

2）条形码扫描模块

每条试纸条上都印有单独的条形码，用于识别试纸条的型号。为方便检测信息快速、精确录入检测系统，本书设计条形码扫描模块，用于读取检测试剂卡条码信息。系统选用型号为 DL–ER008 的嵌入式条码扫描模块，该扫描模块支持 USB、TTL、RS–232 等多种接口，能够读取 4MIL 及 4MIL 以上条码，且具有体积小、便于集成等优点，广泛应用于各类条码扫描设备中。

系统采用 STM32F407 芯片的 PC6、PC7 引脚与 DL–ER008 模块 PIN4、PIN5 引脚相连，通过 USART6 进行串口通信，实现条码信息扫描指令的发送与接收。扫描模块接口电路设计如图 6.86（a）所示，扫描模块实物如图 6.86（b）所示。

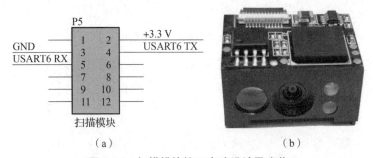

图 6.86 扫描模块接口电路设计及实物

（a）扫描模块接口电路设计；（b）扫描模块实物

3）打印机模块

为方便检测结果以书面形式进行保存，选用型号 JP – QR701 的嵌入式微型热敏打印机作为系统外设实现结果打印功能。该打印机内部集成字库，且通过串口驱动，操控方便。JP – QR701 打印机识别 RS – 232 逻辑电平信号，系统采用 SP3232 芯片设计信号转换电路，实现 TTL 电平与 RS – 232 电平信号之间的转换，信号转换电路如图 6.87 所示。将 STM32F407 芯片的 PA2、PA3 引脚与 ROUT1、DIN1 引脚连接，主控芯片将需要打印的结果通过 USART2 发送给 SP3232 芯片，转换为打印机所识别的 RS – 232 信号，实现主控系统与打印机之间的通信，驱动嵌入式打印机打印检测结果。

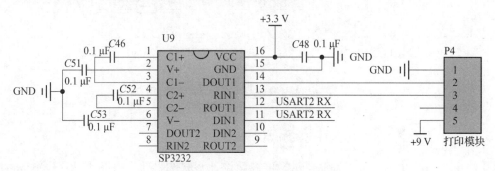

图 6.87　TTL – RS – 232 转换电路

4）存储模块

仪器使用过程中，需要对每次检测的结果进行保存，因此程序运行期间产生大量数据，一般都保存在 STM32F407 自带的 SRAM 中，但是 SRAM 有掉电后数据即丢失的缺点。为避免这种情况，本仪器使用 EEPROM（型号 24C02）来保存数据，保证 MCU 掉电后存储的数据不丢失。该芯片为电可擦可编程只读存储器，芯片内存为 256KB，通过 IIC 总线与外部链接，具有体积小、低功耗等特点。24C02 芯片 A0、A1、A2 为地址输入引脚，GND 引脚与地连接，将芯片地址设为 0。SDA、SCL 引脚为串行数据线与时钟线，分别与主控芯片 PB8、PB9 引脚连接，并外接 R7、R8 上拉电阻，实现开漏方式的高电平输出。芯片 24C02 外部存储器接口电路如图 6.88 所示。

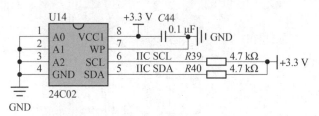

图 6.88　24C02 与 STM32F407 连接

孕激素检测仪设计了一个外部存储卡，方便保存历史记录，已备需要的时候进行查找。SD 卡一般支持的通信协议有两种，一种是 4 线制的 SPI 模式，其 4 个引脚只需要分别连接上拉电阻即可，优点是设计简单，但数据传输速度较慢；另一种是利用 SDIO 方式进行数据通信的 SD 卡模式，该模式提供了更大的总线数据带宽，数据传输速度快。

系统选择了速度较快的 SD 卡模式，利用 STM32F407 内部的 SDIO 接口驱动，4 位模式，SDIO 通过 SDIO_CMD 传输相关的命令与响应，DATA0 ~ DATA3 脚通过 SDIO_D0 ~ SDIO_D3

负责数据的传输，SDIO_SCK 提供 SD 卡工作时的时钟频率。该卡还支持热插拔功能，使用起来非常方便。SD 卡的具体实现电路如图 6.89 所示。

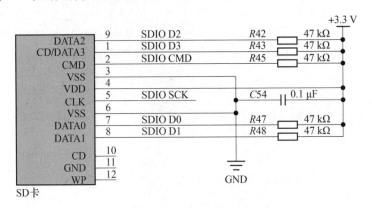

图 6.89　SD 卡与 STM32F4 连接

6.5.4　孕激素检测仪软件系统设计

软件系统的设计主要从主程序、触摸屏界面设计、软件驱动程序设计以及检测信号的处理算法等方面入手。

主程序设计主要包括仪器上电时系统各参数指标初始化，各项指令接收与数据发送，并执行相应功能，实现系统的有序运行。系统上电后，主程序调用初始化函数，对单片机 I/O 口、复用映射、定时器、串口、中断及中断优先级等参数进行初始化设置。系统对各项参数初始化完成后，进入等待指令模式，并对接收到的指令进行判断，对指令解析，执行相应功能。系统主程序工作流程如图 6.90 所示。系统主程序主要包括触摸屏通信、检测条码信息扫描、步进电机驱动信号输出、荧光信号采集与处理、检测结果保存以及对检测结果进行打印。

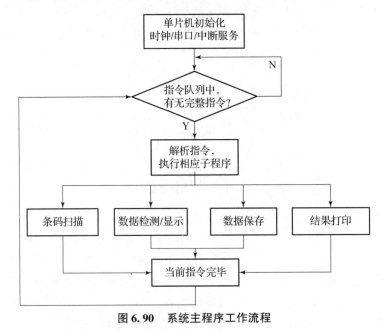

图 6.90　系统主程序工作流程

1. 触摸屏通信程序设计

触摸屏接收的信息必须按照固定的指令格式，实现数据的有效传送。完整的指令格式包括帧头、指令、指令参数、帧尾等内容，如表 6.14 所示。

表 6.14　串口指令帧格式表

指令	EE	XX	XX XX…XXX	FF FC FF FF
说明	帧头	指令	指令参数	帧尾

主控芯片与触摸屏通信时，通过调用函数 Ping_SendValue( ) 执行数据发送，帧头 "EE"，判别触摸屏接收信息并开始接收指令内容。指令内容包括接收的组态控件指令、画面 ID、控件 ID、数据内容等信息。主控芯片数据传输完成向触摸屏发送帧尾 "FF FC FF FF"，触摸屏停止接收信息。

主控芯片指令通过中断函数 USART1_IRQHandler( ) 实现数据接收，采取指令模式，首先对接收到的指令进行判断，然后对读取到的指令内容判断，执行相应指令功能，返回相应数据及检测结果。串口触摸屏与主控芯片之间的通信程序设计流程如图 6.91 所示。

2. 扫描程序设计

扫描系统采用 DL－ER008 扫描模块，该模块采用 TTL 电平信号与主控芯片进行通信。扫描模块程序设计流程如图 6.92 所示。

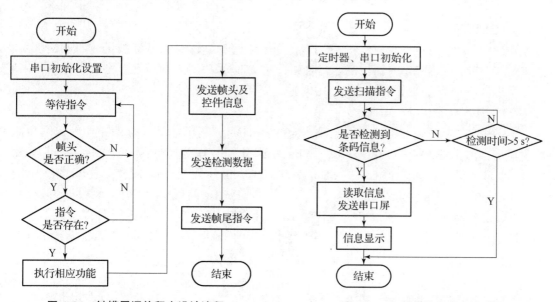

图 6.91　触摸屏通信程序设计流程　　　　**图 6.92　扫描模块程序设计流程**

本书将 STM32F407 芯片的 PC6、PC7 引脚复用 USART6，进行串口初始化配置。系统上电后，条码扫描模块初始化，配置为命令触发模式，可通过发送相应指令进行模块控制，调用 TIM2_Int_Init( ) 函数初始化 TIM2，用于条码扫描定时。主控程序接收到条码扫描指令后，通过 USART6 给扫描模块发送指令，并启动 TIM2 开始计时，设置检测时间为 5 s。若扫描模块扫描成功，则通过 USART6 返回扫描信息，读出检测信息长度，存放至 USART6_

RX_BUF[ ]，并将检测结果发送至触摸屏对结果进行显示。若 5 s 内无返回条码信息，程序发送停止触发指令，关闭扫描模块扫描，避免扫描模块长时间未返回扫描信息而占用系统资源。

3. 步进电机驱动程序设计

本系统进行指标检测时，检测试剂卡需要步进电机推动，经过光学结构照射区域，对指标浓度进行检测。本书选用型号为 35BYZ – 80 的步进电机，该步进电机为两相四线步进电机，采用双四拍信号驱动，该驱动方式具有力矩大、不易失步，转动时振动小、运行平稳等优点。步进电机励磁顺序如表 6.15 所示，步进电机正转时励磁顺序为 AD – BD – BC – AC – AD，反向转动时励磁顺序为 AC – BC – BD – AD – AC。

表 6.15　35BYZ – 80 步进电机励磁顺序

相序号	颜色	励磁顺序			
		1	2	3	4
A	黄	+	−	−	+
B	红	−	+	+	−
C	灰	+	+	−	−
D	蓝	−	−	+	+

步进电机步距角度为 7.5°，步进间距为 0.025 4 mm，试剂卡需要检测距离为 12 mm，经计算共需驱动步进电机正向运转 472 次。步进电机的运转采用 PWM 波进行驱动，该驱动方式更加稳定，且通过定时器控制运行时间，使 ADC 采集时更加精确。系统设计时，采用定时器 TIM3、TIM4，时钟源来自 APB1 时钟，库函数中时钟频率为 42 MHz，采用倍频，此时 TIM3、TIM4 时钟为 84 MHz。

本书采用主控芯片 PB6 ~ PB9 复用为定时器 TIM4，利用定时器的 TIM 比较输出功能，产生输出信号。芯片 PB6、PB7、PB、PB9 引脚分别复用为定时器 TIM4 的 CH1、CH2、CH3、CH4 通道。其中通道 CH1、CH3 设为 TIM 输出比较极性高有效，通道 CH2、CH4 设为 TIM 输出比较极性低有效，定时器自动重装载 ARR 设为 480，分频系数设为 8 400，CH1、CH2 比较值 CNT 设为 239，CH3、CH4 比较值为 479。程序运行时，定时器 TIM4 的 4 路通道产生占空比为 50% 的 PWM 波信号，用于驱动步进电机的运行。中断时间计算公式为

$$T_{OUT} = [(ARR + 1) \cdot (PSC + 1)]/T_{CLK} \tag{6.27}$$

式中，T_{OUT} 为中断溢出时间，ARR 为系统自动装载值，PSC 为分频系数，T_{CLK} 为时钟频率。将设置参数代入公式产生一个周期为 48 ms 的完整 PWM 波，计算结果为

$$T_{OUT} = \frac{(479 + 1) \cdot (8\ 399 + 1)}{84\ \text{MHz}} = 48\ \text{ms} \tag{6.28}$$

定时器 TIM4 产生的 PWM 波驱动信号如图 6.93 所示，图 6.93（a）为步进电机正向驱动信号，图 6.93（b）为步进电机反向驱动信号。

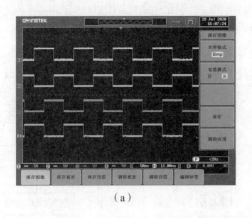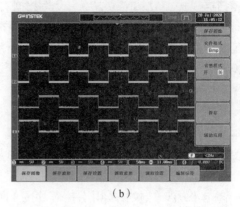

（a）　　　　　　　　　　　　　　　（b）

图 6.93　步进电机 PWM 波驱动信号

（a）步进电机正向驱动信号；（b）步进电机反向驱动信号

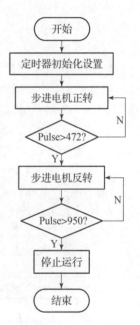

图 6.94　步进电机工作流程

步进电机运行时，定时器 TIM3 控制产生 PWM 波驱动信号，为精确控制电机运作距离及时间，系统采用定时器 TIM4 对运行时间进行定时。步进电机工作流程如图 6.94 所示。

本书采用 STM32F407 芯片 PA6、PA7 引脚复用为定时器 TIM4，与定时器 TIM3 设置相同的自动重装载 ARR 和时钟频率，保持一致性，定时器 TIM3 每产生一个 PWM 波周期，定时器自动计数一次。检测时，首先调用函数 TIM3_Int( )、TIM4_Int( ) 对定时器进行初始化配置，启动步进电机的运转。定时器 TIM3 输出波形进行驱动，同时定时器 TIM4 开始计数，当定时器 TIM4 计数次数为 472 时，调用 TIM3_PWM_BackInit( ) 函数，使步进电机返回初始位置。

4. 信号采集程序设计

STM32F407 芯片自带三个 ADC 采集接口，每个接口都可进行 12 位逐次逼近型数字模拟转换。在 16 位数据存储器中可对 ADC 采集的数据进行左对齐或右对齐方式存储，最大转换速度可达 2.4 MHz。系统设计时，对步进电机每转动一次进行 10 次 AD 采样，并对采样值进行均值处理，降低采样时的噪声干扰，使采样数值更加平稳。

STM32F407 的 ADC 采样时钟（ADCCLK）来自 APB2，系统 APB2 时钟为 84 MHz，设计时根据 ADCCLK 最大工作频率为 36 MHz，对 APB2 时钟进行 4 分频，得到 21 MHz 的时钟频率。ADC 转换时间计算公式为

$$T_{\text{COVN}} = 采样时间 + 12 个采样周期 \tag{6.29}$$

系统采样时间设置为 480 个周期，时钟频率为 21 MHz，得

$$T_{\text{COVN}} = 480 \times \frac{1}{f} + 12 \times \frac{1}{f} \approx 23 \ \mu s \tag{6.30}$$

系统选用 PF7 引脚复用为 ADC，初始化 I/O 口，调用 Adc_Init( ) 函数，对 ADC 初始化，流程如图 6.95 所示。

ADC_ CR1 寄存器 SCAN 位置 0，设为非扫描模式；ADC_CR2 寄存器 CONT 位置 0，关

闭连续扫描模式；ALIGN 位置 0，设为数据右对齐模式；DCCPRE = 01，引脚时钟 4 分频，提供 21 MHz 时钟频率。采样时，每采集一个信号点，设置延时 5 ms，可在步进电机转动一次时对信号采样 10 次，并通过Get_Adc_Average( ) 函数对采样点进行均值处理，经处理后的数据存放在数组中，等待主控程序调用。

5. 存储程序设计

本系统采用 EEPROM 芯片作为存储单元，采用 I^2C 作为通信方式，I^2C 总线采用数据线 SDA 和时钟 SCL 构成串行总线。数据发送时，SCL 置为高电平信号，SDA 向低电平跳变；结束传送时，SCL 置为高电平，SDA 向高电平跳变。本书采用主控芯片的 PF0、PF1 引脚模拟 I^2C 数据线 SDA、SCL，避免了硬件 I^2C 电路复杂且不稳定的弊端，以更好地实现数据的存储与读取。数据存储时，调用函数 I^2C_Init( ) 实现 I^2C 初始化，数据写入时调用函数 AT24C02_Write( ) 进行数据的存储；系统调用函数 AT24C02_Read( ) 实现对存储数据的读取与显示。存储单元程序设计流程如图 6.96 所示。

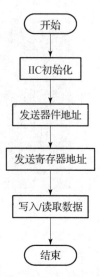

图 6.95　系统 ADC 初始化流程

6. 打印机驱动程序设计

嵌入式打印机的驱动，通过主控芯片的 USART2 发送 TTL 电平信号，经 SP3232 电路转换为 RS‒232 电平信号进行驱动。

本书采用 STM32F407 芯片的 PA2、PA3 引脚复用为 USART2，通过调用 RS232_Init(9 600) 初始化 GPIO 引脚，配置 USART2 串口参数，设置串口波特率设为 9 600。打印机运行时系统通过调用 RS232_Send_Data( ) 函数，将检测数据通过 USATR2 发送至 SP3232 芯片的 DIN1 引脚，信号转换为 RS‒232 信号，经芯片 DOUT1 引脚发送给打印机，对检测结果进行打印。嵌入式打印机工作流程如图 6.97 所示。

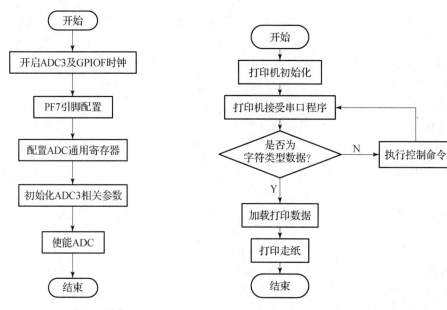

图 6.96　存储单元程序设计流程　　　　**图 6.97　嵌入式打印机工作流程**

6.5.5　人机交互界面设计

本书系统采用广州大彩串口触摸屏，其具有操作简单、界面丰富多样的特点，在应用中较为方便。开发工具采用 Visual TFT 软件，该软件是一款由中国广州大彩科技有限公司自主设计开发的串口屏界面设计与调试软件。

孕激素检测仪触摸屏功能包括控制步进电机运行、激发光源驱动、条码信息扫描、检测结果显示和打印等。根据触摸屏功能需求，设计的人机交互界面包括系统功能界面、用户登录界面、数据检测界面、数据查询界面、系统设置界面等，每个界面的设计可以实现一种或多种功能，具体界面功能框架如图 6.98 所示。

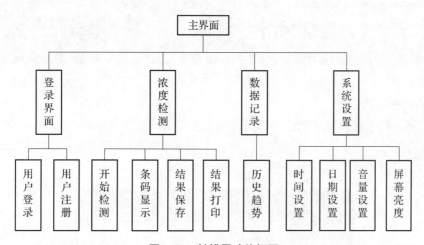

图 6.98　触摸屏功能框图

人机交互界面的设计方便用户的操作，通过触摸方式取代功能按键，本仪器的界面设计具体如下。

1. 系统主界面设计

仪器上电后，触摸屏显示系统的登录界面（见图 6.99），单击"进入系统"按键即可进入孕激素检测仪的主界面（见图 6.100）。

图 6.99　系统界面

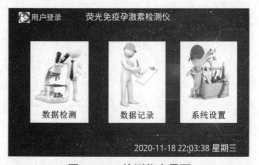

图 6.100　检测仪主界面

孕激素检测仪的主界面主要包括用户登录、数据检测、数据记录、系统设置以及时间和日期显示 5 个部分。软件设计时，在界面导入图片后，在相应位置放置"按钮控件"，通过设置对内指令实现各功能区分，单击相应的按钮，即可进入不同功能的操作。

2. 用户登录界面设计

用户登录界面（见图6.101）的设计主要包括用户登录和用户注册，用户登录是对已有账号进行登录和验证；用户注册可对新用户进行账号注册和验证。用户登录和注册的输入方式，通过在触摸按键处添加"系统键盘"，实现触摸手动输入账号、密码功能。

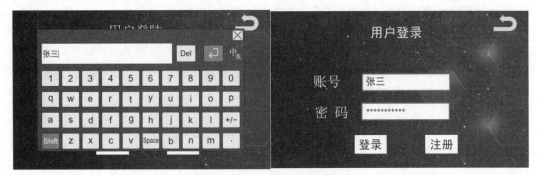

图6.101　用户登录界面

3. 数据检测界面设计

数据检测界面主要包括条码信息输入、检测指令驱动、检测波形绘制、结果显示打印、数据记录保存等功能，如图6.102所示。单击"条码扫描"按键，发送指令控制单片机驱动扫描模块，对检测试纸条码信息进行扫描输入并显示。

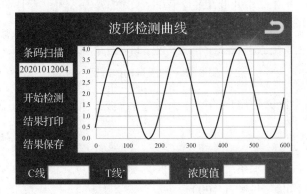

图6.102　数据检测界面

单击"开始检测"按键，发送指令控制单片机实现 TIM3 检测定时，TIM4 输出四路 PWM 波驱动步进电机运转，启动 ADC 信号采集，并将采集的数据发送给触摸屏，对检测波形曲线绘制，STM32F407 芯片对检测数据分析、计算，将检测指标浓度发送给触摸屏显示。单击"结果打印"按键，发送指令控制单片机驱动步进电机对检测结果进行实时打印。单击"结果保存"按键，发送指令，单片机读取检测信息及检测结果，通过 I^2C 通信，存储到外部存储器 24C02，并将存储信息发送给触摸屏数据记录界面进行显示。

4. 数据记录界面设计

检测界面的结果，通过"结果保存"按键，把检测的数据保存到数据记录界面，并通过数据记录界面对以往数据进行历史查询。数据记录界面主要包括检测序号、检测指标信息、检测指标浓度值以及检测时间等信息。查询更多数据，可通过上下移动右侧"滑块"进行更多的检测数据的查询。数据记录界面如图6.103所示。

数据记录

序号	检测信息	浓度值	检测时间
1	202007240005	2.7	2020-10-13
2	202007240006	1.3	2020-10-13
3	202007240007	5.6	2020-10-13
4	202007240008	12.6	2020-10-13

图 6.103　数据记录界面

5. 系统设计界面设计

系统设计界面的设计主要针对系统中一些参数进行设置，主要包括系统日期、时间、音量以及屏幕亮度的设置，单击相应按键，可进行相应设置，如单击"日期"按键，即可进入日期设计界面，通过上下滑动相应位置即可对日期进行调整，如图 6.104 所示。

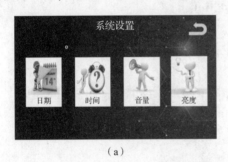
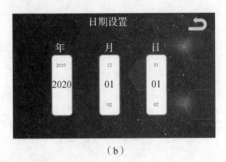

（a）　　　　　　　　　　　　　　　（b）

图 6.104　系统设计界面

（a）系统设计主界面；（b）日期设计界面

6.5.6　算法研究与实验结果分析

1. 检测算法研究

孕激素检测仪采用荧光纳米免疫层析技术原理进行浓度检测，机械运动平台承载试纸条通过光学系统暗箱时，试纸条上 T 线、C 线处的荧光物质在 365 nm 紫外光的激发下产生 615 nm 的荧光波长，可以检测到两个荧光波峰。荧光强度与待测物浓度成正比关系，实验中测试的试纸条采用夹心法制备而成，理想状态下，试纸条检测反应曲线如图 6.105 所示，T 线、C 线处形成不同幅度的波峰，无荧光产生区域，显示平滑曲线，近似为一条直线。

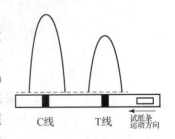

图 6.105　理想状态波形

1）数据平均值处理

实验中发现，当对试纸条上 C 线、T 线上的某一点进行连续多次采样时，采样结果如图 6.106 所示，从图中可以看出，单个测试点每次的采样值都会有微小变化，采样结果并不稳定且变化的随机性较强。

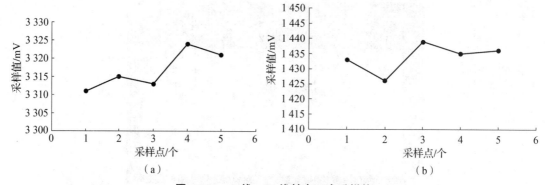

图 6.106　C 线 、T 线某点 5 次采样值

（a）C 线采样图；（b）T 线采样图

为解决这一问题，本书采用求平均值的方法减小这些波动，即步进电机在推动试纸条向前移动的过程中，步进电机每走一步，试纸条上每个测试点被连续采样 5 次，5 次采集值由 DMA 传送到 Ad_Buff[ ] 内进行平均值处理，最终该点的测试值 x 为

$$x = \frac{\sum_{i=1}^{N} \text{Ad\_Buff}[i]}{N} \tag{6.31}$$

使用平均值处理能够很好地解决随机脉冲干扰，保证测试点的准确性。

2）光电信号去噪处理

试纸条在层析过程中，荧光物质不可避免地随着溶液流动散落在硝酸纤维素膜上，导致转换后的荧光信号含有一定的高频噪声成分，如图 6.107 所示。

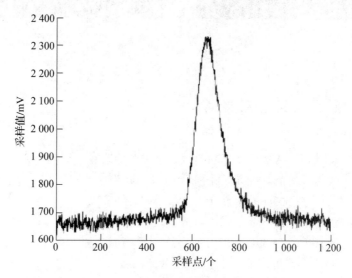

图 6.107　线原始荧光信号

为解决这一问题，本书采用小波变换算法滤除试纸条上非检测区域的高频噪声干扰。小波变换能对空间频率进行局部化分析，通过伸缩平移运算逐步对信号进行多尺度细化，最终实现在不同的时频区都可获得较好的分辨率，在去除噪声的同时尽量保留信号的有用信息。

设函数 $f(t)$ 为原始信号，$n(t)$ 为噪声信号，根据计算准则，寻找对 $f(t)$ 的最佳逼近，实现 $f(t)$ 和 $n(t)$ 的细分。

$$f(t) = f_s(t) + n(t) \tag{6.32}$$

含噪信号 $f(t)$ 在尺度 j 上第 n 点的离散小波变换为

$$
\begin{aligned}
w(j,n) &= <f(t), \psi_{j,k}(t)> \\
&= 2^{j/2} \int_{-\infty}^{+\infty} f(t) \psi * (2^{-j}t - k) \mathrm{d}t
\end{aligned}
\tag{6.33}
$$

$$\psi_{j/k}(t) = 2^{-j/2} \psi(2^{-j}t - k) \tag{6.34}$$

式中，$<>$ 表示内积；$\psi^{j/k}(t)$ 表示离散小波基函数。

此外，通过小波变换软阈值法可以去除信号频带相互重叠的白噪声，变换公式为

$$
Wf'(t,s) = \begin{cases} \mathrm{Sgn}[Wf(t,s)], & [|Wf(t,s)| - Th(s)], |Wf(t,s)| > Th(s) \\ 0, & \text{其他} \end{cases}
\tag{6.35}
$$

式中，$Wf'(t,s)$ 是阈值变化后的小波数值；$Wf(t,s)$ 是含噪声小波系数的值；$\mathrm{Sgn}[Wf(t,s)]$ 是符号函数，数值大于零，符号为正，反之为负。

信噪比作为去噪效果的评价指标，单位为分贝（dB），公式为

$$\mathrm{SNR} = 10 \cdot \lg\left(\frac{\mathrm{Power_f}}{\mathrm{Power_n}}\right) \tag{6.36}$$

$$\mathrm{Power_f} = \frac{1}{N} \sum_{k=0}^{N} f^2(k) \tag{6.37}$$

$$\mathrm{Power_n} = \frac{1}{N} \sum_{k=0}^{N} e(k) = \frac{1}{N} \sum_{k=0}^{N} [f(k) - \tilde{f}(k)]^2 \tag{6.38}$$

式中，$\mathrm{Power_f}$ 为信号功率；$\mathrm{Power_n}$ 为噪声功率；$\tilde{f}(k)$ 为噪声处理后的估计信号。

如图 6.108 所示，选择 5 阶消失距的 db 小波作为小波基对原信号进行 5 层分解可以很好地去除信号非检测区域的毛刺现象，使曲线平滑。

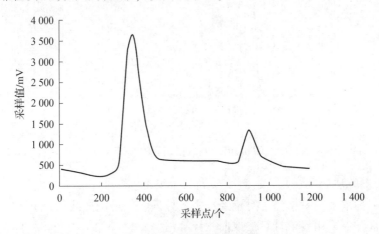

图 6.108　去噪后荧光信号

3）基线矫正处理

孕激素检测仪在实际使用中，由于外界环境变化或仪器本身的噪声影响，检测曲线会存

在基线漂移现象，造成检测曲线有线性向上的趋势。为进一步改善荧光信号质量，本系统中又加入了数字滤波用于基线矫正处理。

基线干扰信号属于低频噪声信号，可通过二阶无线脉冲响应（Infinite Impulse Response，IIR）高通滤波器进行消除。

IIR 差分方程为

$$y(n) = \sum_{i=0}^{M} a_i x(n-i) + \sum_{i=1}^{N} b_i y(n-i) \tag{6.39}$$

进行 Z 变换后，可得

$$Y(z) = \sum_{i=0}^{M} a_i z^{-i} X(z) + \sum_{i=1}^{N} b_i z^{-i} Y(z) \tag{6.40}$$

于是得到 IIR 数字滤波器的系统函数：

$$H(z) = \frac{Y(z)}{X(z)} = \frac{\sum\limits_{i=0}^{M} a_i z^{-i}}{1 - \sum\limits_{i=1}^{N} b_i z^{-i}} = a_0 \frac{\prod\limits_{i=1}^{M}(1 - c_i z^{-1})}{\prod\limits_{i=1}^{N}(1 - d_i z^{-1})} \tag{6.41}$$

为设计方便，使用 MATLAB 软件的 FDAtool 工具箱设计 IIR 高通滤波器，得到的响应函数为

$$H(Z) = \frac{0.9912(1 - 2Z^{-1} + Z^{-2})}{1 - 1.9823 Z^{-1} + 0.9824 Z^{-2}} \tag{6.42}$$

导出公式中的参数，转换为 C 语言程序写入 MCU 中实现数字滤波。基线校正后的曲线如图 6.109 所示。

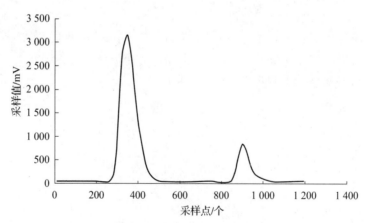

图 6.109　基线校正后的曲线

4）面积检测算法

为实现待测物浓度定量检测，对于经过去噪处理后的检测曲线（图 6.110）需要进行数值计算。通常情况下采用峰值计算法或面积计算法。

峰值计算法主要通过导数等算法求得检测曲线的波峰值，然后将波峰值与基线值进行差值计算。峰值定量检测特征量：

$$S_p = \max(y) - \min(y) \tag{6.43}$$

面积计算法主要通过微积分算法计算检测曲线的面积积分值，面积定量检测特征量：

$$S_a = \sum_{n=1}^{N} y_n - N \cdot \min(y_n) \qquad (6.44)$$

图 6.110　C 线荧光信号

以峰值作为检测特征量具有简便、快速等优点，但在检测精度和检测重复性方面存在较大缺陷。峰值点为众多检测点中的一点，检测过程中一旦受到噪声等因素的干扰，容易造成峰值点寻找不准确，最终导致检测结果与实际浓度值偏差很大，不利于定量检测。而以面积作为检测特征量，检测过程中包含了较多有用细节，如峰高、峰宽等，易于消除不定因素造成的影响，即使对幅值较小的检测波也能检测，保证检测结果与实际浓度值相一致。因此，本书选用面积法对检测曲线进行计算，通过计算 T 线和 C 线处检测曲线面积的比值 S_T/S_C，转换为对应的实际浓度值。

5）浓度曲线拟合

孕激素检测仪主要针对 FH、FSH、P 三种激素进行检测。对于不同的检测项目，孕激素检测仪要进行不同的标定实验，从而求出待测物浓度与检测曲线 T 线处波峰面积 S_T 与 C 线处波峰面积 S_C 比值的函数表达式。本书采用最小二乘法进行线性回归拟合来获取待测物浓度计算公式。假设目标函数线性方程为

$$y = \alpha + \beta x + \varepsilon \qquad (6.45)$$

式中，ε 为实际值与直线拟合值的残差。根据最小二乘法的定义，假设坐标上有 n 个数值点 (x_i, y_i) $(i=1, 2, \cdots, n)$，此时目标函数便转化为因变量值与实际值的残差平方和，定义如下：

$$Q = \min f(\alpha, \beta) = \sum_{i=1}^{n} [y_i - (\alpha + \beta x_i)]^2 \qquad (6.46)$$

式中，Q 随回归系数 α 和 β 而变，可看作是 α 和 β 的一个二元函数，其中 y_i 和 x_i 为常数。根据二元函数求极小值点的方法，分别对 α 和 β 求偏导数，令偏导数值为 0，得到如下方程：

$$\begin{cases} f_\alpha = -2 \sum_{i=1}^{n} [y_i - (\alpha + \beta x_i)] = 0 \\ f_\beta = -2 \sum_{i=1}^{n} [y_i - (\alpha + \beta x_i)] x_i = 0 \end{cases} \qquad (6.47)$$

对上式求解，得到

$$\begin{cases} \beta = \dfrac{\sum_{i=1}^{n} y_i(x_i - \overline{x})}{\sum_{i=1}^{n} (x_i - \overline{x})^2} \\ \alpha = \overline{y} - \beta \overline{x} \end{cases} \qquad (6.48)$$

式中，α 和 β 对应值即回归方程的系数，代入后得到目标函数。

2. 实验结果分析

完成硬件以及软件方面的调试后对样机各功能模块进行测试，包括检测模块的指标检测、条码扫描、步进电机驱动、结果显示及打印等。组装完成的孕激素定量检测仪样机及部分检测界面显示如图 6.111 所示。

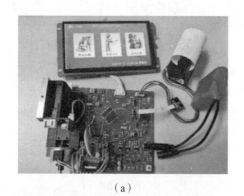
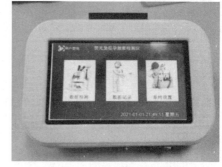

（a）　　　　　　　　　　　　　（b）

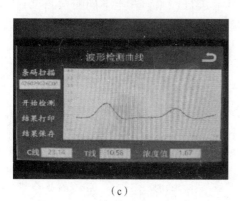

（c）　　　　　　　　　　　　　（d）

图 6.111　孕激素定量检测仪样机及界面

（a）仪器内部组装图；（b）样机成品；（c）仪器检测界面；（d）数据记录界面

使用标准品稀释液，配置 0、0.5 mIU/mL、1 mIU/mL、5 mIU/mL、10 mIU/mL、20 mIU/mL、50 mIU/mL 不同质量浓度的标准 LH 溶液；配置 0、0.5 mIU/mL、1 mIU/mL、5 mIU/mL、10 mIU/mL、15 mIU/mL、20 mIU/mL 不同质量浓度的标准 FSH 溶液；配置 0、0.2 ng/mL、0.5 ng/mL、1 ng/mL、2 ng/mL、5 ng/mL、10 ng/mL 不同质量浓度的标准 P 溶液作为检测样本，7 种浓度涵盖了试纸条被激发出的荧光信号强度从弱到强的梯度变化。本实验选用北京国科华仪科技有限公司研制的 LH 试纸条和 P 试纸条作为检测载体。启动检测仪，待其初始化完成后，将样本滴加在试纸条上放入光学系统检测暗箱装置中，点击触摸屏上的检测按钮，静待 6 s 后查看检测结果。实验中为消除样本配置误差对检测结果造成的影响，每组浓度重复 5 次取平均值，测得不同浓度结果对应 S_T/S_C 比值的变化如表 6.17 所示。

根据表 6.11 画坐标图，如图 6.112 ~ 图 6.114 所示，横坐标为浓度值梯度，纵坐标为测得的 S_T/S_C 比值，从连线趋势可以看出，测试浓度与 S_T/S_C 比值具有线性关系，利用最小二乘法计算出拟合方程，将拟合方程式录入孕激素检测仪中备用。

表 6.17　LH、FSH、P 样本浓度与 S_T/S_C

LH		FSH		P	
样本浓度/ （mIU · mL^{-1}）	S_T/S_C	样本浓度/ （mIU · mL^{-1}）	S_T/S_C	样本浓度/ （ng · mL^{-1}）	S_T/S_C
0	0.001	0	0.001	0	0.002
0.5	0.006	0.5	0.014	0.2	0.005
1	0.021	1	0.035	0.5	0.047
5	0.107	5	0.238	1	0.108
10	0.162	10	0.390	2	0.209
20	0.364	15	0.516	5	0.442
50	0.742	20	0.703	10	0.710

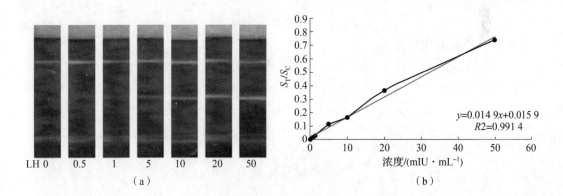

图 6.112　LH 试纸条拟合曲线

（a）LH 试纸条；（b）样本浓度与 S_T/S_C 比值关系拟合曲线

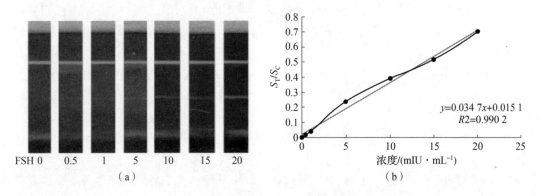

图 6.113　FSH 试纸条拟合曲线

（a）FSH 试纸条；（b）样本浓度与 S_T/S_C 比值关系拟合曲线

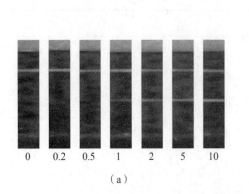
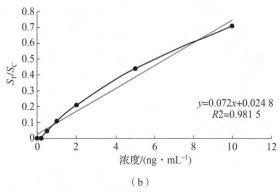

（a）　　　　　　　　　　　　　（b）

图 6.114　P 试纸条拟合曲线

（a）FSH 试纸条；（b）样本浓度与 S_T/S_C 比值关系拟合曲线

LH 拟合曲线的方程式为

$$y = 0.014\ 9x + 0.015\ 9 \tag{6.49}$$

FSH 拟合曲线的方程式为

$$y = 0.034\ 7x + 0.015\ 1 \tag{6.50}$$

P 拟合曲线的方程式为

$$y = 0.072x + 0.024\ 8 \tag{6.51}$$

通过计算可知，LH 标准样本在 0～50 mIU/mL 范围内的线性关系为 0.991 4，FSH 标准样本在 0～20 mIU/mL 范围内的线性关系为 0.990 2，P 标准样本在 0～10 ng/mL 范围内的线性关系为 0.981 5，孕激素检测系统具有良好的线性特征。

习 题 6

1. 试述动态血压仪的检测原理。

2. 研制的电子血压计，最后需要采用传统水银血压计进行定标，试拟定一个定标方案。

3. 无创血压检测采用固定比值求出平均压、收缩压和扩张压，受到多种物理和生理变化因素的影响，从而出现"误报高血压"等错误，如何克服这些因素的影响？试提出你的设计方案。

4. 脉搏信号时域和频域特征有哪些？这些特征可以反映人体的哪些状态信息？

5. 用单片机 AT89S51 作为控制处理器，设计心电信号的采集电路。画出硬件电路图，并编写采集程序。

6. 生命参数监护仪主要监护哪些生理参数？这些参数具有什么特点？一般采用什么原理进行检测？

7. 分别叙述工频（我国为 50 Hz）干扰在实验室环境和医院环境的来源及主要抑制措施和方法。

8. 实现电子医学仪器前置放大器的高共模抑制比有哪些途径？

9. 用生物阻抗法设计一呼吸监护仪。要求如下：

（1）显示呼吸波形；

（2）显示每分钟呼吸次数；

10. 试设计一个具有无线通信功能的心电监护仪。要求如下：

（1）显示心电波形；

（2）显示心率值；

（3）在 500 m 范围内与主机进行通信。

第7章

医学信号检测与采集实验

7.1 心电信号检测实验

1. 实验目的

(1) 掌握心电信号的产生原理和心电信号的特点。

(2) 掌握心电信号的检测方法。

(3) 掌握生理信号的多级放大和滤波方法。

(4) 熟悉多参数病人模拟器的使用。

2. 实验原理

心脏各部分在兴奋过程中出现的电位变化的方向、途径、次序和时间等均有一定规律。由于人体为一个容积导体,这种电位变化亦必然扩布到身体表面。鉴于心脏在同一时间内产生大量电信号,将心脏产生的电位变化以时间为函数记录下来,这条记录曲线称为心电图(Electrocardiogram,ECG)。图 7.1 所示为典型心电图。心电图反映心脏兴奋的产生、传导和恢复过程中的生物电变化。

1)心电图基本波形

P 波:反映心房电激动的电压改变。

QRS 波:反映心室电激动的电压改变。

PR 间期:代表电激动由心房传到心室的时间。

T 波:反映心室电激动恢复期的电压改变。

QT 间期:代表心室电激动的全部时间。

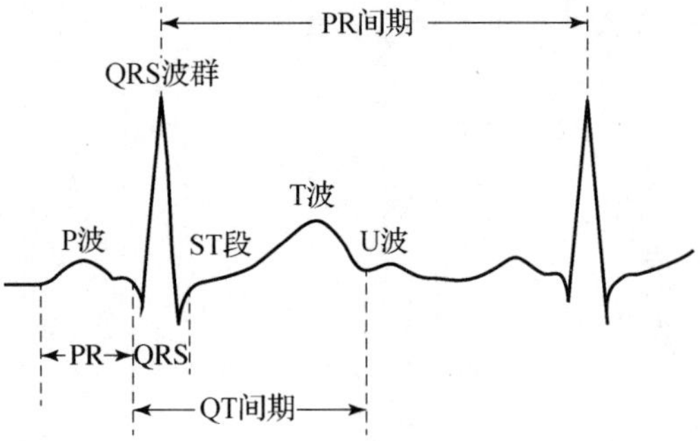

2)正常心电图

1)P 波

形态:一般为钝图形,有时有轻度切迹,但波峰间距小于 0.03 s。V_1、V_2 导联顶部尖。

宽度:0.06~0.11 s。

高度:小于 0.25 mV。

2)PR 间期

0.12~0.20 s。

图7.1 典型心电图

3）QRS 综合波

正常时有些导联可出现小 Q 波，但其深度小于 0.25 倍的 R 波幅值，宽度小于 0.04 s。

宽度：0.06 ~ 0.10 s。

高度：V_1 的 R 波小于 10 mV，V_5 的 R 波小于 25 mV。

4）ST 段

正常人 ST 段下移不超过 0.05 mV，ST 段上升不超过 0.1 mV，而 V_1 ~ V_3 上升不超过 0.3 mV。

5）T 波

形态：波形平滑不对称，上升慢而下降快。

高度：QRS 主波向上的导联，T 波不应低于同导联 R 波的 1/10。

6）QT 间期

正常人心率在 60 ~ 100 次/min，QT 间期正常值为 0.32 ~ 0.44 s。

注：V_1 ~ V_6 为标准的单极胸导联表示方法，此时探查电极安放在前胸壁上的 6 个固定位置。

3）多参数病人模拟器的特点

本实验的心电信号来自多参数病人模拟器，如图 7.2 所示。此模拟器相当于一个人体，提供左右臂（RA，LA）、左右腿（RL，LL）等电极接线端，可形成各种导联，且输出的信号标准，干扰小，为实验电路的设计带来了方便，减少了电路的复杂性。其特点如下：

（1）高性能，结构紧凑，体积小巧。

（2）常用设定均有热键标记。

（3）12 导联 ECG。

（4）呼吸以及温度选择。

（5）有创血压模拟。

（6）心输出量选件。

（7）成人及儿科正常窦性节律。

（8）35 种心律失常。

（9）ECG 性能测试波形。

（10）ST 段电平输出。

（11）ECG 干扰。

（12）起搏器模拟。

图 7.2　多参数病人模拟器

（13）RS - 232 接口。

4）心电检测电路

心电信号属于低频微弱信号，检测时存在强大的干扰，主要是 50 Hz 的工频干扰。这就要求所选择的器件及设计的电路具有很强的抗干扰能力。

本次实验选择了仪用放大器 AD620、运算放大器 LF356、OP27、μA741。AD620 具有如下特点：高输入阻抗，高共模抑制比，低噪声，低漂移，能够很好地抑制干扰。而 OP27 也具有高输入阻抗、低噪声、低漂移等特点，用在第二级放大电路中能够满足要求。

实验原理电路由两级放大电路、一个陷波器及一个低通滤波器组成。图 7.3 所示为放大电路，第一级前置放大电路由 AD620 及 LF356 构成。其中 AD620 承担放大功能，将心电信号放大 20 多倍，可通过 $R4$ 调节放大倍率；而 LF356 组成的是右腿驱动电路，能够进一步提高电路的抗干扰能力，这也是心电检测方法的一个特点。第二级放大电路的主要元件是 OP27，可以通过调节电位器来改变增益大小。图 7.4 所示为滤波电路，由 UA741 构成的陷波器其主要作用是滤除掉 50 Hz 的工频干扰。$R13$ 及 $C5$ 组成一低通滤波器，截止频率为 106 Hz。

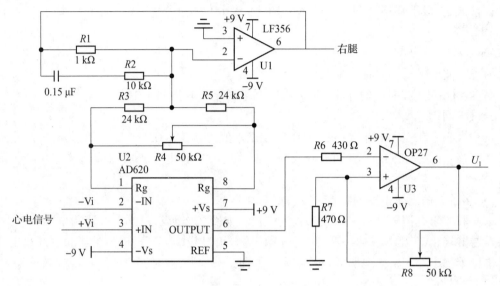

图 7.3　放大电路

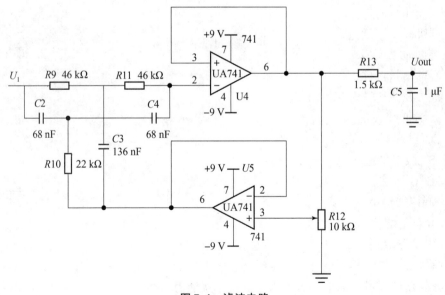

图 7.4　滤波电路

3. 实验内容

（1）分别按原理图 7.3 和图 7.4 连接好电路。

（2）本实验使用 I 导联（右手接放大器反向端，左手接放大器同向端称为 I 导联）将心电信号接入。

（3）通过多参数病人模拟器设定输入信号的幅值、频率，调节电位器，观察心电波形的变化，并记录心电信号的幅值、频率。

（4）通过多参数病人模拟器输出不同的心电信号，观察并记录不同病人的心电信号波形。

注意：

①在给电路通电前，确保电路连接准确无误。

②按原理图连接电路时，建议一级一级调试，避免发生错误，检查电路困难。

4. 实验设备及元件

（1）稳压电源：1 台。

（2）慢扫描示波器：1 台。

（3）信号源：1 台。

（4）多参数病人模拟器：1 台。

（5）实验电路板：1 块。

（6）放大器芯片：LF356（1 个）、AD620（1 个）、OP27（1 个）、UA741（2 个）。

（7）可调电阻：10 kΩ（1 个）、50 kΩ（2 个）。

（8）电阻：46 kΩ（2 个）、24 kΩ（2 个）、22 kΩ（1 个）、10 kΩ（1 个）、1.5 kΩ（1 个）、1 kΩ（1 个）、470 Ω（1 个）、430 Ω（1 个）。

（9）电容：68 nF（2 个）、1 μF（1 个）、0.15 μF（1 个）、136 nF（1 个）。

5. 思考题

（1）右腿驱动电路的作用是什么？

（2）为什么第一级放大要选择高共模抑制比的仪用放大器？

（3）在调试电路过程中，二级放大电路的放大倍数设置为多少比较合适？为什么？

7.2　心电信号采集实验

1. 实验目的

（1）掌握心电信号的特点（幅值、频率），能设计出心电信号采集和显示电路。

（2）掌握心电信号的采集方法。

2. 实验原理

由于心电信号为模拟信号，为方便信号的后续处理，需要对该信号进行模数转换。本系统采用 ADC0809 进行心电信号的采集。

ADC0809 是一种应用广泛的 8 位逐位逼近式 A/D 转换器，具有以下特性，可满足心电信号的采集。

（1）8 位分辨率。

（2）不可调误差在 ±（1/2）LSB 和 ±LSB 范围内。

（3）典型转换时间为 100 μs。

（4）具有锁存控制的 8 路模拟开关。

（5）具有三态缓冲输出。

（6）模拟电压输入范围：0 ~ 5 V。

（7）输出 TTL 兼容。

（8）+5 V 单电源供电。

（9）工作温度范围：-40~85 ℃。

3. 实验内容

（1）按原理图 7.5 连接好电路。

（2）将 7.1 节检测到的心电信号送到 ADC0809 的模拟量输入通道，编程将模拟心电信号转换成数字量，并通过液晶屏进行显示。

4. 实验设备及元件

（1）稳压电源：1 台。

（2）示波器：1 台。

（3）信号源：1 台。

（4）多参数病人模拟器：1 台。

（5）51 单片机仿真器：1 台。

（6）实验电路板：1 块。

（7）芯片：AD0809（1 个）、LCD1602（1 个）。

（8）可调电阻：10 kΩ（1 个）。

5. 参考电路和程序

（1）心电信号采集与显示接口电路（见图 7.5）。

（2）参考程序。

```c
#include <reg51.h>
#include <intrins.h>
#define uint unsigned int
#define uchar unsigned char
uchar table1[] = "LCD1602 TEST OK";
uchar table2[] = "U = 0.000V";
uchar result;
sbit rs = P2^5;
sbit rw = P2^6;
sbit e = P2^7;
sbit CLK = P3^1;
sbit OE  = P3^2;
sbit EOC = P3^3;
sbit ST  = P3^4;
sbit A   = P3^5;
sbit B   = P3^6;
sbit C   = P3^7;

void DelayMS(uint ms)
{
```

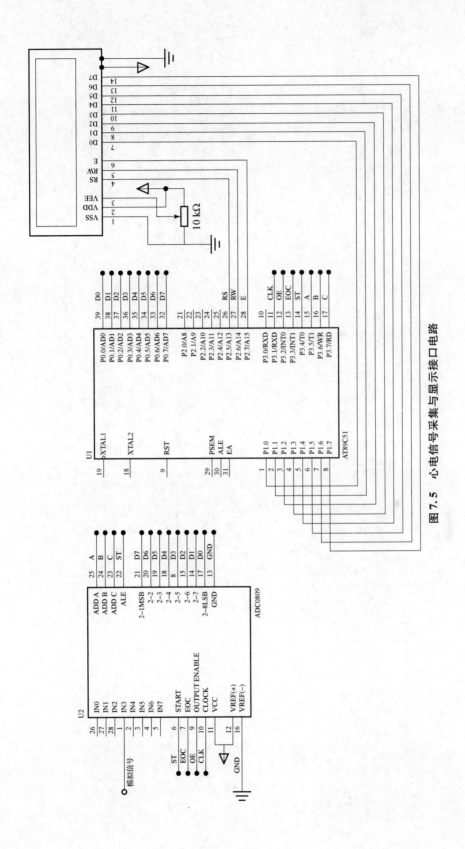

图 7.5　心电信号采集与显示接口电路

```c
    uchar i;
    while(ms -- )
    {
        for(i =0;i <120;i ++ );
    }
}

void delay_50us(uchar i)
{
    uchar   a;
    for(;i >0;i -- )
    for(a =0;a <20;a ++ );
}

void write_com(uchar com)
{
    rs =0;
    rw =0;
    e =0;
    P1 =com;
    delay_50us(10);
    e =1;
    delay_50us(20);
    e =0;
}

void write_dat(uchar dat)
{
    rs =1;
    rw =0;
    e =0;
    P1 =dat;
    delay_50us(10);
    e =1;
    delay_50us(20);
    e =0;
}
```

```
void init(void)
{
    write_com(0x01);
    DelayMS(100);
    write_com(0x38);
    delay_50us(300);
    write_com(0x06);
    write_com(0x0c);
}

uchar Red_0809()
{
    ST = 0;
    ST = 1;
    ST = 0;
    while(EOC == 0);
    OE = 1;
    result = P0;
    OE = 0;
    return result;
}

void LCD_Display()
{
    uint d;
    uchar i;
    Red_0809();
    d = result * 5000.000 /256;          //将输出的数字量转换为电压值
    table2[2] = d/1000 +'0';
    table2[4] = d/100%10 +'0';
    table2[5] = d/10%10 +'0';
    table2[6] = d%10 +'0';
    write_com(0x80);
    i = 0;
    while(table1[i]! ='\0')
    {
        write_dat(table1[i ++]);
```

```
        }
        write_com(0x80 +0x44);
        i =0;
        while(table2[i]! ='\0')
            {
                write_dat(table2[i ++]);
            }
    }


void main()
{
        TMOD = 0x02;
        TH0   = 0x14;
        TL0   = 0x00;
        IE    = 0x82;
        TR0   = 1;
        A    = 1;
        B    = 1;
        C    = 0;                    //从通道 IN3 输入心电信号模拟量
        init();
        while(1)
            {
                LCD_Display();
                DelayMS(5);
            }
    }


void Timer0_INT()interrupt 1
{
        CLK = ! CLK;                //产生 ADC0809 的时钟信号
}
```

6. 思考题

（1）实验中，心电信号的采样频率应设置为多大？为什么？

（2）实验中，如何改变程序设置模拟量输入通道为通道 0 或通道 7？

（3）计算程序中 ADC0809 的时钟信号周期为多少？

7.3　脉搏信号采集实验

1. 实验目的

（1）根据脉搏信号的特点，设计脉象信号的检测和采集电路。

（2）掌握脉率的计算方法。

（3）掌握生理信号分析结果的显示方法。

2. 实验原理

1）系统总体框图

系统总体框图如图 7.6 所示。

图 7.6　系统总体框图

通过 HK－2000B 型脉搏传感器采集人体的脉搏信号。脉搏属于低频弱信号，频带为 1～40 Hz。由于不同人体的个体差异较大，脉搏强度不同。该系统通过信号放大电路，根据实际需要调整放大倍数，以适应不同的人群，并通过窗口比较器，把脉搏信号波形转换为便于计数的方波，最后通过单片机控制数码管进行脉率显示。

2）传感器介绍

HK－2000B 型脉搏传感器采用高度集成化工艺，将力敏元件（PVDF 压电膜）、灵敏度温度补偿元件、感温元件、信号调理电路集成在传感器内部。其外形如图 7.7 所示，接口定义如图 7.8 所示。该传感器具有灵敏度高、抗干扰性能强、过载能力大、一致性好、性能稳定可靠、使用寿命长等特点。

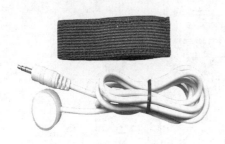

图 7.7　HK－2000B 型脉搏传感器外形

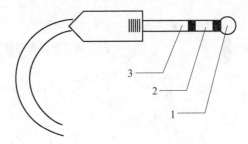

图 7.8　3.5 标准耳机接口定义

1—脚－VCC；2—脚－OUT；3—脚－GND

HK－2000B 型脉搏传感器可用于脉搏波分析系统，如中医脉象、心血管功能检测、妊高征检测等系统。使用时固定方法如图 7.9 所示。

HK－2000B 型脉搏传感器技术指标：

（1）电源电压：5～6 V DC。

（2）压力量程：－50～300 mmHg。

（3）灵敏度：2 000 μV/mmHg。

（4）灵敏度温度系数：1×10^{-4}/℃。

（5）精度：0.5%。

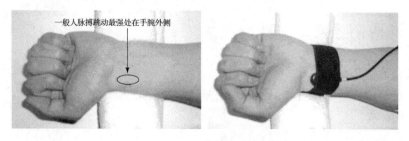

一般人脉搏跳动最强处在手腕外侧

图 7.9　HK – 2000B 型脉搏传感器固定方法

（6）重复性：0.5%。

3）传感器接口及信号放大电路

脉搏传感器接口及信号放大电路如图 7.10 所示，经过一级放大（OP07）、电平抬升、电压跟随器的处理，在 OUT1 端可以输出完整的脉搏信号波形，具体如图 7.11 所示。因被测者的个体差异，波形可能会有一定差异。

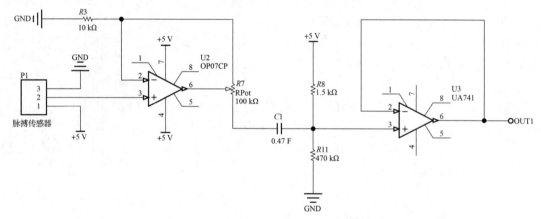

图 7.10　脉搏传感器接口及信号放大电路

图 7.11　典型的脉搏波输出波形

4）波形变换电路

根据脉搏信号的幅值情况，设计窗口比较器，将脉搏波转换成便于计数的方波信号，再利用单片机进行脉率的计算。脉搏信号波形变换电路如图 7.12 所示。注意：窗口比较器的阈值应根据个人脉搏信号的实际情况合理进行调整。

5）脉率计数和显示电路

利用单片机定时器的计数功能进行脉搏波计数，并通过数码管进行结果显示，具体如图 7.13 所示。（也可以采用液晶屏进行显示，具体参考图 7.5。）

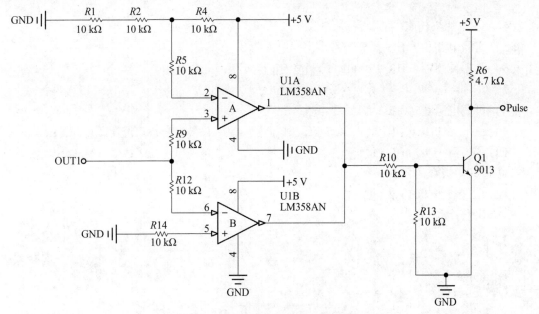

图 7.12　脉搏信号波形变换电路

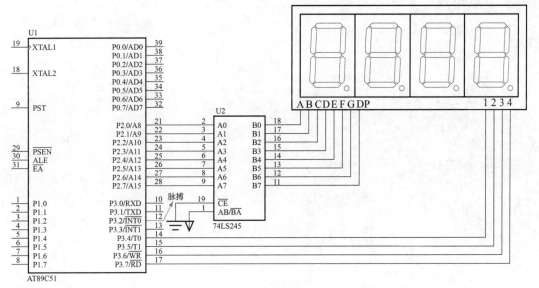

图 7.13　脉率显示电路

3. 实验内容

（1）按照图 7.10、图 7.12、图 7.13 连接电路，然后进行调试，并记录放大、电平抬高、波形变换后的脉搏波形。

（2）根据脉搏信号的显示电路，编程显示脉率值。

4. 实验设备及元件

（1）稳压电源：1 台。

（2）数字示波器：1 台。

（3）信号源：1 台。

（4）51 单片机仿真器：1 台。

（5）实验电路板：1 块。

（6）脉搏传感器：HK – 2000B（1 个）。

（7）芯片：OP07CP（1 个）、UA741（1 个）、LM358AN（1 个）、74LS245（1 个）。

（8）可调电阻：100 kΩ（1 个）。

（9）电阻：10 kΩ（10 个）、4.7 kΩ（1 个）、470 kΩ（1 个），1.5 kΩ（1 个）。

（10）电容：0.47 μF（1 个）。

（11）共阴极数码管：4 个。

（12）三极管：9013（1 个）。

5. 参考程序

```c
#include < intrins.h >
#include < reg51.h >
unsigned int n = 0,a = 0;
unsigned char code table[ ] = {0x3f,0x06,0x5b,0x4f,0x66,0x6d,0x7d,
0x07,0x7f,0x6f,0x77};
void delay(void)
{
    unsigned char i;
    for(i = 0;i < 240;i ++ );
}
void display(int n)
{
    P2 = 0x06;
    P1 = table[n/100];
    delay();
    P2 = 0x0A;
    P1 = table[(n% 100)/10];
    delay();
    P2 = 0x0C;
    P1 = table[(n% 100)% 10];
    delay();
}
void main()
{
    TMOD = 0x01;
```

```
        TH0 = 0x15;
        TL0 = 0xA0;
        TR0 = 1;
        EA = 1;
        ET0 = 1;
        IT0 = 1;
        EX0 = 1;
        PX0 = 0;
        PT0 = 1;
        while(1)
        {
            display(n);
        }
}
void Init0()  interrupt 0
{
    n ++;
    if(a >= 1000)
    {
        TR0 = 0;
        ET0 = 0;
        EX1 = 0;
        IE = 0;
    }
}
void Timer0()  interrupt 1
{
    a ++;
    TH0 = 0x15;
    TL0 = 0xA0;
}
```

6. 思考题

（1）窗口比较器的阈值该如何选择？

（2）在电路调试的过程中，如何调节脉搏信号的放大倍数？依据是什么？

（3）简述脉率计数实现的方案。

7.4 电子体温计设计实验

1. 实验目的

（1）了解体温检测的基本知识及体温信号特点。

（2）掌握体温信号的检测方法。

（3）学习生理信号的检测电路的设计。

2. 实验原理

1）人体体温

人体不同的部位温度不同，具体如表7.1所示。正常人体的直肠温度平均为37.3 ℃，接近于深部的血液温度；口腔温度比直肠温度低0.1~0.3 ℃，平均约为37 ℃；腋窝温度比口腔温度又低0.3~0.5 ℃，平均约为36.7 ℃。临床上一般采取从腋窝、口腔或直肠内测量体温的办法。

表7.1　体温幅度范围简表

生理参量		幅度范围
体温	口腔	36.7~37.7 ℃（正常值）
	腋窝	36.0~37.4 ℃（正常值）
	直肠	36.9~37.9 ℃（正常值）
	体温测量范围	35.0~42.0 ℃

2）温度传感器

按照传感器与被测介质的接触方式，温度传感器可分为两大类，一类是接触式温度传感器，另一类是非接触式温度传感器。接触式温度传感器包括热电偶、热敏电阻、PN结型热敏电阻、热敏晶体管、可控硅和集成温度传感器；非接触式温度传感器包括利用塞贝克效应制成的红外吸收型温度传感器和MOSFET红外探测仪，非接触式可进一步分为热型和量子型。

温度的测量都是依靠传感器或敏感元件进行的，常用的测温方法一般利用以下效应或变化：

（1）利用铜电阻（-50~150 ℃）、铂电阻（200~600 ℃）、热敏电阻（低温：-200~0 ℃；一般：-50~30 ℃；中温：0~700 ℃）的电阻阻值变化，特别是利用铂电阻阻值随温度的变化测量温度，在工业、科研领域应用十分广泛。

（2）利用镍铜-考铜（-200~800 ℃）、镍铬-镍硅（200~1 250 ℃）、铂铑$_{30}$-铂铑（100~1 900 ℃）等热电偶的热电效应。

（3）利用半导体PN结电压随温度变化。

（4）利用晶体管特性的变化，制成集成温度传感器，如AN6701、AD590、LM134等均属于此类传感器。

（5）利用物体的热辐射测温。

其中，集成电路温度传感器是将温敏晶体管及其辅助电路集成在同一芯片的集成化温度传感器。这种传感器的最大优点是直接给出正比于绝对温度的理想线性输出，而且传感器体积小，成本低廉。因此，它是现代半导体温度传感器的主要发展方向之一，目前已经广泛用于 −50 ~ 150 ℃以内的温度检测、控制和补偿的许多场合。

3）测量电路

关于人体温度信号的采集，经调查研究，发现当今市面上普遍存在的体温计产品多采用热敏电阻和 PN 结温度传感器作为传感元件构建电路（因为热敏电阻和 PN 结温度传感器的测温范围和测量精度均能较好地匹配人体温度信号的提取），提取体温信号加以处理和显示，最后形成电子体温计产品。

本实验采用负温度系数 NTC 型热敏电阻构建电桥测温电路，提取体温信号，具体方案如下：

（1）传感器：热敏电阻。

（2）测温方法：三点定标测温法。

三点定标测温法为一种新颖的温度测量方法，其特点在于：校准温度时有三个校温点，即 0 ℃、36.6 ℃和 100 ℃。其温度惰性小，响应快，可用于体温、室温和家庭其他方面的快速测温。其技术性能如下：

测量范围：−50 ~ 100 ℃。

温度分辨力：0.1 ℃。

测量误差：工作范围的中间温度为 ±(0.1 ~ 0.2)℃；在工作范围的极限温度为 ±0.5 ℃。

（3）测量电路如图 7.14 所示；温度信号采集与显示电路如图 7.15 所示。

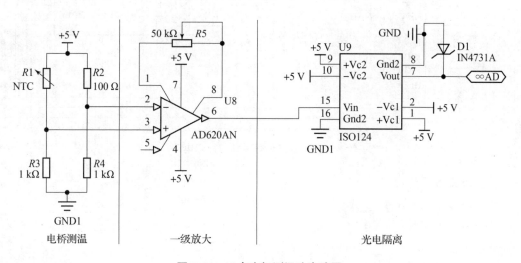

图 7.14 三点定标测温法电路图

3. 实验内容

（1）将热敏电阻 R1 放入冰水溶液中，测量此时的电阻值。

（2）将 R1 放入沸水中，测量此时的电阻值。

（3）设计体温信号的分析处理电路，编程计算体温值。

（4）分析实验结果的正确性。

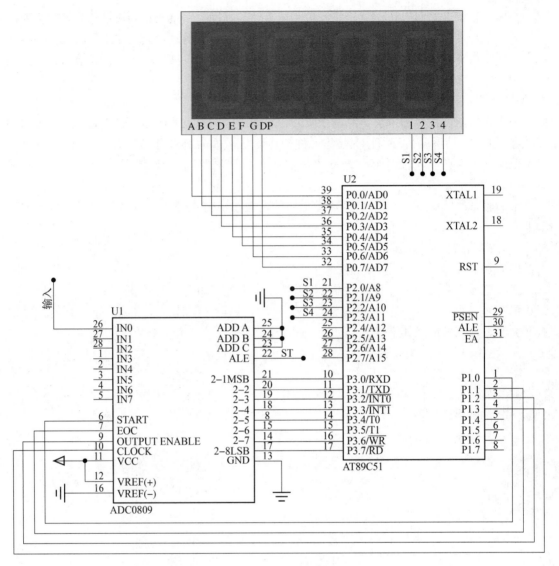

图 7.15　温度信号采集与显示电路

4. 实验设备及元件

（1）稳压电源：1 台。

（2）数字示波器：1 台。

（3）信号源：1 台。

（4）实验电路板：1 块。

（5）医用温度传感器：1 个。

（6）芯片：AD620（1 个）、ADC0809（1 个）、AT89C51（1 个）、ISO124（1 个）。

（7）可调电阻：50 kΩ（1 个）。

（8）电阻：1 kΩ（2 个）、100 Ω（2 个）。

（9）四联数码管：1 个。

（10）稳压二极管：IN4731A（1 个）。

5. 思考题

（1）分析哪些因素可能对体温产生影响。

（2）体温信号的临床意义是什么？

（3）列举医学上常用的温度传感器，比较它们的基本特性。

（4）了解实验中所使用的 A/D 转换器的性能指标，计算其测量误差。

附：C 语言程序

```c
#include"reg51.h"
#define uchar unsigned char
#define uint unsigned int
sbit ST = P1^0;
sbit EOC = P1^1;
sbit OE = P1^2;
sbit CLK = P1^3;
uchar AD_DATA;                              //保存经 A/D 转换后的数据
char Code[10] = {0x3f,0x06,0x5b,0x4f,0x66,0x6d,0x7d,0x07,0x7f,
0x6f};
//显示【0 1 2 3 4 5 6 7 8 9】数字的数码管的段码
uchar code C[] = {0x0,0xFE,0xFD,0xFB,0xF7,0xEF,0xDF,0xBF,0x7F};
//列扫描控制各位 LED;
uchar disp[4];                             //显示器数组
uint temp,result;

void delay(uchar i)                         //延时函数
{
    uchar j;
    while(i--)
    {
        for(j =125;j >0;j--)
        ;
    }
}

void display(void)                          //显示函数
{
    P0 = Code[disp[0]];
    P2 = C[1];
    delay(5);
```

```
    P0 = Code[disp[1]] |0x80;                        //第二位数有小数点
    P0 = Code[disp[1]] |0x80;
    P2 = C[2];
    delay(5);
    P0 = Code[disp[2]];
    P2 = C[3];
    delay(5);
    P0 = Code[disp[3]];
    P2 = C[4];
    delay(5);
}

void init()                                          //系统初始化
{
    EA = 1;                                          //开总中断
    TMOD = 0x02;                                     //设定定时器 T0 工作方式
    TH0 = 216;                                       //利用 T0 中断产生 CLK 信号
    TL0 = 216;
    TR0 = 1;                                         //启动定时器 T0
    ET0 = 1;
    ST = 0;
    OE = 0;
}

void t0(void) interrupt 1 using 0                    //T0 中断
{
    CLK = ~CLK;
}

void AD()                                            //A/D 转换函数
{
    ST = 0;
    ST = 1;                                          //启动 A/D 转换
    delay(10);
    ST = 0;
    while(0 == EOC);
    OE = 1;
```

```
        AD_DATA = P3;
        OE = 0;
        ST = 0;
    }

void main()                                        //主函数
{
    init();
    while(1)
    {
        AD();
        temp = AD_DATA * 1.0 /256 * 5000;          //实测电压值
        temp = 900 * 5 /(1 * 5 + temp * 1.1) - 1;  //实时温度
        temp = 50 * temp /2.40495 - 50 * 2.40495 /2.40495
        result = temp;
        disp[0] = temp /1000;
        disp[1] = temp /100 %10;
        disp[2] = temp /10 %10;
        disp[3] = temp %10;
        display();
    }
}
```

7.5　血压信号检测实验

1. 实验目的

(1) 了解血压测量电路的种类和工作原理。

(2) 掌握血压测量电路的调试方法。

(3) 了解电路中血压信号的波形特点和分析方法。

2. 实验原理

1) 血压测量基本原理

血压即血管内血液对血管壁的压力。人体血压分为收缩压和舒张压，对血压的测量有有损式（介入式）测量和无损式（非介入式）测量两种方式，前者测量方式获得的结果精度高、实时性好，但是操作烦琐，需要将传感器伸入被测者血管内，要由专业医师进行操作，所以这种测量方式多见于手术中的血压监测，不适合日常疾病的诊断。而非介入式测量操作简便，对被测者机体没有损伤，最常见的如柯氏听音法对血压的测量和市售的种类繁多的电子血压计。

无损式血压测量时，首先对袖带充气加压，然后匀速放气，当袖带内压力处于血压舒张压和收缩压之间时会听到血流音（即柯氏音），而当袖带压力大于收缩压时，由于血流完全受阻，故没有血流音；同样当袖带压力小于舒张压时，由于血流不受阻，所以也无血流音。因此，测得柯氏音出现时的袖带压力和消失时的袖带压力就是所测得的收缩压和舒张压。以上是柯氏听音法的测量原理。电子自动血压测量过程与上述过程相似，用测量血液流过血管引起振动的幅值来代替柯氏音，所以又称示波法，幅值表现为压力传感器输出的低频的微弱交流峰值，其频率为 1 ~ 40 Hz。测量时，首先控制气泵给袖带加压至 200 mmHg 左右，然后打开放气阀门，使袖带内压力以 5 mmHg/s 左右的速度匀速放气，放气过程中测量每一个交流分量脉动幅值，并同时记录直流分量幅值。在所测得的交流峰值中找出最大值 p_{max}，然后向前查询峰值为 $0.5p_{max}$ 所对应的袖带压力即收缩压，向后查询峰值为 $0.8p_{max}$ 所对应的袖带压力即舒张压（其中，0.5 与 0.8 均为参考的经验值，不同的仪器可以根据具体情况自行设定），如图 7.16 所示。

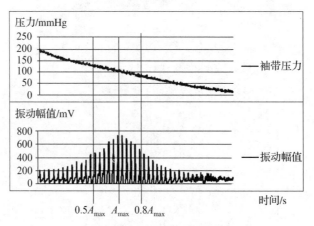

图 7.16 示波法测血压的原理

2）系统总体框图

整个血压测量系统还应该包含袖带、微气泵、电磁阀等其他基本部件，才能完成整个血压测量过程。系统各部件应按照图 7.17 所示进行连接。

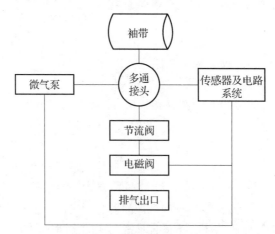

图 7.17 血压测量原理框图

传感器输出的信号包括直流分量和交流分量，直流分量反映了袖带内压力，交流分量反映了血管受压迫后振动的情况。直流分量已经有 0.2 ~ 4.7 V 较大的幅值，无须再放大，经滤波后可直接被 A/D 转换器采集。交流信号幅值较为微弱，必须经过适当放大才能被采集。所以，为了实现上述两路信号的测量，对两路信号应采用不同的处理电路，其中应包含图 7.18 所示的基本部分。

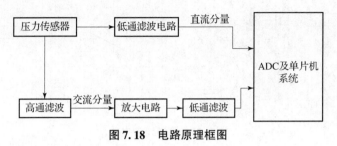

图 7.18　电路原理框图

3）压力传感器介绍

本次实验采用的是飞思卡尔半导体（Freescale Semiconductor）出品的 MPX5050 系列集成压力传感器，其压力测量范围是 0 ~ 50 kPa（0 ~ 375 mmHg）。该压力传感器输出电压为 0.2 ~ 4.7 V，非常适合于与 A/D 转换电路连接。MPX5050 系列传感器有多种封装，可用于血压检测的封装类型如图 7.19 所示。

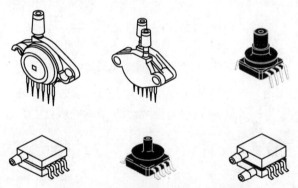

图 7.19　MPX5050 系列压力传感器

4）滤波电路

传感器输出的信号是既包含直流分量又包含交流分量的混合信号。为了对交流分量进行有效放大，就要将交流信号单独提取出来。这两路信号的分离采用滤波电路来实现，传感器输出的信号通过一个截止频率为 1 Hz 的低通滤波器得到直流分量；同样，信号通过一个截止频率为 1 Hz 的高通滤波器得到交流分量。高通滤波器可以采用有源二阶巴特沃兹滤波器。其参考电路如图 7.20 所示，该电路实际传递函数为

$$A(s) = \frac{U_{o}(s)}{U_{i}(s)} = \frac{As^2}{s^2 + \dfrac{3-A}{RC}s + \dfrac{1}{R^2C^2}} = \frac{1.56s^2}{s^2 + 9s + 39.0625} \tag{7.1}$$

对放大后的交流信号进行采集之前，要用滤波电路滤除信号中混杂的高频噪声。截止频率 40 Hz 的二阶巴特沃兹低通滤波器参考电路如图 7.21 所示，实际传递函数为

$$A(s) = \frac{U_{o}(s)}{U_{i}(s)} = \frac{\dfrac{A}{R^2C^2}}{s^2 + \dfrac{3-A}{RC}s + \dfrac{1}{R^2C^2}} = \frac{761\,735.57}{s^2 + 369.23s + 65\,746.22} \tag{7.2}$$

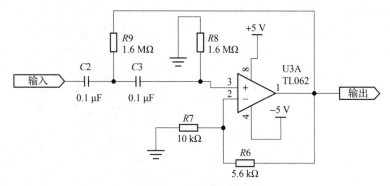

图 7.20 高通滤波电路

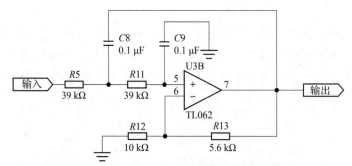

图 7.21 用于交流分量的低通滤波电路

对于直流分量，由于信号本身幅度较大，噪声所占比例较小。所以，采用无源 R – C 网络即可有效滤除信号中的噪声。这里可以选择元件参数为 $R = 320$ kΩ，$C = 0.47$ μF。其截止频率为

$$f_c = \frac{1}{2\pi RC} = \frac{1}{2 \times 3.14 \times 320 \times 10^3 \times 0.47 \times 10^{-6}} = 1.06(\text{Hz}) \tag{7.3}$$

5）放大电路

交流分量信号较为微弱，需要放大后才能被 A/D 转换器采集。本次实验采用 20 ~ 400 倍同相可调放大电路。由于受测人群、袖带等差异，系统所需的具体放大倍数需要在实验中确定，所以第二级放大电路采用可调增益方式，实验时可根据需要进行适当调整。参考电路如图 7.22 所示。

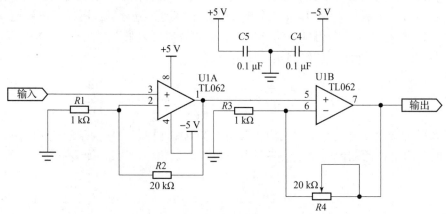

图 7.22 交流分量放大电路

6）采集电路

A/D 转换器和单片机系统负责对信号进行采集和分析，系统中应选择具有多通道输入的 A/D 转换器或者使用 CD4051 等芯片实现多通道采集。采集到的数据分为直流分量和交流分量，通过单片机内部软件计算，得出血压的最终测量结果，并且将结果通过串口发送到计算机上。单片机系统还要负责控制整个血压测量系统的工作，包括对电磁阀和加压泵的控制。在单片机和电磁阀、加压泵等大功率组件之间，可以加入适当的隔离措施，以保证整个系统工作的稳定。隔离电路可以采用 TLP521 等光电耦合器件实现，参考电路如图 7.23 所示。

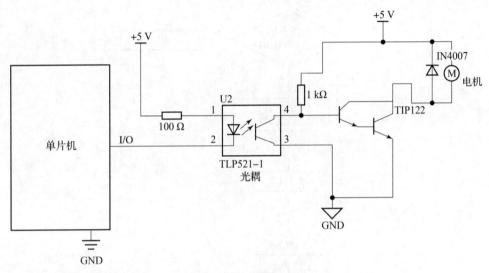

图 7.23　光电隔离电路

7）软件设计

单片机内部程序负责采集数据并且计算得到血压值。血压的计算思路如下：在袖带开始匀速放气时，检测并记录交流分量的幅值，并同时记录对应的直流分量数值；交流分量的幅值在整个放气过程中，变化规律为先增大后减小，通过比较得出交流分量幅值的最大值，此处直流分量代表了平均血压；在记录中向前查找交流分量幅值为 0.5 倍最大幅值处所对应的直流分量，代表了收缩压；在记录中向后查找交流分量幅值为 0.8 倍最大幅值处所对应的直流分量，代表了舒张压。在记录中，可能不存在交流幅值刚好等于 0.5 倍和 0.8 倍最大幅值的采样点，所以可以通过线性插值算法计算得出。在图 7.16 提到的系数 0.5 与 0.8 为经验值，不同仪器可以根据实际情况进行调整。单片机整体程序流程如图 7.24 所示。

3. 实验内容

（1）参照各模块电路及整体框图连接电路并调试。

（2）编写软件，实现加压和放气过程的控制，完成程序主体框架。

（3）观察交流分量波形，并注意在放气过程中交流分量幅值的变化过程。

（4）编写软件，计算出被测者的收缩压和舒张压。

4. 实验设备及元件

（1）稳压电源：2 台。

（2）慢扫描示波器：1 台。

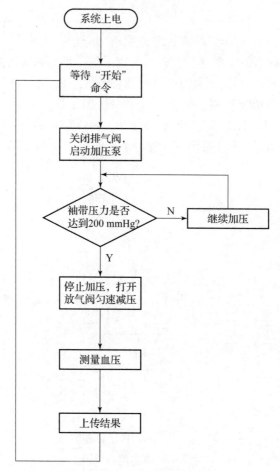

图 7.24 单片机整体程序流程

（3）数字示波器：1 台。

（4）信号源：1 台。

（5）实验电路板：1 块。

（6）MPX5050 压力传感器：1 个。

（7）芯片：TL062（2 个）、TLP521 – 1（2 个）、MAX232（1 个）、AT89C51（1 个）、1N4007（1 个）、TIP122（2 个）。

（8）电容：0.1 μF 陶瓷电容（7 个）、0.47 μF 陶瓷电容（1 个）。

（9）电位器：20 kΩ（2 个）。

（10）电阻：1.6 MΩ（2 个）、10 kΩ（2 个）、1 kΩ（3 个）、100 Ω（1 个）、5.6 kΩ（2 个）、39 kΩ（2 个）、20 kΩ（1 个）。

（11）9 芯串口插座（1 个）。

5. 思考题

（1）血压信号的生理意义是什么？

（2）血压检测有哪些方法？

（3）有创血压检测和无创血压检测方法各有什么意义？

（4）自行设计血压信号的采集电路，并编写程序。

7.6　心音信号检测实验

1. 实验目的

（1）学习心音听诊的方法，识别第一心音和第二心音。

（2）学习描述心音图的方法，了解心音的组成。

（3）掌握心音信号的特点，掌握心音信号的检测方法。

2. 实验原理

1）心音信号的形成

心脏的一次收缩和舒张，构成一个机械活动周期，称为心动周期。心动周期包括心房的收缩期以及心室的收缩期和舒张期。在每一心动周期中，由于心房和心室规律性的舒缩、心瓣膜的启闭和心脏射血及血液充盈等因素引起的振动会产生声音，这些声音即心音。

心音可经组织传至胸壁。如果用心音传感器将机械振动转换成电信号并记录下载，即心音图，如图 7.25 所示。正常情况下可有以下 4 种心音。

第一心音（S1）：发生于心电图上 QRS 波开始后 0.02 ~ 0.04 s，占时 0.080 ~ 0.135 s，是由心室收缩，房室瓣关闭，射血入主动脉引起的。

第二心音（S2）：发生于心电图上 T 波终末部，是由心室舒张时心室壁振动，主动脉瓣与肺动脉瓣关闭和房室瓣开放时血流自心房进入心室引起的。

第三心音（S3）：发生于心电图上 T 波后距 S 波 0.12 ~ 0.20 s，占时 0.05 s，频率、振幅低，是由于心室快速充盈，心室壁振动引起的。

第四心音（S4）：发生于心电图 P 波后 0.18 ~ 0.14 s，振幅低，是由于心房收缩时血流急速进入心室，振动心室壁而引起的。

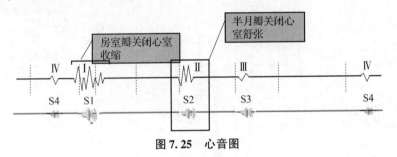

图 7.25　心音图

2）心音传感器

HKY –06B 型心音传感器（见图 7.26）采用新型高分子聚合材料微音传感元件组成，可采集心脏搏动和其他体表动脉搏动信号，经高度集成化信号处理电路处理后，输出低阻抗音频信号。该传感器可广泛应用于各类心音采集设备。传感器具有可靠性高、灵敏度高、体积小等特点。

3）心音信号放大电路

为了实现心音的外放，需加一个功率放大电路。本实验采用音频放大芯片 LM386。LM386 是一种音频集成功放，具有自身功耗低、电压增益可调整、电源电压范围大、外接元件少和总谐波失真小等优点。LM386 引脚排列如图 7.27 所示。引脚 2 为反相输入端，3

为同相输入端；引脚 5 为输出端；引脚 6 和 4 分别为电源和地；引脚 1 和 8 为电压增益设定端；使用时在引脚 7 和地之间接旁路电容，通常取 10 μF。所采用的是 200 倍的音频放大电路，具体如图 7.28 所示。

图 7.26　心音传感器

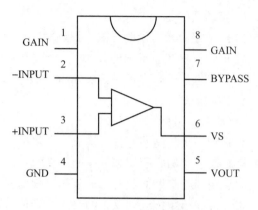

图 7.27　LM386 引脚图

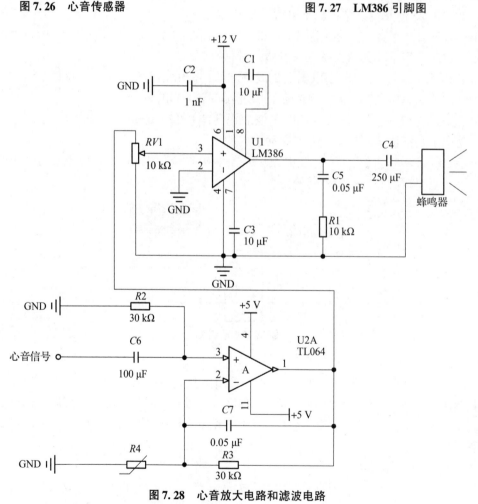

图 7.28　心音放大电路和滤波电路

4）滤波电路和电压放大电路

由于心音传感器的频率响应范围是 1～1 500 Hz，正常心脏在舒缩活动中产生的心音频率为 1 ~ 800 Hz。人听觉比较敏感的是其中 40 ~ 400 Hz 的频带，20 Hz 以下的振动人耳听不见。而且第一心音的频率在 40 ~ 60 Hz 以内，第二心音频率在 60 ~ 100 Hz 的范围内。所以需要进行滤波处理，才能让传感器接收到的杂音滤除。

在图 7.28 中，由 C6 和 R2 构成高通滤波器，由 C7 和 R3 构成低通滤波器。带通的范围为 0.05 ~ 100 Hz。高通滤波截止频率 f_1 和低通滤波截止频率 f_2 计算公式如下：

$$f_1 = \frac{1}{2\pi R2 C6} = 106.10 \text{ Hz} \tag{7.4}$$

$$f_2 = \frac{1}{2\pi R3 C7} = 0.05 \text{ Hz} \tag{7.5}$$

如图 7.28 所示，R4 是一个可调电阻，调节范围为 0 ~ 1 kΩ，可实现放大电路 30 ~ 3 000 的增益。

3. 实验内容

（1）连接电路如图 7.28 所示。

（2）放大器选择适当的增益，使输出信号达到最佳效果。

（3）在示波器上观察输出信号，并记录心音信号的主要波形。

4. 实验设备及元件

（1）稳压电源：1 台。

（2）数字示波器：1 台。

（3）慢扫描示波器：1 台。

（4）信号源：1 台。

（5）实验电路板：1 块。

（6）放大器：LM386（1 个）、TL064（1 个）。

（7）可调电阻：10 kΩ（1 个）、心音传感器 1 个。

（8）电阻：30 kΩ（2 个）、10 kΩ（1 个）。

（9）电容：1 nF（1 个）、100 μF（1 个）、0.05 μF（2 个）、10 μF（2 个）、250 μF（1 个）。

5. 思考题

（1）心音信号与心电信号有什么联系？

（2）临床上心电和心音信号相结合的分析方法有什么意义？

（3）人体内部其他一些器官在运动时产生的声音各有什么生理意义？

7.7　血氧饱和度检测实验

1. 实验目的

（1）掌握血氧饱和度的概念。

（2）理解血氧无损检测的基本原理。

（3）掌握血氧饱和度检测电路的工作原理和基本结构。

（4）掌握血氧无损检测过程中各信号波形的特点和分析方法。

2. 实验原理

血氧饱和度是反映人体生理状态的重要指标。对血氧饱和度进行无创、连续地检测已经广泛应用到各种临床监护仪器中。在实际应用中，常用光电手段检测血液中血红蛋白（Hb）和氧合血红蛋白（HbO_2）的含量，通过计算其比值得到血氧饱和度。检测时，让两种不同波长的光通过手指或耳垂等部位，根据朗伯－比尔定律，通过测量吸光度就可计算出 HbO_2、Hb 的含量，最后通过计算得到血氧饱和度（SPO_2）。

为了实现上述测量过程，整个血氧饱和度测量系统结构如图 7.29 所示。

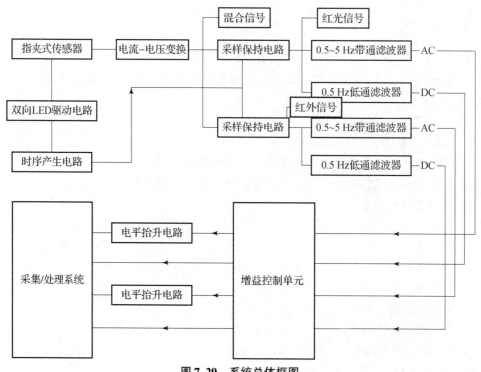

图 7.29　系统总体框图

1）传感器介绍

本实验的信号通过指夹式传感器采集。该传感器内含一个双向驱动的双波长 LED 作为发光元件，以及一个光电二极管作为感光器件。其接口定义如图 7.30 和表 7.2 所示。其内部结构如图 7.31 所示。

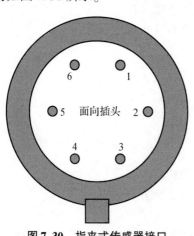

图 7.30　指夹式传感器接口

表 7.2　引脚定义

引脚	功能
1	LED0
2	LED1
3	线路屏蔽层
4	光电二极管阴极
5	光电二极管阳极
6	线路屏蔽层

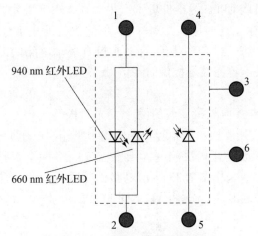

图 7.31 传感器内部结构示意图

LED 驱动电路在设计时应采用电流驱动方式，或者加入适当的限流电阻，以保证 LED 驱动电流不超过器件所能承受的极限值。查阅器件手册，得到的 LED 特性资料见表7.3。

表 7.3 LED 特性

LED	工作电流	工作电压典型值	工作电压最大值
940 nm 红外	20 mA	1.3 V	1.5 V
660 nm 红光	20 mA	1.8 V	2.4 V

2）时序发生电路

从图 7.31 的结构图中可知，指夹式血氧探头采用的两个波长的光信号共用一个光电二极管，这就要求对光电二极管采用分时复用的工作方式，周期性点亮两个 LED，来实现同时对两路光信号进行检测。分时复用导致在同一条传输线路上存在两种信号。为了得到两路独立的信号，就需要采用与 LED 驱动脉冲同步的信号控制采样保持（S/H）电路来实现信号的分离，分别得到红外和红光两路信号。上述 LED 驱动脉冲和 S/H 电路控制信号由时序发生电路提供。各信号的时序图如图 7.32 所示。

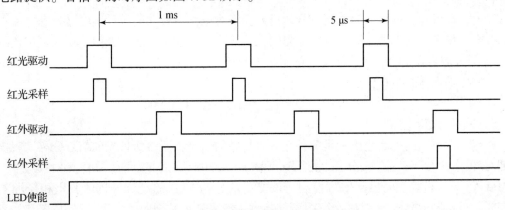

图 7.32 LED 驱动与 S/H 控制信号时序

上述波形可由单片机或 CPLD 等器件负责产生。在本次实验中，采用 Atmel 公司出品的 ATMEGA8 单片机负责产生上述时序。ATMEGA8 单片机的通用 I/O 口具有较强的电流输出能力（40 mA），能够直接驱动 LED，从而简化了 LED 驱动电路的设计，并且还可利用该单片机为后续电路中的开关电容滤波器提供时钟信号。

3）LED 驱动电路

从图 7.31 可知，指夹式血氧探头内的两个发光二极管（LED）为反向并联。从表 7.3 可知，两个 LED 的工作电压不同，而单片机的输出引脚输出电压为 5 V，所以不能像使用普通 LED 那样仅仅用一个限流电阻解决问题。传感器有 1、2 两个引脚，可通过改变不同的电流方向来驱动不同的 LED。采用图 7.33 所示电路，通过两个二极管，当电流方向改变时接入电路中的限流电阻也随之改变，分别限制不同 LED 的电流。

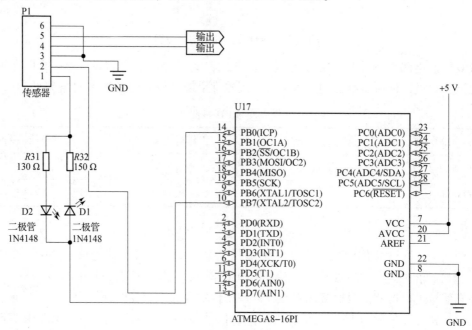

图 7.33 LED 驱动电路

4）电流－电压变换

光电二极管输出的信号为电流信号，需要变换为电压信号才能被后续电路处理。由于光电二极管工作在反向偏置状态，其结电阻较大，输出电流较小，所以选用了输入阻抗较高的 JFET 型运算放大器 LF356。该部分电路如图 7.34 所示。

电路中输入/输出符合下式：

$$V_{OUT} = -I_{IN} \times R_1 = -I_{IN} \times 100\ 000\ 000 \tag{7.6}$$

5）采样/保持电路

电流－电压变换电路输出的是两种光分时复用的信号，要将两种光的信号分离，就要在该部分电路中实现。该部分电路采用由两片 LF398 组成的两套采样/保持电路，由 ATMEGA8 单片机提供的控制信号控制。该控制信号与 LED 驱动脉冲同步，当相应的 LED 点亮时，该控制信号控制其中一个采样/保持器进行采样。其余时间，采样/保持器都处于保持状态。该电路如图 7.35 所示。

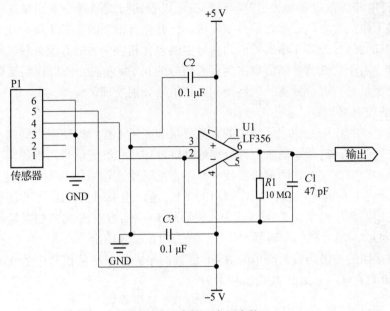

图 7.34　电流－电压变换

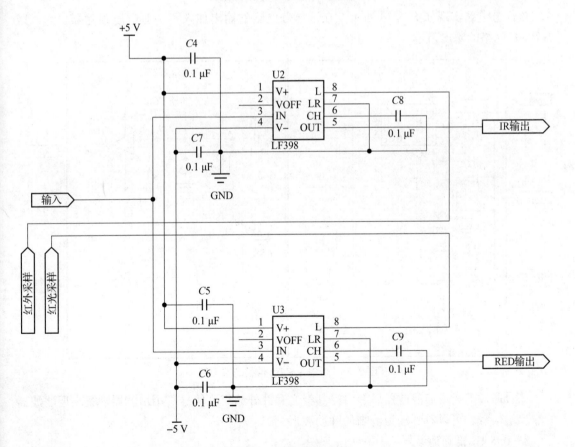

图 7.35　采样/保持电路

采样/保持电路的输出端通过示波器观察，可以看到与被测者心率同步的脉动信号，说明这部分电路工作正常。只是此处信号幅度很小，并伴有很强的高频干扰。此处的输出已经将红外信号和红光信号分离，输出的两路信号中既包含相应信号的直流分量，也包含相应信号的交流分量。由于交流信号幅值只占到直流信号的 0.5% 左右，所以在后续电路中要通过滤波电路将交流量与直流量分离，最终得到 4 路信号分别处理。

6）带通滤波电路

带通滤波电路的作用是滤除信号中的直流分量和高频干扰，以便对微弱的交流量进行放大。系统中由两套相同的带通滤波电路分别处理红外信号和红光信号。带通滤波电路内部由低通滤波电路和高通滤波电路两部分组成。其中，低通滤波器采用开关电容滤波器 MAX291 芯片，MAX291 芯片的时钟/转折频率比为 100∶1。所以当采用 500 Hz 方波信号作为时钟信号时得到的滤波器截止频率为 5 Hz。其中所使用的 500 Hz 占空比 50% 的时钟信号由时序产生电路中 ATMEGA8 单片机的定时器 1 产生，经 OC1A 引脚输出。

高通滤波采用的是结构较为简单的 $R-C$ 滤波网络，用来滤除信号中的直流分量。元件参数为 $R=680$ kΩ，$C=1$ μF。其截止频率为

$$f_{\mathrm{c}} = \frac{1}{2\pi RC} = \frac{1}{2 \times 3.14 \times 680 \times 10^{3} \times 1 \times 10^{-6}} = 0.23\,(\mathrm{Hz}) \qquad (7.7)$$

该部分电路实现如图 7.36 所示。在该部分电路的输出加入了一对电压跟随器，用以减小 $R-C$ 网络的输出阻抗。

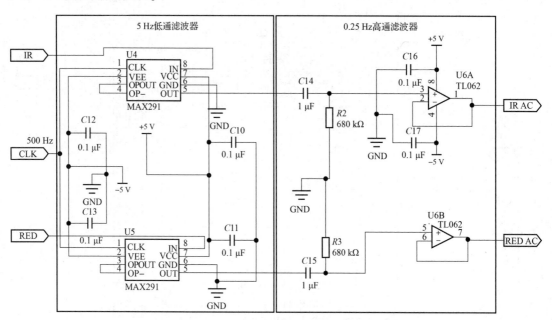

图 7.36　0.25～5 Hz 带通滤波电路

信号通过上述带通滤波器后，将得到红光和红外的交流信号。用示波器观察高通滤波器的输出端信号，可以看到较为清晰的脉动波形。

7）0.5 Hz 低通滤波器

0.5 Hz 低通滤波器将从采样保持器输出的信号中提取出红光和红外信号的直流分量。本系统采用 2 阶有源滤波器。电路如图 7.37 所示。

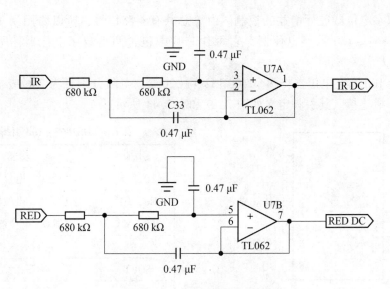

图 7.37　0.5 Hz 低通滤波器电路

图 7.37 电路的实际传递函数为

$$A(s) = \frac{U_\mathrm{o}(s)}{U_\mathrm{i}(s)} = \frac{\dfrac{A}{R^2 C^2}}{s^2 + \dfrac{3-A}{RC}s + \dfrac{1}{R^2 C^2}} = \frac{3.129}{s^2 + 6.258s + 9.79} \tag{7.8}$$

截止频率为

$$f_\mathrm{c} = \frac{1}{2\pi RC} = 0.498 \ \mathrm{Hz} \tag{7.9}$$

滤波器频响特性如图 7.38 所示。

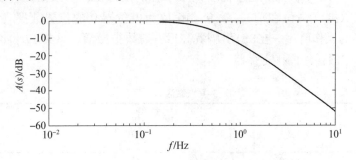

图 7.38　滤波器频响特性

在滤波电路的输出端，可以检测到直流信号。该直流信号应随着不同检测对象手指的透光度不同而变化。

8）增益调节单元

被测对象个体差异较大，为了满足对不同人群的测量，采用可控增益方式对信号进行放大。这样不但扩大了量程范围，同时能充分使用 A/D 转换器的量程，不造成 A/D 转换器量程的浪费，提高测量精度。交流信号和直流信号幅度范围上有较大差别，所以对这两类信号采用不同的增益调节电路，但两个电路的总体原理结构是一致的，差别仅仅在电阻的取值上。

这里用数字电位器进行增益的控制。由于总共有 4 路信号，所以要用到 4 组数字电位器。选择 DS1867 - 100 数字电位器，它每片芯片中包含两组数字电位器，所以使用两片 DS1867 就可以了。

DS1867 - 100 数字电位器将两个 100 kΩ（±20%）电阻分别分为 256 级，通过 3 线串行总线与单片机连接。其引脚定义如图 7.39 和表 7.44 所示。

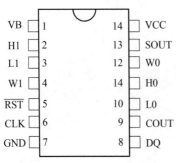

图 7.39　DS1867 - 100 引脚定义

表 7.4　DS1867 - 100 引脚功能

引脚	功能
L0，L1	电位器 0、电位器 1 低端
H0，H1	电位器 0、电位器 1 高端
W0，W1	电位器 0、电位器 1 滑动端
VB	衬底偏置
SOUT	串联滑动端
$\overline{RST}$	串行总线复位
DQ	串行总线数据输入
CLK	串行总线时钟输入
COUT	级联输出
VCC	供电
GND	地

由于芯片采用串行方式进行数据的输入，对器件进行操作时，必须严格遵守器件所规定的时序。每次操作，单片机向 DS1867 芯片发送一个 17 位的数据，其中，第 0 位为串联选择位，决定是否串联两个电位器。由于需要两个单独的电位器，所以该位置 0。第 1 ~ 8 位为电位器 1 的位置数据（高位在前）。第 9 ~ 16 位为电位器 0 的位置数据（高位在前）。图 7.40 给出了器件的操作时序。在 $\overline{RST}$ 引脚置高后，总线被激活。总共 17 位的数据在 CLK 引脚的上升沿被依次锁存到位移寄存器。

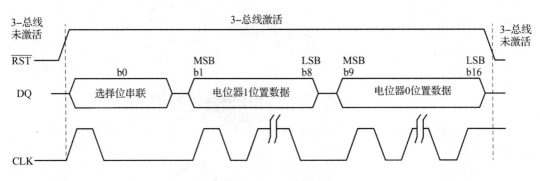

图 7.40　DS1867 操作时序

由于需要对信号的幅值进行准确测量，所以数字电位器 ±20% 的端 - 端误差必须克服。这样在电路中需要将电位器按照分压式连接，结构如图 7.41 所示。

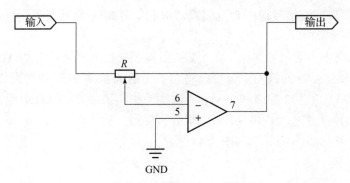

图 7.41 电位器分压电路

上述电路是反向比例放大器，为了保证信号的一致性，应在输入端之前再加一反向比例放大电路，这样，整体的电路如图 7.42 所示。

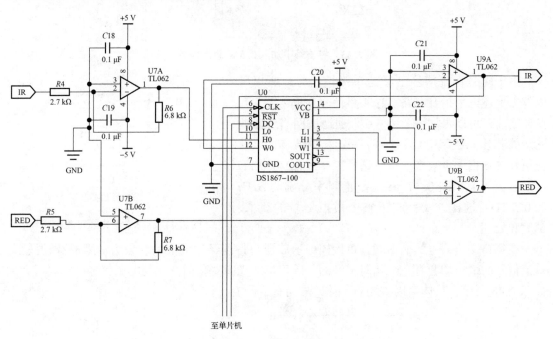

图 7.42 增益调节电路

图 7.42 电路中的增益可按下式计算：

$$A = -A_0 \times (-A_{adj}) = -\frac{6.8\mathrm{k\Omega}}{2.7\mathrm{k\Omega}} \times \frac{-n}{255-n} \tag{7.10}$$

以上是交流信号的增益调节电路，对于直流信号，其结构与上述电路相同。只是由于信号幅值与交流信号不同，所以在前面的反向比例放大电路中减小了放大倍数，$R4 \sim R6$ 均为 1 $\mathrm{k\Omega}$，即式（7.10）中的 A_0 为 -1。交流信号和直流信号分别使用两片 DS1867，两片 DS1867 的 CLK 和 DQ 引脚可以共用相同的单片机输出口，通过 $\overline{\mathrm{RST}}$ 引脚实现两片芯片的片选。

9）电平抬升电路

从前面电路中获得的交流信号是双极性信号，为了无损失地用单极性 A/D 转换器进行信号采集，就必须将交流信号加一直流偏置，保证信号在 A/D 转换器量程之内。以下是采用求差电路实现的方案。

图 7.43 的电路中，为信号加入了 2.5 V 的直流偏置，这样适用于如 ADC0809 等 5 V 参考电压单极性输入的 A/D 转换器。也可以将左下角的 R 换成 $2R$，这样可以加入 1.25 V 直流偏置，适用于 ATMEGA32 等内部 ADC。本次实验中，采用 $R = 1$ kΩ 电阻，产生 1.25 V 直流偏置。电路中的 -2.5 V 可以由 -5 V 电阻分压得到，也可以采用 LM336 参考电压源芯片来产生更加稳定的 -2.5 V 电压，如图 7.44 所示。

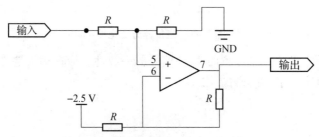

图 7.43　在信号中加入 2.5 V 直流偏置

由于两路直流信号已经是单极性信号，所以可以省去上述电平抬升电路。这 4 路信号在输入A/D转换器之前，可以再加一个 $R-C$ 低通滤波网络，来滤除运放芯片、数字电位器等器件引入的噪声，以获得更好的数据采集效果。可以选择 $R = 68$ kΩ/680 kΩ（交流/直流），$C = 0.47$ μF，截止频率分别为 5 Hz 和 0.5 Hz。这样，就完成了整个模拟信号的获取、放大和处理。

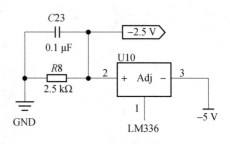

图 7.44　-2.5 V 电压产生电路

在每路交流信号的输出端，可用模拟示波器观察到经过放大的、较为清晰的脉动波形。直流信号的输出端会有一个相对平稳的、随手指透光度变化而变化的电压信号。其波形大致如图 7.45 所示，具体会因被测者个体差异而有所改变。

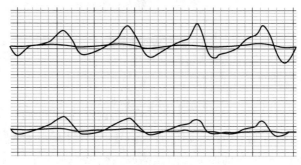

图 7.45　信号的波形

10）信号采集、分析系统

ATMEGA32 单片机负责对以上 4 路信号进行采集和分析。ATMEGA32 单片机内部集成有一个 10 位逐次比较式 A/D 转换器和 2.56 V 参考电压源，并有多路输入通道。同时，该单片机还负责对产生时序的 ATMEGA8 单片机进行控制，并且负责控制数字电位器工作。采集到的数据通过 RS - 232 电平转换芯片发送至计算机串口，计算机进行数据的记录。

11）软件设计及主要代码

血氧饱和度的最终结果由软件计算得到。首先要测出两路交流分量的幅值（AC_1、AC_2），然后将幅值除以相应的直流分量（DC_1、DC_2）。得到的两个结果相比得到 R，代入经验公式（7.11）。

$$SPO_2 = a + b \times R = a + b \times \dfrac{\dfrac{AC_1}{DC_2}}{\dfrac{AC_2}{DC_2}} \tag{7.11}$$

式中，a、b 系数和仪器的相关性较大，应该通过用标准仪器进行定标后得到。获得的结果为百分数，有效测量范围为血氧值 85% 以上。可以通过数字滤波或均值滤波等手段对结果进行优化，以提高可读性。

程序工作流程如图 7.46 所示。

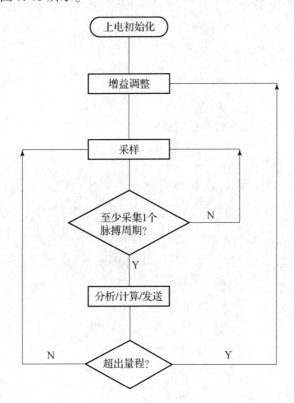

图 7.46　程序工作流程

3. 实验内容

（1）按照各模块原理图连接电路。

（2）观察模拟信号波形，并采集各路模拟信号。

（3）根据流程图和时序图，编写程序，实现通过数字电位器自动调整电路增益。

（4）分析流程图，编写程序，分析波形并计算血氧饱和度、心率等结果。（选作）

4. 所需设备及元件

(1) 稳压电源：1 台。

(2) 数字示波器：1 台。

(3) 慢扫描示波器：1 台。

(4) 多参数病人模拟器：1 台。

(5) 信号源：1 台。

(6) 实验电路板：1 块。

(7) 传感器：指夹式传感器。

(8) 芯片：LF356（1 个）、LF398（2 个）、MAX291（2 个）、TL062（4 个）、DS1867 - 100（2 个）、LM336（1 个）、ATMEGA8（1 个）、ATMEGA32（1 个）、1N4148（2 个）。

(9) 电阻：10 MΩ（1 个）、130 Ω（1 个）、150 Ω（1 个）、2 kΩ（1 个）、2.5 kΩ（1 个）、680 kΩ（8 个）、6.8 kΩ（2 个）、2.7 kΩ（2 个）、1 kΩ（10 个）、68 kΩ（若干）。

(10) 电容：47 pF 陶瓷电容（1 个）、0.1 μF 陶瓷电容（若干）、0.47 μF 陶瓷电容（10 个）、1 μF 陶瓷电容（2 个）。

5. 思考题

(1) 血氧饱和度信号的生理意义是什么？

(2) 血氧饱和度信号检测有哪些方法？

(3) 如何计算血氧饱和度？并编程实现。

6. 参考程序——数字电位器相关控制函数

```
//数字电位器值：
unsigned char R_AC_IR;
unsigned char R_AC_RED;
//电路增益：
float AC_IR_Gain;
float AC_RED_Gain;
float DC_IR_Gain;
float DC_RED_Gain;
//数字电位器接口：
#define DS1867_CLK          PB0
#define DS1867_DQ           PB2
#define DS1867_RST_AC       PB4
#define DS1867_RST_DC       PB3
//定义宏,方便操作端口
#define   SETB_(x)          PORTB|=(1<<(x))
#define   CLR_(x)           PORTB&=~(1<<(x))
// ************************************************************
* 函数名称:Update_R_AC()
```

```
*功能:更新 AC 信号的数字电位器
*入口参数:无
*返回值:无
*说明: 要发送至电位器的数据存在 R_AC_IR 和 R_AC_RED 变量中
******************************************************************/
void Update_R_AC()
{
    unsigned char i,tmp;
    SETB_(DS1867_RST_AC);
    CLR_(DS1867_DQ);
    SETB_(DS1867_CLK);
    tmp = R_AC_RED;
    CLR_(DS1867_CLK);
    for(i = 0;i < 8;i ++)
    {
        if(tmp&0x80)
        {
            SETB_(DS1867_DQ);
        }
        else
        {
            CLR_(DS1867_DQ);
        }
        SETB_(DS1867_CLK);
        tmp <<=1;
        CLR_(DS1867_CLK);
    }
    tmp = R_AC_IR;
    for(i = 0;i < 8;i ++)
    {
        if(tmp&0x80)
        {
            SETB_(DS1867_DQ);
        }
        else
        {
            CLR_(DS1867_DQ);
```

```
        }
        SETB_(DS1867_CLK);
        tmp <<=1;
        CLR_(DS1867_CLK);
    }
    CLR_(DS1867_RST_AC);
    CLR_(DS1867_DQ);
}
// ****************************************************************
* 函数名称:Inc_Gain_AC_IR()
* 功能:增加红外交流信号增益
* 入口参数:无
* 返回值:无
* 说明:每次将增益增加到原来的 2 倍,并计算出当前增益,存至 AC_IR_Gain 中
****************************************************************/
void Inc_Gain_AC_IR()
{
    switch(R_AC_IR)
    {
        case 28:
            R_AC_IR =51;
            AC_IR_Gain =((float)R_AC_IR)/(255.0 -((float)R_AC_IR));
            break;
        case 51:
            R_AC_IR =85;
            AC_IR_Gain =((float)R_AC_IR)/(255.0 -((float)R_AC_IR));
            break;
        case 85:
            R_AC_IR =128;
            AC_IR_Gain =((float)R_AC_IR)/(255.0 -((float)R_AC_IR));
            break;
        case 128:
            R_AC_IR =170;
            AC_IR_Gain =((float)R_AC_IR)/(255.0 -((float)R_AC_IR));
            break;
        case 170:
            R_AC_IR =204;
```

```
                AC_IR_Gain = ((float)R_AC_IR)/(255.0 - ((float)R_AC_IR));
                break;
         case 204:
                R_AC_IR = 227;
                AC_IR_Gain = ((float)R_AC_IR)/(255.0 - ((float)R_AC_IR));
                break;
         case 227:
                R_AC_IR = 240;
                AC_IR_Gain = ((float)R_AC_IR)/(255.0 - ((float)R_AC_IR));
                break;
         case 240:
                R_AC_IR = 247;
                AC_IR_Gain = ((float)R_AC_IR)/(255.0 - ((float)R_AC_IR));
                break;
         case 247:
                R_AC_IR = 251;
                AC_IR_Gain = ((float)R_AC_IR)/(255.0 - ((float)R_AC_IR));
                break;
         case 251:
                break;
         default:
                break;
     }
    Update_R_AC();
}
// ****************************************************************
* 函数名称:Dec_Gain_AC_IR()
* 功能:减小红外交流信号增益
* 入口参数:无
* 返回值:无
* 说明:每次将增益减小到原来的50%,并计算出当前增益,存至 AC_IR_Gain 中
****************************************************************/
void Dec_Gain_AC_IR()
{
    switch(R_AC_IR)
    {
         case 28:
                break;
```

```
      case 51:
          R_AC_IR = 28;
          AC_IR_Gain = ((float)R_AC_IR)/(255.0 - ((float)R_AC_IR));
          break;
      case 85:
          R_AC_IR = 51;
          AC_IR_Gain = ((float)R_AC_IR)/(255.0 - ((float)R_AC_IR));
          break;
      case 128:
          R_AC_IR = 85;
          AC_IR_Gain = ((float)R_AC_IR)/(255.0 - ((float)R_AC_IR));
          break;
      case 170:
          R_AC_IR = 128;
          AC_IR_Gain = ((float)R_AC_IR)/(255.0 - ((float)R_AC_IR));
          break;
      case 204:
          R_AC_IR = 170;
          AC_IR_Gain = ((float)R_AC_IR)/(255.0 - ((float)R_AC_IR));
          break;
      case 227:
          R_AC_IR = 204;
          AC_IR_Gain = ((float)R_AC_IR)/(255.0 - ((float)R_AC_IR));
          break;
      case 240:
          R_AC_IR = 227;
          AC_IR_Gain = ((float)R_AC_IR)/(255.0 - ((float)R_AC_IR));
          break;
      case 247:
          R_AC_IR = 240;
          AC_IR_Gain = ((float)R_AC_IR)/(255.0 - ((float)R_AC_IR));
          break;
      case 251:
          R_AC_IR = 247;
          AC_IR_Gain = ((float)R_AC_IR)/(255.0 - ((float)R_AC_IR));
          break;
      default:
          break;
```

```
    }
    Update_R_AC();
}
```

　　以上是一个数字电位器的控制函数及增益控制函数，电路中另一个电位器控制原理与此相同，不再赘述。

附录 A
Keil 软件的应用

KeilC51 软件是众多单片机及应用开发的优秀软件之一，它集编辑、编译、仿真于一体，支持 C 语言的程序设计，界面友好，易学易用。

进入 KeilC51 后，屏幕如图 A.1 所示。几秒后出现 KeilC51 应用程序界面，如图 A.2 所示。

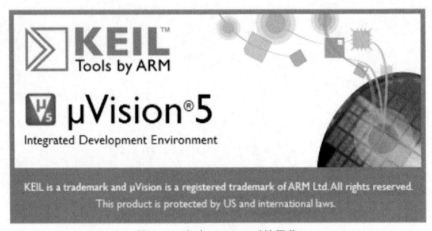

图 A.1　启动 KeilC51 时的屏幕

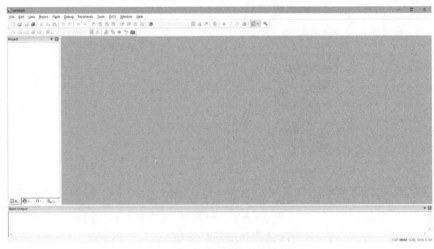

图 A.2　KeilC51 的应用程序界面

KeilC51 是 Windows 版的软件，无论使用汇编还是 C 语言编程，也无论是一个还是多个文件的程序，都要先建立一个工程文件。没有工程文件，将不能进行编译和仿真。工程文件的建立，可分为以下几步。

（1）单击"Project"菜单，在弹出的下拉菜单中选中"New Project"选项，如图 A.3 所示，输入工程名字，选择路径，然后保存，如图 A.4 所示。

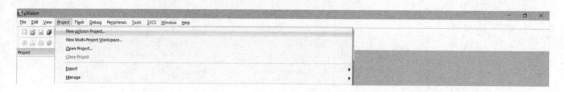

图 A.3　新建工程菜单的选择

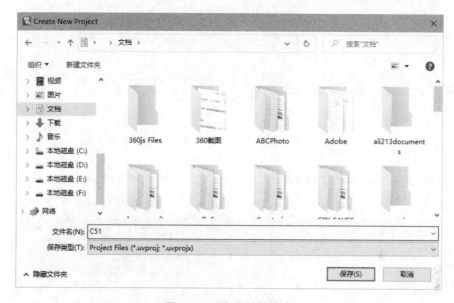

图 A.4　工程文件的存盘

（2）完成上步后弹出一个对话框，选择所需单片机的型号，如图 A.5 所示，如选择 Atmel"AT89C1051"，单击"OK"按钮。

（3）完成上步操作后，屏幕如图 A.6 所示。

（4）单击"File"菜单，在下拉菜单中选择"New"选项，为工程添加程序文件，如图 A.7 所示。此时光标在编辑窗口闪烁，这时可以输入程序，但最好先保存空白文件，单击 "File"菜单，选中"Save As"选项，如图 A.8 所示。在"文件名"栏右侧的编辑框中，输入预使用的文件名及扩展名。注意：用 C 语言编程，扩展名必须为 .c。最后单击"保存 (S)"按钮。

（5）在图 A.9 中，在"Source Group1"文件上单击鼠标右键，弹出下拉菜单，再单击"Add Existing Files to Group'Source Group1'"，找到刚才创建的 .c 文件，并添加。如果有多个文件要添加，可以不断添加，最后单击"Close"按钮关闭窗口，如图 A.9 和图 A.10 所示。

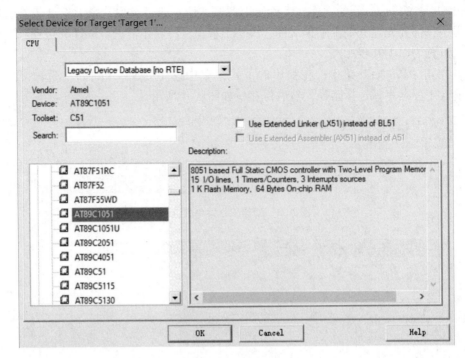

图 A. 5　CPU 选择

图 A. 6　工作屏幕

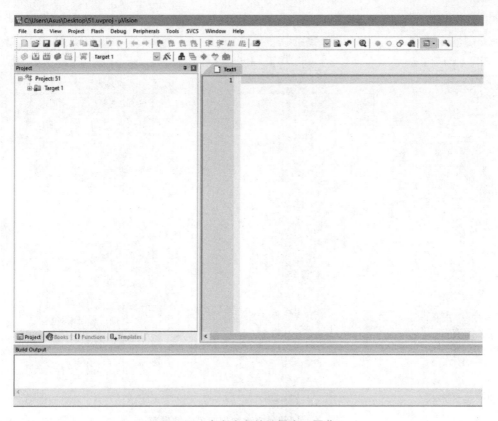

图 A. 7 含有空白的编辑窗口屏幕

图 A. 8 保存文件对话框

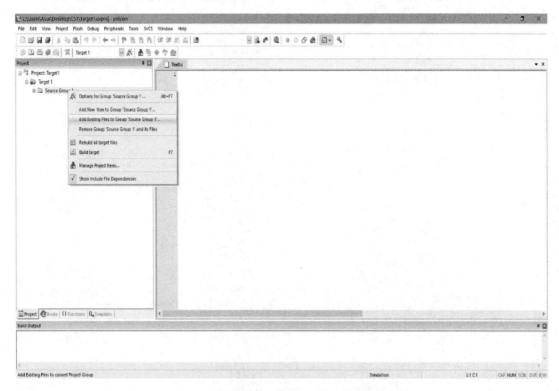

图 A. 9　把源程序添加到项目中的屏幕

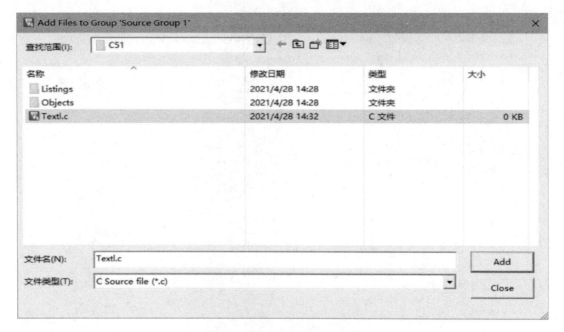

图 A. 10　选择欲添加源程序的屏幕

（6）在编辑窗口中输入一段 C 语言的源程序。

```c
#include <reg52.h>              //包含头文件
#include <stdio.h>
void main(void)                 //主函数
{
    SCON  =  0X52;
    TMOD  =  0X20;
    TH1   =0XF3;
    TR1   =  1;                 //此行及以上 3 行为 PRNINTF 函数所必需的
    TI    =1;
    printf("hello world.\n");//打印程序执行的信息
    while(1);
}
```

（7）在图 A.11 中，单击"Project"菜单，选择"Built Target"选项（或按 F7 键），编译完成，如图 A.11 所示。

图 A.11　输入程序并编译完成后的屏幕

（8）在图 A.12 中，单击"Debug"中的"Start/Stop Debug Session"选项（或按 Ctrl + F5 组合键），如图 A.12 所示。

（9）在图 A.12 中，单击"Debug"中的"Go"选项，继续单击"Debug"中的"Stop Running"选项，再单击"View"中的"Serial Windows"选项，就可以看到最后的结果，如图 A.13 所示。

按照以上过程，就可以自行编辑、编译和调试 C51 程序了。

图 A. 12　进入调试状态的屏幕

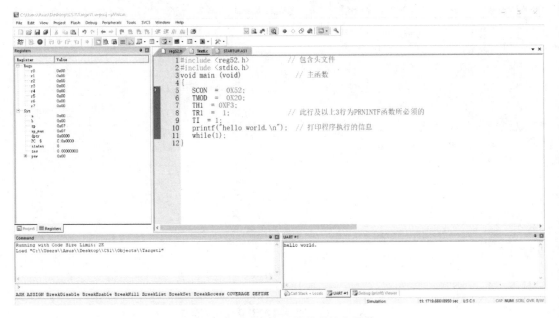

图 A. 13　程序执行后的信息输出屏幕

附录 B

基于 DXP 的电路设计

DXP 是 Altium 公司于 2004 年推出的最新版本的电路设计软件，该软件能实现从概念设计、顶层设计直到输出生产数据以及这之间的所有分析验证和设计数据的管理。当前比较流行的 Protel 98、Protel 99 SE 就是它的前期版本。

DXP 已不是单纯的 PCB（印制电路板）设计工具，而是由多个模块组成的系统工具，分别是 SCH（原理图）设计、SCH（原理图）仿真、PCB（印制电路板）设计、Auto Router（自动布线器）和 FPGA 设计等，覆盖了以 PCB 为核心的整个物理设计。该软件将项目管理方式、原理图和 PCB 图的双向同步技术、多通道设计、拓扑自动布线以及电路仿真等技术结合在一起，为电路设计提供了强大的支持。

与较早的版本相比，DXP 不仅在外观上显得更加豪华、人性化，而且极大地强化了电路设计的同步化，同时整合了 VHDL 和 FPGA 设计系统，其功能大大加强了。

DXP 主要由原理图（Schematics）设计模块、电路仿真（Simulate）模块、PCB 设计模块和 CPLD/FPGA 设计模块组成。

（1）原理图设计模块主要用于电路原理图的设计，生成 .SchDoc 文件，为 PCB 的设计做前期准备工作，也可以用来单独设计电路原理图或生产线使用的电路装配图。

（2）电路仿真模块主要用于电路原理图的仿真运行，以检验/测试电路的功能/性能，可生成 .sdf 和 .cfg 文件。通过对设计电路引入虚拟的信号输入、电源等电路运行的必备条件，让电路进行仿真运行，观察运行结果是否满足设计需求。

（3）PCB 设计模块主要用于 PCB 的设计，生成的 .pcbdoc 文件将直接应用到 PCB 的生产中。

（4）CPLD/FPGA 设计模块可以借助 VHDL 描述或绘制原理图方式进行设计，设计完成后提交给产品定制部门来制作具有特定功能的元件。

应用 DXP 的原理图设计模块来绘制原理图的一般步骤分为：设置原理图图纸大小及版面；放置元件；对所放置的元件进行布局连线；对走线后的元件进行调整。

1. 启动 DXP

从 Windows 开始菜单中选择"Programs→Altium→DXP"。当打开 DXP 后，将显示最常用的初始任务以方便选择（见图 B.1）。

2. 创建一个新的 PCB 项目

在 Files 面板中的 New 区单击"Blank Project"选项，新项目的扩展名为 .PrjPcb，将命名后的项目保存在硬盘中。

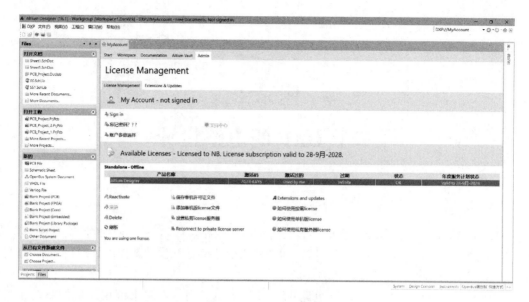

图 B.1　DXP 初始界面

3. 创建一个新的原理图图纸

（1）在 Files 面板中的"新建"单元中选择"原理图"选项。一个名为 Sheet1.SchDoc 的原理图图纸出现在设计窗口中（见图 B.2），并且原理图文件夹也自动地添加到项目中。

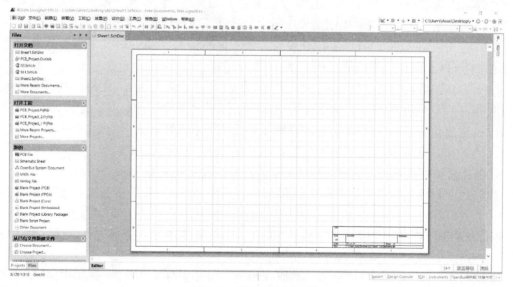

图 B.2　初始原理图图纸

（2）通过选择"文件"→"保存"为新原理图文件重命名（扩展名为.SchDoc）。指定这个原理图保存在硬盘中的位置，在文件名中输入 Multivibrator.SchDoc，并单击"保存"按钮。

（3）当空白原理图图纸打开后，你将注意到工作区发生了变化。主工具栏增加了一组新的按钮，新的工具栏出现，并且菜单栏增加了新的菜单项。

4. 将原理图图纸添加到项目中

如果想添加的一个项目文件中的原理图图纸已经作为自由文件夹被打开，那么在 Project

面板的 Free Documents 单元 Schematic document 文件夹上右击，并单击添加现有的项目到工程。现在这个原理图图纸就列表在"Projects"标签下紧挨着项目名下的 Schematic Sheet 文件夹下，并连接到项目文件。

5. 设置原理图选项

开始绘制电路图前，首先要设置正确的文件夹选项。完成以下步骤。

（1）从文件面板中选择页面设计，打开后选择 A4 样式。

（2）进行一般的原理图参数设置。

①从菜单选择工具打开设置原理图参数对话框。这个对话框允许设置全部参数，这些将应用到继续工作的所有原理图图纸。

②单击"Default Primitives"标签以使其为当前，勾选"Permanent"，单击"确定"按钮关闭对话框。

③保存。

6. 绘制原理图

在本实验中将使用图 B. 3 所示的电路。这个电路用了一个 ADC0808 和一个 DAC0832 芯片来完成模拟量输入/输出通道实验。

1）定位元件和加载元件库

下面以查找三极管为例。

（1）单击"Libraries"标签显示库工作区面板。

（2）在库面板中按下"搜索"按钮，或选择工具→发现器件。这将打开查找库对话框。

（3）确认范围被设置为库文件路径，并且路径区含有指向你的库的正确路径。如果接受安装过程中的默认目录，路径区会显示 C：\Program Files\Altium\Library。确认包括子目录未被选择（未被勾选）。

（4）查找所有与 741 有关的信息，所以在搜索库单元的名字文本框中输入"∗741∗"。

（5）单击"搜索"按钮开始查找。当查找进行时"Results"标签将显示。如果输入的规则正确，一个库将被找到并显示在查找库对话框。

（6）单击 Miscellaneous Devices. IntLib 以选择它。

（7）单击"存储库"按钮使这个库在你的原理图中可用。

（8）关闭搜索库对话框。

添加的库将显示在库面板的顶部，如果单击上面列表中的库名，库中的元件会在下面列表中显示。面板中的元件过滤器可以用来在一个库内快速定位一个元件。

在本实验中，需要用到 1 个三极管、1 个 51 单片机、1 个 ADC0808 和 1 个 DAC0832。

更快速地添加绘制原理图中所需元件的元件库的方法是在原理图编辑器中单击菜单命令"设计"→"添加或移除库"，或是单击库面板中的"Libraries"，将弹出库和元件管理器对话框，下一步在该对话框中用鼠标单击，添加所需的元件库。

当元件库管理器面板中的第一个下拉列表框加载了所用的集成库时，要快速查找某个元件，如电阻，可在第二个下拉列表框，即元件过滤下拉列表框输入电阻名称的前几个英文字母"RES"，则在第三个下拉列表框即元件信息列表框中显示所要的元件，用鼠标单击放置后再删除第二个下拉列表框中输入的字母即可。

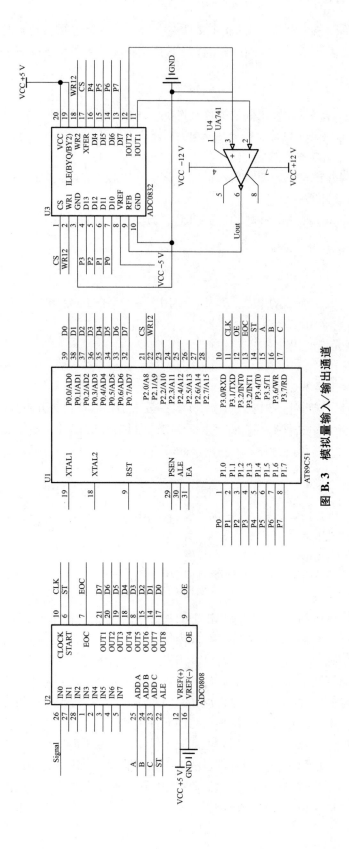

图 B.3 模拟量输入/输出通道

更快的一种方法是：用鼠标在第三个下拉列表框中任意位置单击一下，然后从键盘上输入相应字母，如"RES"，则"电阻"就显示在第三列表框的最上方，单击"选中放置"即可，无须再删除第二列表框中的字母。

若不知道所加载的元件在哪一个集成库时，则可通过元件库管理器面板上方的"搜索"标签来查找所需元件。一般在元件名称的前后加上通配符"∗"，查找速度更快，如查找AT89C51，则可在查找对话框中输入"∗AT89C51∗"。

2）放置元器件

在原理图中首先要放置的元件是单片机 AT89C51。

（1）从菜单选择"查看"→"适合所有对象"，确认你的原理图图纸显示在整个窗口中。

（2）单击库标签以显示库面板。

（3）单击 Miscellaneous Devices. IntLib 库使其为当前库。

（4）使用过滤器快速定位需要的元件。默认通配符（∗）将列出在库中找到的所有元件。在库名下的过滤器栏内输入"∗AT89C51∗"设置过滤器。一个由"AT89C51"作为元件名的元件列表将显示。

（5）在列表中单击"AT89C51"以选择它，然后单击"Place"按钮。另外，还可以双击元件名。光标将变成十字状，并且在光标上"悬浮"着一个单片机的轮廓。现在处于元件放置状态，如果移动光标，单片机轮廓也会随之移动。

（6）在原理图上放置元件前，首先要编辑其属性。当单片机悬浮在光标上时，按下 Tab键，打开元件属性对话框。设置对话框选项如图 B.4 所示。

图 B.4　对话框选项

（7）在对话框道具单元，在指定者栏中输入 U1 以将其值作为第一个元件序号。

下面准备放置元件，步骤如下。

（1）移动光标（附有单片机符号）到图纸中间偏左一点的位置。

（2）当对单片机的位置满意后，左击或按 ENTER 键将单片机放在原理图上。

移动光标，你会发现单片机的一个复制品已经放在原理图图纸上了，而你仍然处于在光标上悬浮着元件轮廓的元件放置状态。DXP 的这个功能允许放置许多相同型号的元件。

如果查阅原理图（见图 B.2），想要翻转某一元器件时，要将悬浮在光标上的单片机翻过来，按 X 键，这样就可以使元件水平翻转。

（3）移动光标到 U1 右边的位置，要将元件的位置放得更精确些，按 PAGE UP 键两次以放大两倍。

现在放置 ADC0808 和 DAC0832，步骤如下。

（1）ADC0808 和 DAC0832 两个元件也在 Miscellaneous Devices. IntLib 库里，现应该已经在 Libraries 面板中供选择。

（2）在 Libraries 面板的元件过滤器栏输入"ADC0808"。

（3）在元件列表中单击"ADC0808"选择它，然后单击"Place"按钮，现在光标上悬浮着一个三极管符号，设置指定者为 U4。

（4）按 Tab 键编辑"ADC0808"的属性，在组件道具对话框的道具单元，设置指定者为 U2。

（5）规则栏的设置将显示在原理图中，单击规则列表中的"Parameters"选项中的"Value"，在值一栏双击鼠标右键，将"20n"输进去，"Value"前面的方框要被选择。

（6）在对话框的道具单元，单击注释栏并从下拉列表中选择"= Value"，单击"确定"按钮返回放置模式。

（7）用与之前放置元件相同的方法放置 DAC0832。

（8）右击或按 ESC 键退出放置模式。

最后要放置的元件是连接器（Connector），在 Miscellaneous Connectors. IntLib 库里选择。

（1）在本实验中，所用的连接器是两个引脚的插座，所以设置过滤器为"＊2＊"。

（2）在元件列表中选择 HEADER2，并单击"Place"按钮。按 Tab 键编辑其属性并设置指定者为 Y1，由于在仿真电路时将这个元件作为电路，所以不需要做规则设置，单击"确定"按钮关闭对话框。

（3）在放置连接器以前，按 X 键作水平翻转，在原理图中放下连接器。

（4）右击或按 ESC 退出放置模式。

（5）从菜单选择"文件"→"保存"以保存你的原理图。

如果需要移动元件，单击并拖动元件体，拖动鼠标重新放置。

3）连接电路

连线起着将电路中各种元件之间建立连接的作用。要在原理图中连线，参照图 B.3 并完成以下步骤。

（1）确认原理图图纸有一个好的视图，从菜单选择"查看"→"适合所有对象"。

（2）用以下方法将单片机与各元器件连接起来：从菜单选择"放置"→"线"或从界面中直接单击"放置线"进入连线模式，光标将变为十字形状。

（3）将光标放在器件引脚旁。当放对位置时，一个红色的连接标记会出现在光标处。这表示光标在元件的一个电气连接点上。

（4）左击或按 ENTER 固定第一个导线点。移动光标会看见一根导线从光标处延伸到固定点。

（5）将光标移到 U4 的基极的水平位置上，左击或按 ENTER 在该点固定导线。在第一个和第二个固定点之间的导线就放好了。

（6）将光标放在 U4 的基极上，会看见光标变为一个红色连接标记。左击或按 ENTER 连接到 U4 的基极。

（7）完成这部分导线的放置。注意光标仍然为十字形状，表示准备放置其他导线。要完全退出放置模式恢复箭头光标，应该再一次右击或按 ESC 键。

（8）参照图 B.3 连接电路中的剩余部分。

（9）在完成所有的导线之后，右击或按 ESC 键退出放置模式，光标恢复为箭头形状。

4）保存

保存原理图。

以下附上一些常用的快捷键：

Page Up——放大设计界面；

Page Down——缩小设计界面；

空格键——逆时针 90°翻转元件；

Ctrl + C——复制；

Ctrl + V——粘贴；

Ctrl + S——保存；

Ctrl + R——连续粘贴；

X——元件在水平方向翻转；

Y——元件在垂直方向翻转。

参 考 文 献

[1] 赵茂泰. 智能仪器原理及应用 [M]. 北京：电子工业出版社，2017.

[2] 张毅刚. 单片机原理及接口技术（C51 编程）[M]. 北京：人民邮电出版社，2020.

[3] 林家瑞. 微机式医学仪器设计 [M]. 武汉：华中科技大学出版社，2004.

[4] 戴仙金. 51 单片机及其 C 语言程序开发实例 [M]. 北京：电子工业出版社，2005.

[5] 季忠. 微弱生物医学信号特征提取的原理与实现 [M]. 北京：科学出版社，2007.

[6] 杨福生，高上凯. 生物医学信号处理 [M]. 北京：高等教育出版社，2000.

[7] 余学飞. 现代医学电子仪器原理与设计 [M]. 广州：华南理工大学出版社，2018.

[8] 高西全，丁玉美. 数字信号处理 [M]. 西安：西安电子科技大学出版社，2018.

[9] 董秀珍，俞梦孙. 生物医学工程学概论（第二版）[M]. 北京：科学出版社，2020.

[10] 聂能，尧德中，谢正祥，等. 生物医学信号数字处理技术及应用 [M]. 北京：科学出版社，2006.

[11] 邓亲凯. 现代医学仪器设计原理 [M]. 北京：科学出版社，2005.

[12] 袁支润. 生物医学信号数字化 [M]. 成都：四川大学出版社，2006.

[13] 朱华，黄辉宁，李永庆，等. 随机信号分析 [M]. 北京：北京理工大学出版社，2004.

[14] 张世枢，洪治平. 中医脉象分类的频谱特征研究 [J]. 辽宁中医杂志，1997，24（10）：439 - 440.

[15] 谢梦洲，李绍芝，李冰星. 常人脉象和脉图参数的观测 [J]. 湖南中医药导报，2000，6（12）：9 - 11.

[16] 王鹏巨，杨原茂，田孝文. 用示波法实现动脉血压的自动检测 [J]. 医学仪器，1987，11（2）：79 - 83.

[17] 沙洪，赵舒，王妍，等. 中医脉象多信息采集系统的研制 [J]. 中华中医药杂志，2007，22（1）：21 - 24.

[18] 许怀湘. 采用示波原理间接测量血压方法的进展 [J]. 航天医学与医学工程，2000，13（3）：231 - 234.

[19] 何庆华. 振动法血压测量中血压的判定方法 [J]. 生物医学工程杂志，1998，15（4）：369 - 372.

[20] 焦琪玉. 脉象信号的特征提取与分类识别 [D]. 长春：长春理工大学，2014.

[21] 郝哲吉. 孕激素检测仪荧光检测系统的设计与实现 [D]. 长春：长春理工大学，2019.

[22] 张长亮. 孕激素定量检测仪的设计与实现 [D]. 长春：长春理工大学，2020.